在成功的路上，你缺少什么？缺资金？缺人脉？缺技术？……不管你身边缺少的是什么，这世界都有。不管是在工作中，还是在生活中；也无论你缺少什么，只要学会了整合，一切都能为你所用。

整合赢天下

孔凡镕 编著

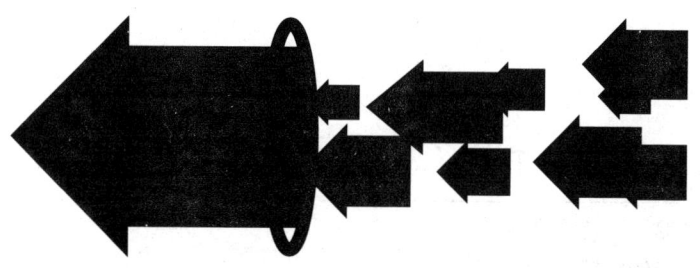

中国华侨出版社
·北京·

图书在版编目(CIP)数据

整合赢天下 / 孔凡镕编著 . —北京：中国华侨出版社，2013.12
（2024.1重印）

ISBN 978-7-5113-4303-1

Ⅰ.①整… Ⅱ.①孔… Ⅲ.①成功心理—通俗读物 Ⅳ.① B848.4-49

中国版本图书馆 CIP 数据核字（2013）第 291059 号

整合赢天下

编　　著：孔凡镕
责任编辑：黄振华
封面设计：韩　立
文字编辑：程月玲　胡　青
美术编辑：郎利刚
经　　销：新华书店
开　　本：720mm×1000mm　1/16 开　印张：19　字数：339 千字
印　　刷：德富泰（唐山）印务有限公司
版　　次：2014 年 2 月第 1 版
印　　次：2024 年 1 月第 2 次印刷
书　　号：ISBN 978-7-5113-4303-1
定　　价：68.00 元

中国华侨出版社　北京市朝阳区西坝河东里77号楼底商5号　邮编：100028
发 行 部：(010) 58815874　　　传　真：(010) 58815857
网　　址：www.oveaschin.com　　E-mail：oveaschin@sina.com

如果发现印装质量问题，影响阅读，请与印刷厂联系调换。

前言

在成功的路上,你缺少什么?缺资金?缺人脉?缺技术?……不管你身边缺少的是什么,这世界都有;只要你会整合,一切都能为你所用。不管是在工作中,还是在生活中;也无论你缺少什么,只要学会了整合,困难就不容易难倒你。在当今,我们可以毫不夸张地说,谁懂得整合,谁就能拥有更多的资源;而谁拥有资源,谁就拥有成功。所以郎咸平会说:"一个人整合能力的大小,决定他成功的大小。"

整合就是对一定范围内所拥有的财力、物力、人力、信息等各种要素进行整顿、协调并进行重新组合以产生更大的效益的行为。简单地说,整合也就是优化资源配置,在有进有退、有取有舍中获得整体的最优。资源无处不在,它可以以金钱、信息、工作、人脉等各种形式出现。从浩瀚如海的资源宝库中整合到对自己有利的资源,一旦你能有效整合资源,你便能用别人的机器为你生产,用别人的大脑为你思考,用别人的网络帮你营销,用别人的品牌创造你自己的价值,用别人的钱为你赚钱……这便是整合的魅力所在。

然而进行整合,不但要具备整合的思维,还要有创新的思路、宽广的胸怀与格局。美国惠普公司创始人比尔·休利特就这样说过:"我们创业成功,的确有很大部分靠运气,我们获得了天时与地利,也很幸运地有优秀的教师和教练,惠普并不是开路先锋,这个领域本来就有很多人在研究,而我们从无数人身上学到了很多东西。"从这里,我们可以看到整合的思维方式,即一种发散性的思维方式,考虑问题时不再只是站在自我的角度,而是把自己所拥有的只是当作一个点——撬动杠杆的支点,利用自己这个支点去撬起你需要的资源。虽然这些资源不在你的手里,但只要你把它们撬起来了,便可让它们为你所用。

在这个充满竞争的时代里,要想进行资源的有效整合,我们就必须走在别人的前面,就要主动出击。在做事时,我们要尝试着用不同的思维来思索一件事情,即便这件事情已经做过千百遍。因为敢于尝试的人才会有新的思路、新的方法,才能一直走在最前面。开阔的视野与格局在资源整合过程中是必不可少的。格局决定胸怀，胸怀决定心态。一个大格局与胸怀是资源整合的魂。麦当劳的创始人雷·克洛克就说过："即使当我认为有人想利用我时，我还是和他做公平交易，这是我获取成功的原因之一。"宽广的心胸加上乐于合作的意愿，能帮助你做到很多你认为自己做不到的事情。

　　时代在进步，我们也要与时俱进。我们需要发现自身的核心能力，充分地利用并整合资源，把自己的胆量放大一些，心胸放宽一些，寻找到适合自己的资源整合之路，把自己能够整合的资源进行有效整合，在成功的道路上越走越远。

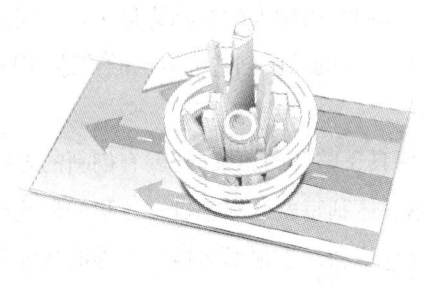

目录

第一章　一整谋天下，一合得天下

孤木难成林 1

这个世界上的事你干不完 2

成功人士都善于整合资源 3

像滚雪球一样积累资源 5

资源整合是达成目标的工具 6

通过共享完成扩充 8

创造属于你的独一无二的资源 10

让你的资源 1 + 1 = 王 11

运用整合思维，创造无限机会 13

第二章　创造慢，整合快

与其创造资源，不如整合资源 16

我们缺的，世界都有 17

没能力买鞋时，就借别人的 18

变革思维模式，重新定义资源 20

合作要相需、相交、相利 21

利用整合思维连点成线 23

为越多人服务，就能创造越多财富 24

快速并购资源，实现跳跃式发展 26

第三章　善用资源，创造共同财富

资源整合不是企业的专利 28

整合不只是收购和兼并 30

打破定式，整合产业链 31

找准互补资源，该出手时就出手 33

能力互助，实现利益最大化 34

依托环境，整合优质资源 36

第四章 借天下智慧，无不成之事

与人合作，事半功倍 38

发动朋友的力量，营造一往无前的气势 39

从团队入手，集思广益办法多 41

借用下属的长处，弥补自己的不足 43

走别人铺好的路，省时省力 44

利用互联网，搭建信息服务中心 46

善用广告效应，赢在没有硝烟的战场 48

空手套白狼，无本也能起家 50

拿来主义永远不会过时 51

第五章 我为人人用，人人为我用

你的 + 我的 = 我们的 54

缺什么补什么，补什么得什么 56

资源有大小，合作无贵贱 58

自信主动，积极出击 60

小代价换取大用途 61

共同做事，互通有无 62

第六章 不是据为己有，而是为我所用

前半夜想想别人，后半夜想想自己 64

只顾数钱的人最终无钱可数 64

先让合作方尝到"甜头" 66

满足自己的需求，实现别人的梦想 68
每个人都要创造"被利用"的价值 69

第七章 不是大鱼吃小鱼，而是快鱼吃慢鱼

快速整合比按部就班更重要 71
先来的有肉吃，后来的没汤喝 73
通过链条，实现信息的快速反应 74
加快整合效率，唯快不破 76
省去冗余环节 78
突破堡垒，整合核心竞争力 80
快速并不代表盲目扩张 82

第八章 用系统做事而不是靠人做事

态度教我们做人，系统教我们做事 84
系统是资源整合的关键因素 86
按标准化、科技化做事 87
打出组合拳，优化资源配置 88
活用资源，获得整体最优 91
做任何事都要想到杠杆操作 92
专注于15%，剩下85%就不费力 94

第九章 想他人所想，为众人所需

摆出诚意的姿态，追求双赢 95
卖东西不如"卖人情" 97
满足未被满足的需求，提供未被提供的服务 98
让零散的1%形成你想要的99% 100
随时把自己行销出去 102
运用已有的东西做小幅度改变 104
购买别人的梦想 105

待机而发，顺势而为 107

第十章　与大象共舞，1+1+1>3

　　一定要和国王一起散步 109
　　学先进，走正道 110
　　善用比自己强的人 112
　　找对人，放对位，做对事 114
　　先做傍家，再做赢家 116
　　学习世界首富的思考模式，实现财富倍增 118
　　要成功，就要跟成功者在一起 119
　　与其自己做广告，不如别人来捧场 120
　　花花轿儿人抬人 122

第十一章　做大事要拿大资源

　　联合虾米，吃掉大鱼 125
　　先建立关系，再做生意 126
　　直中难取胜，则在曲中求 128
　　名气一响，生意就会热闹 129
　　"狐假虎威"能成事 131

第十二章　小成功靠个人，大成功靠团队

　　没有私"我"，只有"我们" 133
　　真正的决策来自众人的智慧 134
　　分工协作，内化最大的优势 137
　　在团队中树立有效标杆 138
　　不遗余力做一名"好听众" 139
　　学会欣赏，让每个人感到被重视 141
　　敢于放权，让权力互相制衡 143
　　合理授权，把目标交给每一个人 145

千斤重担人人挑，个个头上有指标 147

第十三章　小成绩凭智，大整合靠德

　　赢得所有人的信赖，是最有力量的整合 149
　　遇事可以不信，但不必排斥 150
　　笑着听反对的声音 152
　　礼让变通，才能和谐双赢 154
　　利他是整合的应有姿态 156
　　以关爱和诚实之心对待合作伙伴 158
　　舍弃贪婪，化无私为大私 160
　　以退为进是一步绝妙好棋 162
　　学会与不同性情的人相处 163
　　拥有得多，不如计较得少 165

第十四章　贤人推举方显胜，能人帮衬可为王

　　不拘一格选用人才 167
　　找最合适的人，而不一定要找最成功的人 168
　　把优秀人才像水泥一样黏合起来 170
　　聘用专才，看中他背后的隐形资源 172
　　给他表现和晋升的机会 173
　　不是发现人才，而是建立能出人才的机制 175
　　放大成绩，缩小错误 177
　　成事在公平，失事在偏私 179
　　照顾好员工等于兼顾好利益 181
　　让听得见炮声的人来决策 183

第十五章　长远投资，培养一棵大树

　　资源的98%靠整合 185
　　谋人缘，结好果 187

草根也有用处..188
善结比自己高明的人..189
向落魄者伸出援助之手..192
制约庸者，重用能人..193
不仅要锦上添花，还要雪中送炭......................................195
既帮开门，又给钥匙..196
爱人者，人恒爱之..198

第十六章 化信息为财富，由一生十

即使是风，也要嗅一嗅它的味道......................................200
把旧元素做出新组合..202
用相反的方向和用途去思考..204
创意混搭，碰撞出新想法...205
去除边角，放大核心..208
没事多走动，信息在其中...209
做个有心人，向细节要创新..211
"新瓶装旧酒"，化腐朽为神奇..212

第十七章 创造舞台，而不只是饭碗

创造平台，越开放越能聚焦..215
让平台成为舞台，而不是角斗场.....................................217
打造一个多方共赢的生态圈..218
三流公司做事，二流公司做市，一流公司做平台..............220
细分市场精耕细作...221

第十八章 善搭品牌"便利车"，共同升值

重视品牌管理...223
价值关系不同，合作模式各异..225
用公益制造品牌..227

共同运营，一试见真章 229
发现客户真实需求 231
用联盟增强合作方的约束力 232

第十九章　面对竞争者，不是挑战它而是弥补它

不能战胜对手，那就加入他们 235
不能包容对手，就一定会被对手打败 237
从对手的缺陷中捕捉商机 239
发现自己的优势，借力别人的长处 240
聪明人的共赢法则是"利益均沾" 241
帮别人赚钱就是帮自己赚钱 243
真正的财富游戏就是彼此都在增加价值 245

第二十章　突破困局，化危机为转机

利用对手的劣势，凸显自己的优势 247
别人成功的秘诀就是你借鉴的资源 248
灵活变通，变"不能"为"能" 251
将对手转化成朋友 252
有人失去理智，其他人必须保持平静 254
生意不成人情在 256
留意每一个细节，让运气变财气 257
以和为贵，互惠互利 259
以退为进，曲线上升 261
逆境中忍耐，开辟新未来 263
成败取决于"最后1%"的努力 264

第二十一章　站在未来，投资今天

掌握未来趋势更重要 266
掌握流行趋势，引领潮流 268

以大局为重，不计小嫌 269
要投资而不要投机 271
发现、创造和实现价值 273
根据"趋势"来投资把握住"看得见的未来" 275

第二十二章　站起来走出去，用全球化思维做事

商人有国籍，但生意无疆界 278
未来的财富靠相互交换 279
小生意看态势，中生意看形势，大生意做趋势 281
思想格局的大小决定成就的高低 282
只有淡季思想，没有淡季生意 284
投资有道，轻松开启财富之门 286
选择领先，而不只是跟随 288

第一章
一整谋天下，一合得天下

孤木难成林

　　人类社会的发展经历了农业时代、工业时代到信息化时代的转变，当社会分工变得越来越精细和复杂时，资源也开始广泛分布于世界各地。我们身上从头到脚，没有一件商品不是通过资源交换获取的。

　　每个人都是社会的一分子，我们无法脱离任何别人而独自生活。别人为我们提供服务，当然，我们也为他人创造商品，在一来一往的交易中，资源被零散地分布在了各个地区。

　　在这种背景下，我们只有学会整合他人的长处、集体的智慧，才能增加自己的优势，赢取更多成功。"孤木难成林"，一棵树苗想要长成参天大树，屹立不倒，不但需要适宜的土壤、充足的水分和丰沛的阳光，还要依靠每棵树根系之间的紧密连接。

　　通过资源交换，我们才能创造出今天的市场。一件商品从设计、材料供给、生产到销售，无不是一环扣一环，没有哪家企业可以单独完成所有的生产和服务环节。除了商业领域，我们的工作同样需要资源整合，老板和员工、员工和员工之间，只通过分工合作的模式，才能让企业越做越大，越做越强。

　　国际上，整合规模最大的区域一体化组织非欧盟莫属，它打破了成员国之间语言、文化以及货币的限制，使商品、人才、劳务、资本可以自由流通，实现了欧盟各国经济的快速增长。在中国，通过联盟实现整合的组织也很多，南方有"珠三角经济圈"，这个由广东省珠江三角洲区域的9个地级市组成的经济圈，通过信息平台和网络的整合，打造出一批世界级的"航母"企业。

　　在市场中，通过资源整合实现合作共赢的案例不胜枚举。2012年3月，百事公司与康师傅的联盟，就被业内人士认为是一次"各取所需"的战略合作。百事可乐以在中国24家灌装厂的资产换取康师傅子公司5%的股权,这次合作不仅使百事摆脱了其在中国连续亏损的局面,也为康师傅在自己并不擅长的碳酸饮料领域获得了发展机遇。康百结盟后,二者的市场份额达到19.9%,成为中国饮料市场当之无愧的霸主。

今天是一个经济全球化的时代,它要求我们要以更加开放、包容的心态去看待世界经济一体化进程。我们在与别人进行资源整合的同时,自然也会获得别人手中的资源。通过双方共同分享、交流,我们才能收获更加可观的效益。

在这个既竞争又合作的时代,一个人单枪匹马是很难获得成功的,除了整合,我们别无选择。根据管理大师汤姆·彼得斯的观点,"未来所有的资源和所有的企业,都必须重新想象,都可以重新创造,都可以创造出不一样的可能"。

当每个人都用整合的思维打破以往陈旧的模式,将彼此手中有限的资源进行充分整合,创建新的体系,就能形成一股战无不胜、攻无不克的强大力量,以至于更好、更快、更强地实现我们的最终目标。

这个世界上的事你干不完

整合,在新辞海中解释为:整理、组合,如整理各方力量。若从经济学角度给资源整合下一个定义,则是"通过整合实现优化"。因此,对一个管理者来说,整合既是一种领导艺术,也应该是一种工作方法。

在当今竞争激烈的商场,很多企业的老板凡事亲力亲为,导致自己成天忙得不可开交。然而在这种情况下,公司的效益不但没有得到增长,反而出现了整体下滑的现象。事实上,这是管理者分工不当的原因,当他把所有的事情都包揽在自己身上时,企业的人力资源就面临着巨大的浪费,以至于很多职能不能有效地完成。

一个人的能力再强,毕竟也有限,管理者作为团体中的核心人物,更不能单打独斗。在组织内部,只有合理分工,员工才能明确自己的岗位职能,各司其职,为企业创造出巨大的效益。

在新加坡企业,"合作"与"分工"是管理层非常注重的两个原则。他们不会让自己独当一面,而是将任务合理地分配下去,让每个员工肩上都扛起一份责任。这样一来,管理者的压力不但减少许多,员工的积极性也被充分地调动起来。一个企业仅凭个人的力量,难以创造出高效能团队所能产生的价值,任何公司的发展和壮大,都离不开人力、财力、物力、信息等各种资源的有效整合。

现代社会早已不是孤独剑客的时代，一个不善于合作，不懂得利用现有资源进行整合的人是开创不了一个天下的。比尔·盖茨说："在社会上做事情，如果只是单枪匹马地战斗，不靠集体或团队的力量，是不可能获得真正成功的。这毕竟是一个竞争时代，如果我们懂得运用大家的能力和知识来面对每一项工作，我们将无往而不胜。"

"中国第一CEO"张瑞敏就是一个善于整合资源的高手。一次，海尔公司收到一份来自德国经销商的订单，对方要求两天之内发货，否则合作将自动取消。也就是说，张瑞敏和员工要用3小时，完成调货、海关、商检、装船等一系列工作，按照一般的程序，这几乎是一个不可能完成的任务。

在张瑞敏的合理分配下，海尔的工作人员调货的调货，报关的报关，装货的装货，每项程序都在有条不紊地进行。当德国经销商接到海尔集团发货的消息后，他破例写了一封感谢信以表示感谢。

在团队内部，如果领导者能让每个成员找到自己的位置，使他自觉服从团队运作的需要，就能与他们形成强大的合力，共同创造奇迹。

在很多人眼里，许多成功的企业都是靠掌门人单枪匹马"杀"出一条血路，其实，这些人信奉的不是"个人英雄主义"，而是"抱团打天下"的真理。浙江温商被称为"中国的犹太人"，他们除了头脑灵活能吃苦外，更注重老乡间的相互协作。多年前，一位温州老板到四川考察后决定在当地开放一个项目，面对数目庞大的3亿元资金，他首先想到的不是从银行贷款，而是联合60多名老乡共同集资，后来，这个项目为他和其他温商都赢得了丰厚的回报。

"什么都想自己干，这个世界上你干不完"，阿里巴巴创始人马云这样说。在阿里巴巴最困难的时期，马云正是与软件银行集团董事长孙正义结成联盟，才得以重新叱咤商界，取得新的胜利。

今天，无论你处于什么环境、从事什么工作，都无法脱离他人的帮助，一个人创造价值。任何个人或企业占有和支配的资源都十分有限，当我们能够合理地利用和整合资源，就能通过整合聚集起更多的力量，为彼此创造财富。

成功人士都善于整合资源

成功的企业之所以成功，很大原因归结于其领导者善于整合内、外部资源。有些人认为，整合资源是大企业的事，小企业无论从人力、物力和财力上资源都十分有限，拿什么来进行整合？事实上，许多白手起家的创业成功者都是优秀的资源整合者，他们往往会在事业初创阶段留意自己有哪些不足，有什么亲朋好友可以帮忙，然后将多方面资源汇聚起来，组成做成大事的条件。

在当今这个飞速发展的年代，想要靠自己一点一滴慢慢积累，把企业做强做大是行不通的。一个善于整合资源的人能在同样的单位时间内，以最快的速度，学到更多东西，创造更多财富。

广东美的集团连续多年销售收入超过百亿，品牌已经打入国际市场，不过，美的集团在海外并没有工厂，其成功的关键在于善于整合资源。首先，美的在集团内部成立了海外设计部，另外，他们利用网上合作等方式，引进了国外优秀的研发团队。随后，美的在日本、美国和德国成立了3家分公司，通过聘请当地在家电行业有丰富经验的退休工作者和专业技术人才，集团实现了低成本运作。

由此可见，整合力就是生产力。一个企业要想在市场竞争中取得优势，除了具备丰富的、高品质的资源外，还应该提高对资源的利用率，这样才能以较少的投资，取得最快的成效。

每个企业都是各种资源的集合体，在这里，局部最优并不代表整体最优，整合资源的目的就是让现有资源再重新排列、互相协调，以实现利益最大化。

企业经营者在整合内、外部资源时，不仅要视野开阔，还要善于集成资源，即知道如果在经济全球化的背景下，放远目标突出重点。只有站在全局的角度将企业的内外部资源统一协调后，你才知道孰轻孰重，哪些地方要施主力，哪些地方不用施力，以便让有限的资源充分发挥其优势。另外，领导者还要善于利用外部资源弥补自身的不足，缩小和对手的差距。

生意场上一般有两种人，一种叫手艺人，靠的是埋头苦干，踏踏实实做事；另一种叫生意人，他们更善于整合他人的平台和资源，弥补自己资金、技术、设备、智慧、人力等方面的不足。德国戴姆勒和雷诺两家汽车业巨头近几年来受金融危机的影响，日子都不太好过，2010年4月7日，戴姆勒与雷诺—日产双方正式建立战略联盟，以交叉持股的形式进行合作。这场合作可谓是一场资源整合的"盛宴"，戴姆勒和雷诺—日产以"低力度"的合作模式，短期内节约了将近10亿欧元的净成本。双方不但节省了开支，也抬高了公司的股价，让资源在重新整合后得到了优化配置，大大提高了市场竞争力。

今天，很多资产上亿的房产中介连锁公司，都是从十几年前几张桌子、几把椅子、几份纸质稿纸起家的，这个行业没有多少技术含量，无非是把房产资源和房产需求资源进行了整合，利用别人的"资源"赚钱。

做生意的高手都善于找思路、找资源，利用别人手里的钱和物，整合各种资源。很多企业的老板每天待在公司的时间并不多，但其企业创造的效益却很高。一方面，他们整合了优秀的人才帮自己做事，少操了很多心；另一方面，他们常常和社会成功人士聚在一起，不但从别人身上学到了做人做事的理念，还为彼此建立了良好的合作伙伴关系，有了这层关系，他们就有更多能彼此分享的资源。

其实，不管企业是大是小，资源整合都是很有必要的，不要妄想靠自己的力量就能把企业做大，如果没有整合的意识，即便你现在取得一些成绩，迟早也会被善于整合的人赶超。对于经营企业的人来说，故步自封是很难发展进步的，不汇聚外来的资源，不学习别人的经验，你将永远都是井底之蛙，目光短浅盲目自大。

像滚雪球一样积累资源

商界巨贾洛克菲勒曾经这样告诫儿子，真正的富翁不是靠攒钱来积累财富的，他们中的大多数人都有过借钱的经历。其实，这个道理很简单，因为100美元的买卖必然会比1美元的买卖能赚更多。所以，洛克菲勒鼓励儿子要善于运用整合的思维，将资源聚拢到自己身边，积累更多财富。

社会上常常会出现这样一种现象，朋友多的人会结交到更多朋友，而缺少朋友的人则会变得越来越孤单。这就好比你做一个投资，假设回报率是相同的，那么，投资越多受益自然也会越多。整合资源也是如此，会整合的人，手上的资源会越滚越大，越积越多，最终点石成金，无往而不胜。

《圣经·马太福音》里有这样一个故事，三个仆人拿着国王给的一锭银子外出做生意，一段时间后，三人带着自己丰厚的成果自信满满地来到国王面前。第一个仆人说："我用您给的钱赚了10锭。"第二个仆人说："我用您给的钱赚回了5锭。"这时，第三个仆人害羞地说道："我一直把您给的银子包在手巾里，因为怕弄丢，所以一直没拿出来。"听完三个人的陈述后，国王决定赏给第一个仆人10锭银子，第二个仆人5锭银子，并说："凡是少的，就连他所有的也要夺过来。凡是多的，还要多给他，叫他多多益善。"接着，他将第三个仆人的一锭银子也赏给了第一个仆人。

这就是马太效应，它对企业经营者的启示是，要想屹立于强者之林，在某个领域保持优势，就必须快速壮大自己的企业。一旦你成为行业内的领头羊时，便可获得比其他竞争者更大的收益。成功带来更多机遇，反之，没有机遇就难以突破。先哲阿基米得有一句名言说"给我一个支点，我将撬起整个地球"，描述的是杠杆原理，整合这种手段就是商场上的杠杆，可以帮助企业以较小的资本成就大事业。企业经营者如果不具备把资源整合在一起的概念和能力，就不可能在短时间内迅速壮大。

自古以来，人生舞台上的成功者都不是靠独断专行赢取天下的。刘邦的能力远远不及项羽，他不仅不善于征战，也不知道如何抚民，但他愿意采纳张良、萧何、韩信等臣属的良谋，善于整合资源，最终建立了汉朝；唐太宗因为善于听从别人的意见，加上合理用人，由此，开创了"贞观之治"。

资源需要不断积累，事业初创阶段，我们要做的就是来者不拒。很多所谓的商界高手，成就他们的其实不是技术，而是资源的多寡及其利用率。那些成功的企业家，哪一个不是资源整合的高手？他们深知，即使个人能力再强，在竞争激烈的商场，也难免势单力薄，寡不敌众。所以，与其谁都得不到好处，不如资源互用，合作共赢。"富人越富，穷人越穷"就是这个道理。

未来，资源会以越来越丰富的形式出现，比如时间、知识、关系网络、智囊团等，如果企业经营者不善于笼络资源，将它们像滚雪球一样积累起来，那么，他的企业就会失去获取资源的先机，在市场竞争中越来越被动。世界上很多巨大的财富都是由整合得来的，聪明的赚钱者往往能够从各种资源里汲取精华，找到有利用自身发展的资源，默默布局，然后在关键时刻调动一切可以调动的力量，创造一番伟业。

沃伦·巴菲特在股票市场40年里，从未遭遇过亏损，在华尔街的众多股票经纪人眼里，这是一件不可思议的事情。事实上，巴菲特的巨额财富是他长期投资的结果，这位富豪说："任何一个成功的投资人，都是善于借用他人的力量来为自己创收的。"他就是从零开始，慢慢积聚，最终成了20世纪世界大富豪之冠。

资源整合是达成目标的工具

今天是一个互利合作的时代，我们整合资源的目的是让彼此能够获取更大的利益，快速达成目标，所以说，资源整合是达成目标的工具。

虽然"整合"是一个新词，但中国古代先贤们早已深谙整合的理念。著名思想家荀子说："假舆马者，非利足也，而致千里；假舟楫者，非能水也，而绝江河。君子生非异也，善假于物也。"成功者并非样样精通，之所以能比别人取得更大成就，是因为他们知道如何借助外力，进行资源整合而已。

"善假于物也"就是说，人要善于借助外部的有利条件，帮助自己取得进步和发展。皮划艇运动员唯有借助划艇、船桨和激流，才能达到比赛的终点；撑竿跳高运动员只有借助于长竿的支撑和弹力，才能纵身一跃，实现新的高度；伽利略能观测到神奇的宇宙世界，离不开天文望远镜；米开朗琪罗能创造出气势恢宏的西斯廷天顶画，是因为他借助了画笔和颜料。

丰富的资源是我们成功的前提条件。当然，光有资源也不行，如果一个人没有目标，不知道手中的资源能为自己带来哪些收获，那么资源整合对他来说也毫无意义。好比现在你拥有世界五百强企业总裁的名片，却不知道如何利用这笔资源，那么它们对你来说就只是一堆废纸。正如牛顿所说："如果说我比别人看得更远，那是因为我站在了巨人的肩上。"借助各种载体，学习他人的优势，我们才能快速、轻松地达成目标。

"合纵连横"是战国时期从事政治活动的谋士所推崇的外交和军事政策，"合纵"的目的是联合多个弱国抵御一个强国，"连横"在于以一个强国为靠山以便进攻其他弱国。南北为纵，东西为横，合纵加上连横就形成一个网，这就是布局。

无论一家企业，还是一个国家，自身在发展壮大的过程中都会遭遇生死存亡的危急时刻。这时，我们想要靠自己的力量在短期内创造资源抗衡外敌，是很难办到的，唯有用资源整合的策略，才能在短时间内创造价值，解决危机。阿里巴巴是从50万元起家的，并购雅虎（中国）后，阿里集团结合双方独特的优势资源，建立了强大的团队，以至于今天它能在中国电子商务领域独领风骚。

资源整合需要我们具备一双能发现资源的慧眼，有些人抱怨自己身边没有资源，其实，是他不善于发现，没有整合的意识。我们先从一个寓言故事说起，理发师、裁缝和鞋匠三个人是邻居，理发师的发型很好，衣服和鞋子却很邋遢；裁缝的衣服很整齐，头发和鞋子却很糟糕；鞋匠穿了一双好看的鞋子，但是发型和衣服不堪入目。

为了吸引顾客，赚到人生的第一笔财富，他们都把价格定为1元，然而，前来光顾的客人还是寥寥无几。后来，理发师向朋友借了2元钱，去裁缝和鞋匠那里做了一套新衣服、一双新鞋。现在，裁缝和鞋匠手里各有1元钱，接着，裁缝拿着1元钱，去鞋匠那里买了双新鞋，所以，鞋匠就有了2元。不久，鞋匠又拿着这2元钱分别去理发师和裁缝那里剪了新发型、买了件新衣服。最后，裁缝拿着从鞋匠那里赚来的1元钱，去理发师那里做了头发。最终，理发师的2元钱又回到了他的口袋里，他把钱还给了朋友。当三个人都以全新的形象出现在店门口时，他们的生意也变得越来越红火。

在这个故事里，理发师、裁缝和鞋匠依靠自己的手艺互相换取了价值，虽然贯穿始终的只有2元钱，但它创造的价值不可小视。如果三个人没有意识到能手艺本身也是一种价值，那么他们永远都不会有赚钱的机会。在当今这个信息时代，不具备发现资源的能力本身就很可悲。如果你身处一座资源宝藏，却对它们视而不见，那么你将白白损失掉一笔无形的财富。

我们整合的目的是填补自己缺少的那部分资源，这其中很重要的一点是"互补"。也就是说，在对方为你提供资源的同时，你也需要为对方创造价值，只有彼此互补，整合才能变成融合，让双方实现共赢。

通过共享完成扩充

整合是一个双向的过程，在这个过程里，整合双方的地位是平等的，是资源和优势的互补。有些人误以为整合就是强大的一方整合弱小的一方，强大的一方掌握着主动权。事实上，整合应该是一种"强强联合"，你能为他人创造越多财富，他人就能为你整合越多资源。

海尔集团总裁张瑞敏说："当你手里有了别人想要的资源，你就可以调动、利用、支配别人的资源。"你有钱我有货，你有很好的开发平台，我有很好的材料储备，那么我们就可以整合在一起，把生意做大做强。

印度有一家知名中型卡车制造商叫塔塔汽车公司，它在印度本土的销量十分可观，在国际市场上却屡遭重创。当得知韩国某大型商用车公司准备出售的消息后，塔塔汽车二话不说对其进行了收购。那么，二者在哪些方面实现了资源的整合？原来，尽管韩国那家商用车公司的销售业绩不佳，但它有一流的研发团队和高标准的设计规模，塔塔汽车公司的优势是它具备雄厚的资金，以及庞大的销售网络，二者联合后，造就了"中型和重型卡车的世界第五大生产商"。

互联网时代，我们只需打开搜索引擎，就能在网上找到自己需要的各种信息。我们会去网上看新闻，去淘宝商城买东西，会将视频上传到土豆网，会在天涯论坛上各抒己见……通过互联网这个虚拟世界，人们获得了很多免费资源。因此，不要忽略这个平台，它是一个巨大的资料库。

每个人都有自己的电子邮箱，它是可以免费申请的。当你点进某网站注册邮箱时，各种各样的广告栏就会不断弹出，这是打广告的人进行宣传的一种方式。他看重的是一个网站基数庞大的用户群，这个数字越大，宣传的机会就越多，广告的效果也就越好。广告效果越明显，做广告的厂商在网站投入的广告资金也就越多，这无疑是网站的福利。而对于你来说，不用花钱就能申请一个邮箱，并且获得各种资讯，本身就是一种财富。

当今社会中很重要的一个现象是"结点效应"。你和越多人产生联结，你的资料库就越丰富，你获得的机会也就越多。盛大网络在美国上市后，股票翻倍增长，为什么？因为它取得了网络游戏《传奇》在中国的独家代理权。也就是说，它手中拥有一亿八千万左右的用户，这些用户是未来网络游戏消费的主力，是一笔源源不断的财富，这是美国人看重的关键因素。

资源整合时代就是连点成线、连线成面的时代，结点彼此连接，你中有我，我中有你。当无数的点连接在一起时，就会形成一张巨大的网络，彼此分享，共同扩充。通过整合，我们就可以在短时间内与别人对接，延伸彼此的触角。因此，资源整合除了可以两方外，还可以是第三方或第四方。很多情况下，双方具有合作的意向，却缺少整合的能力，这时，第三方或第四方的加入就能推进整合的力度，促成整合的完成。

所以说，整合资源就是建立一个开发的平台，这个平台能为每个人都提供机会，大家在这里共同分享、共同获利。用过阿里巴巴的人都知道，只要注册后付一点儿费用，你就能通过其网站公布的信息，和全世界的人做买卖、谈生意。比如你有很好的创意，对方有很好的资金储备，可是你们双方并不认识，资源整合无法达成。这时，阿里巴巴为双方创造了一个平台，通过这个平台，你和对方实现了资源整合，而"牵线人"阿里巴巴也从中受益。

事实上，整合没有固定的模式和方法，分工协作、置换和并购这三种方式是比较常见的。每个人都有自己独特的思维模式和性格特点，有些人善于领导，有些人善于执行，有的人适合做公关，有的人适合做创意，如果能将不同优势的人整合在一起，让他们分工协作，就能形成一个高效率的团队。

置换一般来说不涉及金钱，而是一种以物换物的形式，比如某地区高尔夫协会要在年末时举办活动，场地费、酒席费等各种开销加起来将是一笔不小的数目，这时，很多酒店就会免费为协会提供活动场地，达到为自身宣传的目的。

并购是企业之间比较主要的整合模式，通过并购，企业能扩大自己的规模，提高生产力和竞争力。例如，华润雪花在并购清源啤酒后，把生产基地建在了福建，从此，其在华东地区的布局实现了跳跃式发展。

创造属于你的独一无二的资源

当今社会中,资源的形式各种各样,资金、人脉、技术、人才等都能成为资源,被我们充分地开发和利用。然而,从五花八门的资源当中寻找到对自己有利的那一部分,除了要学会整合,还应该具备创造性思维。创造性思维并非要求我们无中生有,而是指要善于用发现的眼光,从身边看似普通、平常甚至没有价值的东西中寻找到它的意义,将它发展成属于自己的独一无二的资源。

要想创造资源,首先应该学会思考。从某种程度来讲,工作就是一个思考的过程;工作取得进步,就是一个思考深入的过程。思考得多了,想到的方法自然就多了。当一个猎人猎到一只兔子时,他就会想办法猎一只鹿;当他猎到一只鹿时,他就会想如何去打一只熊。而只有这样不断地思考,不断地寻找更好更有效的办法,才有可能成为一名优秀的猎人。

只有善于思考和发现的人才有机会和能力创造资源。例如一堆木料,将它用来做燃料,几乎分文不值;如果将它卖掉,能值几十元;如果你有木匠的手艺,将它制作成家具再卖掉,就能卖出好几百块;如果你有高级木匠的手艺,将它制作成高级屏风卖掉,那就值几千元。市场中的机会是无限的,关键是企业家能不能充分运用自己的智慧,发现机会,从中创造资源。

在现实生活中,一个人的思路往往决定了他会向哪个方向走,而他又会向前走多远。如果缺乏好的思路,即使他再聪明、再有抱负,也会和成功失之交臂。拥有了好的思路,就能够在迷雾中看清目标,在众多资源中发现自己的独特优势。

二战结束后,美日的航线主要由美国航空公司控制,对于日航来说,要想发展自己的业务,非常艰难。为了改变生意清淡的状况,日航高薪聘请美国飞行员,购置一流的飞机,严保飞行安全和设施的先进,但由于竞争对手也都采取了同样的措施,所以日航在竞争中仍处于劣势。

如果改变这种现状呢?日航决定从改善服务为突破口:世界各大航空公司的服务都大同小异,如精美的食物、和颜悦色的空姐、彬彬有礼的服务……但如果日航能够在飞机上展现日本的传统文化,不就能吸引好奇的西方乘客了吗?于是,日航经过精心设计,让空姐身穿各种款式的和服,在飞机上向顾客展示日本的茶道;在送餐时以日本女性特有的温柔指导顾客怎样用筷子;为顾客服务时以日式鞠躬表示礼貌……这种种充满了浓郁日本风情的服务方式,果然引起了西方游客对日本文化的浓厚兴趣,一些原本没有打算到日本旅游的西方人,也纷纷乘坐日航的班机前往日本观光。

日航和其他航空公司相比，既没有硬件上的优势，也没有资金上的长处，他们如何在竞争中获胜呢？显然，他们没有和竞争对手进行正面竞争，而是挖掘自身的优势，把握自身的长处，以改善服务为突破口，创造出属于自己的独一无二的资源。

我们经常听到这样的话："市场越来越难做了。"这是实话，但并非只有市场的问题，甚至更多地应该从厂商自身出发去思考。我们看到，为了争夺一块利润已经很低的市场，各商家纷纷打起价格战，不计成本地将已经十分微薄的利润一降再降，最终两败俱伤，这种方式使企业竞争的成本越来越高。同类产品在市场上越来越多，竞争越来越激烈，消费者越来越成熟，市场也就越来越难以开拓。因此，企业要不断地更新观念，变革思维，创造特色资源。

创造属于自己的独一无二的资源，我们可以从以下几点入手：

1. 有价值的差异化

很多企业家意识到了差异化的重要性，只有与众不同才可以生存，差异化是特色资源的核心。但对企业而言更重要的是要进行有价值的差异化，没有价值的差异化，充其量只是随波逐流，不能给顾客增加价值。创造有价值的差异化，企业就可以提高效益，利润也会自然增长。

2. 定位行业趋势

作为企业家和经理人，必须思考：你所处的行业现在处于怎样的阶段，市场饱和度如何？能不能更进一步开拓市场空间、提升服务质量？顾客的潜在需求有哪些？在未来几十年，顾客的需求会发生怎样的变化？你该怎样把握这些变化？……企业家对行业的趋势线分享，有利于其在竞争中胜出。

3. 找出现有行业中的弊端

学会从现有行业、现有市场中发现弊端，找到竞争对手忽略的要素，提供与众不同的产品，那么你的企业就一定可以脱颖而出。

让你的资源 1 + 1 = 王

战国时期有一则关于"合纵连横"的故事，对于认识合作与竞争的关系很有参考价值。秦国重用商鞅实行变法，逐步强大起来。商鞅定策，先击败魏国以据黄河、函谷关天险，再出兵攻击山东诸国，进而完成统一大业。

为对抗苏秦的合纵，秦昭王以山东策士张仪为相，进行连横——暂时联合一个或几个国家，集中力量打击另外一个或几个国家。苏秦"合纵"的最初几年里，赵、韩、魏、齐、楚、燕六国有效地抵御了强秦的进攻。但是，由于各国的利害关系难以协调一致，再加张仪"连横"的破坏，"合纵"难以长久实施，六国也因此而被秦国一一消灭。

处理企业间的竞争与合作关系也可以参考这一计策。面对强大的对手，相对弱小的企业相互合作，就可以让资源1+1=王，从而增强抵抗的力量，成就各自的商业帝国。如果相互对抗，则只能加速被强大对手打败的进程。

传统的商业理念过于强调竞争，企业和相关企业之间只是交易和竞争的关系，企业通常采取的是竞争性战略。竞争性战略往往是在同一块蛋糕里争夺，这种你死我活的输赢之争，不仅使企业外部竞争环境恶化，而且使企业错失许多良机。如有的竭尽全能甚至不切实际地在用户面前赞美自己产品的同时，又用尖刻的语言去攻击、诋毁竞争对手；有的在困难时期尚能良好地合作，而一旦环境改善就"过河拆桥"分道扬镳，只能"共苦"，不能"同甘"；有的片面采用不计成本的价格战把市场秩序搞乱，以达到"我不行，你也别想出头"的目的。一家生产精细化学品的民营企业为了使自己的产品占领市场，无端指责对手的产品，甚至在一次精细化学品展览会上当着客户的面唇枪舌剑，导致双方都丢掉市场。

资源在企业间的配置一定是不均衡的，为此，企业必须尽力利用外部资源并积极创造条件实现内、外资源的互补，以创造"1+1＝2"的协同效应。合作营销可以通过建设性伙伴关系的建立，为顾客、企业创造更多的附加价值。福特与马自达的成功结盟，就是利用双方擅长的不同价值活动。福特长于国际营销、财务，马自达则在技术及发展研究上拥有雄厚的实力，双方各取所需，各尽其职。

企业之间关系的存在状态从性质上可分为对立性和合作性两类。前者表现为企业组织与相关者之间为了各自目标、利益而相互排斥或反对，包括竞争、冲突、对抗、强制、斗争等；后者表现为主客体双方为了共同的目标和利益，采取相互支持、相互配合的策略，这就是所谓合作。合作是协调关系的最高形态。正如爱因斯坦所说："统一、联系、和谐、协调自然界的普遍性质。"这一性质在经济领域也同样适用。

企业间的合作着眼的是一个战略过程。一个规模再大的公司其资源和能力也是有限的，必须与其他公司进行合作。企业经营的宗旨从追求每笔交易的利润最大化转向追求各方利益关系的最优化，只有与企业价值网络中的各个环节都建立长期、良好、稳定的伙伴关系，才能保证更有利的交易，才能保证销售额与利润的稳定增长。

因此，从系统论的角度来看，协同与合作是一种保持集体共同发展的状态和趋势的因素，由此能够促进系统的整体性与稳定性。你无法忽视合作关系，否则损失无从估计。当企业开启这个位于其自身与合作伙伴之间的大型生产力宝库时，便为客户也为自己带来更高的成就与更多的价值。最普遍的是借由消弭组织之间的重叠与浪费，而大幅删减成本，结合合作伙伴彼此的能力，为客户带来更多更好的价值，而这是单一企业无法独立做到的。

简单地说，建立合作的企业彼此及市场都贡献良多。而且，它们的交易关系会逐步转为持续而长远的事业。合作关系既定的运作逻辑——从组织之间挖掘潜在的生产力是不会改变，也无法逃避的。当其他差异优势来源都已枯竭，这是唯一一个竞争优势之源。将合作关系潜在的竞争差异来源与传统的、正在大量减耗中的其他来源相比，你会发现：全球化的市场与廉价、普及的信息和技术所带来的是产品趋向同质的现象，这个现象正在挤压差异化竞争优势创造的空间，甚至完全消弭商品或服务原有的竞争优势。

如果消费者可以用同样的价钱，从别人手中买到与你几乎一模一样的商品，而且品质也相似，甚至是通过同样的配销通路，消费者有什么特别的理由独买你的产品呢？只是一味彼此竞争，甚至采用损人一千自伤八百的策略，必将面临全盘皆输的局面。如果只是专注于如何打败竞争对手，则所能挖掘的竞争优势机会将会愈来愈少。只有整合对方的资源，我们才能赢得最大利益。

运用整合思维，创造无限机会

中国军事和战略问题研究专家乔良和王湘穗出了一本书——《超限战》，被美国西点军校列为学生必读书。为什么这本书如此受重视呢？原来，这本书研究出一种新的军事理论，叫超限战理论，引起国内外的广泛关注。超限战就是打破传统战争思维的限制，将军事、经济、政治、反高科技等各种手段和100多种战法有机整合，创造了一种大规模的高度整体性的综合作战方式。这种理论的核心就在于整合战法，打破界限，从而彻底改变了传统的作战模式。

成功的企业家大都具有很强的整合思维能力。他们思维开阔，思考问题的角度独特，能够把截然对立的两种观点和模式有机地统一起来。在碰到观点冲突时，他们不是简单地进行非此即彼的取舍，而是另辟蹊径，提出一个新思路：既包含了原先两种观点的内容，又比原先两种观点胜出一筹。这种求同和综合的过程就是整合思维的过程。

整合思维是一种现代思维方式，是系统思维的具体应用。这种思维目的在于寻找事物的相同点，反对那种一叶障目，不见泰山，只见树木，不见森林的思维方式。整合思维要求企业家在面对市场竞争的过程中善于发现和选择多种优势要素，组合成优质系统，发挥系统的最大功能。

格兰仕是善于运用整合思维的突出代表。一提起格兰仕，人们的第一印象可能就是价格战。格兰仕被称为"价格杀手""价格屠夫"。"价格战"是企业竞争中最残酷也是最有效的手段，格兰仕将"价格战"发挥到了极致，但其价格战并非盲目降价，而是以通过资源整合获得成本优势为前提采取的策略。很多人把格兰仕的价格战片面理解为格兰仕的低成本战略，实际上，其低成本只是结果，造成格兰仕的低成本优势的原因是其强大的资源整合能力。

1993年格兰仕第一批1万台微波炉正式下线，1996年，格兰仕微波炉产量增至60万台，随即在全国掀起了大规模的降价风暴，当年降价40%。降价的结果，是格兰仕产量增至近200万台，市场占有率已经达到47.1%。此后，格兰仕高举降价大旗，前后进行了9次大规模降价，每次降价，最低降幅为25%，一般都在30%~40%。格兰仕的降价风暴使微波炉在中国得到普及，让中国老百姓提前十年用上了微波炉，格兰仕为什么能以那么低的成本生产并且能获利呢？其依靠的就是虚拟扩张的资源整合策略。

以微波炉的变压器为例，格兰仕起初并没有这个生产线，只好分别向日本和欧洲进口，从日本的进口价为23美元，从欧洲的进口价为30美元。梁庆德对欧洲的企业说："你把生产线搬过来，我们帮你干，然后8美元给你供货。"

不仅如此，格兰仕每天实行三班倒24小时工作，使得格兰仕的一条生产线创造出相当于欧美企业的6~7条生产线的产能。加之双方的工资水平、土地使用成本、水电费、劳动生产率等相差较大，并且大大节约了固定资产投资，格兰仕获得了其他企业无可比拟的总成本领先优势。现在，格兰仕微波炉变压器的成本仅为4美元。

格兰仕充分利用国内劳动力成本远远低于发达国家的有利条件，通过接收发达国家企业的生产线，并以大大低于当地生产成本的价格，给对方供货。随着搬过来的生产线逐步增多，格兰仕的生产规模也越来越大，专业化、集约化程度越来越高，成本也就大幅下降了。

这样做，格兰仕无须动用自有资金投资固定资产，而是将别人的生产线一个个地搬到内地。也就是说，格兰仕零成本获得了生产线和技术，规模的扩大不仅仅没有让格兰仕背上沉重的成本包袱，反而成为它克敌制胜的不二法门。格兰仕的这种发展策略就是虚拟扩张，通过优势互补，有效地整合资源，既使企业规模得以扩大，又大大地提高了企业的价格竞争力，从而实现了资源利用率最大化。

格兰仕董事长梁庆德运用整合思维，整合优势，"虚拟"出自己的生产线，使格兰仕走上快速发展之路。梁庆德的算盘非常明确，我们的优势是低成本的人力资源，而欧美企业的技术和生产线显然要优于我们，那我们彼此合作，优势互补，就最大限度地降低成本。

格兰仕有个理念就是："不管做任何产业，都能够做到烧鹅味道、豆腐价格，你肯定有竞争力，肯定有市场。"格兰仕的竞争力来源于低成本，而低成本来源于强大的资源整合能力。格兰仕这种游刃有余的竞争思维，值得企业学习。

第二章

创造慢，整合快

与其创造资源，不如整合资源

当今社会，想要凭空创造一类资源并非易事，然而，创造资源很慢，整合资源却很快，与其花大量的时间去创造市场没有的资源，不如将可以利用的资源，整合过来为己所用。

19世纪80年代，当绝大多数城市居民还依靠美的电风扇消暑度夏的时候，有一种名叫"空调"的新型设备能让人在酷热的家中就体会到在黄山、庐山等蓬莱仙境避暑的感觉，并且逐渐风靡起来。当时，中国的空调市场基本是日本空调一统天下的局面，著名品牌不胜枚举，松下、三菱电机、三菱重工、日立、三洋、东芝等，"日本空调"几乎成了产品代名词，中国空调企业也对其成就羡慕不已，却苦于技术上的差距，只能小打小闹。

面对实力强大的竞争对手，中国空调企业唯有虚心请教，从陶老所说的"八贤"等多个方面去弄清楚空调的制造流程、核心技术，才有可能在模仿中超越，在跟随中取胜。因此，1985年5月，不甘在新一轮产品竞争中落后的何享健带着美的考察团前往日本，参观学习日本家电企业的成功之处。这次日本之行显然受益匪浅，在此后的日子里，美的引进日本的生产技术和管理方法，同时开始与日本企业展开合作，实现了跨越式的发展。

据美的工作人员介绍，当时美的通过供销人员打听到一个好消息：广州航海仪器厂正要下马一条空调生产线。对于当时靠手工捶打空调的美的人来说，这个消息无异于久旱逢甘霖的天赐良机。想上马空调生产线的美的立即与对方联系，双方一拍即合，很快达成协议，美的通过贸易转让除了得到空调生产线，还获得生产技术。对方将一些图纸、生产工艺文件、设备模具、产品的零件等全部转让给美的。

这真是"好风凭借力，送我上青云"。有了这个基础，美的人发展空调事业的信心倍增。随后，美的从当地农民中抽调一些稍有生产技术的人员，就可以拼装出一台空调。通过受让国有企业一条现成的生产线，让没有经验的空调厂很快生产空调，这种效率对比非常直观。美的从手啤机的经历中体会到掌握原理再研制需要很长的周期，而且技术不容易推广到组织，从几个专家到让所有人都懂得技术知识，需要花费大量的人力、财力、物力。

技术转让的方式显然高明了许多，它可以直接组织团队去技术成熟的企业学习，技术人员教技术人员、生产工人教生产工人，管理人员也可以进行经验辅导，这样学习是非常快的。这次转让中，原来这条生产线的总设计师何应强也被聘请到美的，从此美的便具备上马空调的人才管理队伍。

通过与大专院校、科研单位、国有企业的核心人才合作，美的开发出不少新产品，这其中有成功，也有失败。这些成功和失败的例子都转化为美的聘请高科技人才的坚强决心。当年美的引进马军博士在全社会引起轰动，后者开发出的节能空调更是掀起了消费者抢购美的空调的狂潮。这款空调是在美的原有窗机的基础上，改善制冷循环，提高了能效比，节能空调的概念带来了强烈的市场反应，也为美的空调提升了知名度。

随着产品的不断升级，美的空调的销量也在不断攀升。2003 年，美的家用空调全年实现销售量 350 万台套，同比增长 40%；2004 年，全年实现销售量 630 万台套，同比增长 80%；2005 年，全年实现销售量 947 万套，同比增长 46%；2006 年，美的突破千万大关，全年实现销售量 1100 万套，同比增长 10%。

从美的可喜的成绩中可以看出，想要把企业做强做大，就应当前瞻未来，通过引进、吸收、消化，加以提高的科技创新之路，同时还要重视与国际知名企业的合资合作，充分利用世界资源。

我们缺的，世界都有

任何企业或个人手中掌握的资源都是有限的，别人手里占有或支配的，可能正是我们需要的。其实，我们所缺的，世界上都有，关键在于能不能从别人手里交换到自己所需的资源，加以利用，创造价值。

TCL 从 1981 年创立开始，到现在已经有 40 多年了。它能成为今天中国彩电业里的第一品牌，与其国际化经营的发展思路无不关系。从 2004 年起，该集团开始整合国际资源，走国际化经营的道路。TCL 收购了法国汤姆逊的彩电业务，成为全球最大的彩电生产商。

汤姆逊是彩电行业的鼻祖，也是全球拥有彩电技术专利最多的公司，在全球专利数量上仅次于IBM。TCL集团董事长兼总裁李东生说，自己只做一件事，就是要把TCL做成国际化企业。李东生希望收购能带来全球品牌、生产线以及研发能力的提高。

但是，汤姆逊的彩电业务连续多年亏损，出售前一年亏损总额高达17.32亿元人民币，而TCL当年的净利润也只有7亿元。为了解决资金问题，当年4月，TCL又与阿尔卡特成立合资公司，接手阿尔卡特手机业务。根据过去几年的整合经验，李东生一直坚信他最初的判断：在消费电子产业，只有全球经营的企业未来才能成功。正是这两次收购，为TCL增添了不少优势，其中就包括产品研发设计能力的提高。

自从中国加入世界贸易组织（WTO）后，国内市场开始打开大门，向全世界开放市场。这是一个残酷的竞争过程，更是一次绝佳的资源整合的机会。2007年，中国移动以4.6亿美元收购了巴基斯坦第五大电信运营商巴科泰尔有限公司，之后中国移动又投资4亿美元用于扩容，2008年再次投入8亿美元。这是中国移动国际化的第一步。这次并购让当时正处于金融危机之下的中国移动找到了一线生机。

可见，再有实力的企业，手中占有的资源都是很有限的，这时，如果我们运用资源整合的思维放眼世界，那么，就能为自己和企业创造无限机会。

没能力买鞋时，就借别人的

这是一个资源整合的时代，无论是生活中还是工作上，学会整合都是一项十分重要的才能。有"策划之神"之称的美国百货业巨子约翰·华那卡，曾根据自己多年的从商经验，总结出生意成功的方程式：生意的成功＝他人的头脑＋他人的金钱。可见，当今时代，学会巧妙地运用他人的智慧和金钱，将资源整合之术运用到企业经营和管理中，我们才能做到事半功倍。

奥运会是全球最大的体育盛会，借助它的影响力扩大企业的知名度和产品销售，无疑是一种成功的营销方式。2008年，美的集团副总裁黄晓明作为火炬手，在广东惠州进行火炬传递。根据这一事件，美的集团策划了一系列完整、系统的营销推广活动，证明自己"不做奥运会直接赞助商，一样可以沿着奥运之路让人过目难忘"。

与其他行业相比，家电行业是中国参与奥运营销最积极的一个行业。目前，家电行业已经进入理性消费阶段，传统的营销手段已不能满足消费者的需求，因此，树立品牌变得越来越重要。奥运营销是各个家电企业树立品牌的绝好时机，而且2008年北京奥运会就在家门口举行，机会难得，每家企业都把握好机遇，深度参与，借此树立和提升自身的品牌价值，分享这块盛大的奥运"蛋糕"。

然而，美的并没有盲目争夺奥运会TOP赞助商（TOP为Toyinpic Program简写，TOP赞助商是指可在全球范围内使用所有与奥运相关的标志，并独享奥运五环的使用权的赞助商家）的资格，而是根据企业自身发展需要找一个切入点参与奥运，进行市场营销，并最终选择了夺金呼声最高的中国跳水队作为赞助对象。

美的的目的十分明确，那就是并不甘于仅仅做中国家电行业的"梦之队"，更要借助于跳水队"梦之队"的美誉打造世界家电领域中的"美的梦之队"。另外，美的选择中国跳水队和游泳队作为主要赞助对象，还因为跳水游泳动作优美，节奏舒缓，给人的感觉非常柔美，这些特点和美的的品牌不谋而合。而且跳水要夺冠，需要靠不断创新，这又和美的靠创新满足消费者的理念相吻合。

2007年5月，美的与国家体育总局游泳运动管理中心签约，成为中国国家跳水队、游泳队的主赞助商。同时，美的还获得了国家跳水队、游泳队队员的肖像使用权（团队形象），通过运动员比赛形象和广告渗透，进一步提升了品牌价值。最后，通过奥运赞助，美的将自己的品牌渗透至生活的方方面面。比如，在每场比赛的场地上、新闻发布会的背景板上、队员的领奖服及毛巾上都印有美的标识。

北京奥运会圆满结束后，作为中国跳水队、游泳队主赞助商的美的获得了"中国国家跳水队、游泳队主赞助商""中国游泳中心主要合作伙伴""中国国家跳水队、游泳队专供产品"的荣誉称号，这些荣誉称号应用于产品包装和任何宣传材料上，大大提高了企业的品牌知名度。

体育营销让美的获得了立竿见影的效果。从产品层面上看，美的的产品线不断扩充，很多新推出的产品都借助国家跳水队的影响力，在"都是冠军"的宣传基调下迅速得到广大消费者的认可；从品牌层面看，通过跳水队员身上所体现出的青春和活力，为美的注入了一股新生命力，让美的品牌更青春、更鲜活、更有时代感。

借助奥运会，美的和中国跳水队一起，溅出柔美的水花，收获盛夏的果实。美的并非奥运会主赞助商，却用赞助代表队的方式，花小钱办大事，进一步拓展了新的品牌线。可见，当我们不能自己买"鞋"穿时，借助他人的鞋子，才能比赤脚走得快。

变革思维模式，重新定义资源

市场是没有秩序的，市场经济和全球化要求企业家的思维要全方位开放，善于发现资源，为我所用。狄更斯有句名言："这是最好的时候，这是最坏的时候。"对于企业家而言，身处这样的时代，必须适应时代的变化，过去的成功经验，可能恰恰就是埋葬你明天的坟墓，而要变革，首先就要打破框框，不迷信过去，而是着眼于未来，以变革思维适应当今时代的需要。

俗话说"识时务者为俊杰"，形势的变化必然引起事物发展趋势的改变，企业要变革，就必须开拓思路、抓住机遇，顺应时势。列宁说："从真理到谬误，只有一小步。"企业家在参与变革的过程中，要善于分析形势，要清楚走什么样的路。

那么，企业家如何建构变革思维呢？

1. 先弄清楚问题，再考虑解决问题

这个道理很简单，但是很多人却做不到。它要求的不是盲目地变，而是有张有弛有度地思考问题。很多人总是很着急地提方案、找解决问题的办法，却没有全面权衡变革后的各种问题。结果，工作做了一大堆却没效果。

教育局长到某学校视察，看见教室里有个地球仪，便问学生甲："你说说看，这地球仪为何倾斜23度半？"学生甲非常害怕，答道："不是我弄的！"此时，教室走进另一名学生乙。局长再问，学生乙答道："我刚进来，什么也不知道。"局长疑惑地问教师这是怎么一回事儿。教师满怀歉意地说："这不能怪他们，地球仪买来时，就已经是这样了。"校长见局长脸色越来越难看，连忙上前解释："说来惭愧，因为学校经费有限，我们买的是地摊货。"

这个笑话提醒企业家，现实中，我们经常犯这样的错误，由于没搞清楚问题，就盲目地决策，结果给企业带来无谓的损失。

2. 思维方法要灵活多变

现实的市场竞争复杂多变，企业家要多找几个解决问题的方法，要因人、因事、因时而变。

海面上，有一艘船开始下沉，几位来自不同国家的商人正在开会。"去告诉这些人穿上救生衣跳到水里去。"船长命令他的大副说。几分钟后大副回来报告："他们不往下跳。""你来接管这里，我去看看我能做点什么。"船长命令道。一会儿船长回来说："他们全部都跳下去了。"

"我运用了心理学。我对英国人说，那是一项体育运动，于是他跳下去了。我对法国人说，那是很潇洒的；对德国人说那是命令；对意大利人说，那不是被基督教所禁止的；对苏联人说，那是革命行动。""那您是怎么让美国人跳下去的呢？""我对他说，他是被保险的。"一个思维活跃、不按常理出牌的人，一定有积极的创新精神和变革思维，在变中求变、以变制变是企业家建构变革思维的基础，也是企业家的基本素质。

3. 变革思维角度

很多企业家总是把自我思维局限在一个很小的范围内，总是用自己习惯的方式去分析问题，这样做固然效率高，但在一个变化的时代，风险也高。企业家要改变思维角度，就要选择不同的思维点，从不同的角度认识问题。比如要把从区域出发思考生产问题，变为从全国市场乃至全球市场出发思考生产问题；把从市场近期需求出发思考生产问题，变为从市场中期乃至远期需求出发思考生产问题；把从单赢目标出发思考企业行动，变为从双赢乃至多赢目标出发思考企业行动；把从短期利益出发思考该不该做以及怎样做一件事，变为从中期乃至长期利益出发思考该不该做以及怎样做一件事。应当承认，我们每个人思考问题的角度都存在固化的一面，企业家也一样，所以只有变革角度才能改变对问题的认识，企业家必须明确一个道理：思维力也是生产力。

4. 变革思维方向

许多企业家的思维是内向的，即多数时间在思考怎样把已经确定了的事情办好；而不断变化的情况却要求经理的思维外向，即用越来越多的时间思考怎样突破已经确定了的事情。随着环境的不断变化，企业家过去做过的许多决策都需要改变。

发现资源，需要我们有变革的思维和敏锐的眼光，打破思维定式，变革思维角度，将潜在的资源挖掘出来，为自己创造价值。可见，很多有价值的资源未必显而易见，它们可能隐藏在别人所无法捕捉到的信息背后，需要你借助灵活多变的思维发掘它、整合它，进而为己所用。只要善于发现，资源就无处不在。

合作要相需、相交、相利

我们说过，资源整合是一个双向的过程，是互相为对方所需要。如果你需要我的资源，而我不需要你的资源，那么这就不叫整合。可见，相互需要是资源整合的前提。

我们要如何发掘对方的需要，从而找到资源的最佳契合点呢？首先，我们可以从和对方的聊天中了解到他的相关信息，从而知道他的需求，以便投其所好。其次，我们可以从某一个问题上深挖对方的需求，知道对方想要解决的问题的根源。最后，就是从现有的合作中，展望对方未来的合作意愿和需求，看看自己能为对方整合到什么样的资源，我们该做哪些准备。其实，无论哪种方法，我们的目的都是了解到对方对资源的需求情况，从而使自己拿出最佳方案进行整合。

接下来，我们要做的就是相交。只有合作双方多拜访多沟通多谈判，彼此间才能产生交情，难怪说"有交流才能有交易"。和他人交流想法意见时，争辩并不是一个高明的办法。我们应该从对方的角度想问题，设法让别人回答"是"，那才是一套成功的办法。如果自作聪明，靠欺骗和强硬手段让对方点头妥协，就别想再让他人信任我们了。

除了合作前相互交流、彼此沟通外，合作后我们还应该继续和对方保持良好的沟通。做生意决不能做一锤子买卖，不要因为签单了就不再想起客户，要想让事业保持发展，就要和客户保持联络，否则，客户就会像断了线的风筝，一去不返。平常不时地电话拜访、问候，不仅能增进双方的感情交流，还可以借此为下一个订单收集新"情报"。

和对方交流时，我们也要学会领悟到他人的弦外之音，尤其是那些看似随意的话，它们容易使我们放松警惕，从而错失机会。不能觉察弦外之音，很难成为智者，有的人善于揣摩他人的心思，洞察他人的意图。对于那些非常重要的真相，明慎的人虽然自己内心清楚，却总是只说一半。所以，那些看起来对你有利的事，不能轻率地相信，那些看起来对你不利的事情，要相信它是存在的。

最后，有了相需和相交，我们就应该做到相利了。相利就是双赢，即让彼此都能从整合中得到好处，让双方受益。当我们拒绝为私利损害他人的利益，学会分享与博爱，双方之间的合作才能长久持续。

事实上，合作双方的联盟就如同婚姻一样，伙伴之间的态度是合作能否成功的关键，它本身并不是一个充分要素，却是一个必要条件。适当的合作态度包括两个方面，即承诺和信任。

首先，缺少承诺将在很短的时间里扼杀联盟。很多联盟之所以失败，原因就是合作伙伴没有向项目提供最好的人员、技术、管理等资源，没有将联盟置于优先考虑的地位，或者同时建立了很多联盟并寄希望于其中有一些能够取得成功。这些自私的态度实际上都种下了导致联盟最终失败的种子。20世纪80年代初，许多外国企业抢滩中国，它们在与中方进行项目合作时根本就没有什么承诺，只是抱着一种价格转移的心态将在国内或发达国家市场中淘汰下来的产品放进中国，这样的合作是无法长久的。非常典型的例子就是丰田公司在中国的失败。

其次，信任是联盟生存的第二个关键要素，它要求合作双方自始至终都应该抱着一种相互信任的态度，无论是在合作顺畅时期还是经历周折阶段，都不要轻易动摇对方的信心，而应认真负责地履行彼此的承诺。这要求双方以一种平和的心态相互学习，彼此取长补短，以实现最终的"多赢"。那些抱有竞争心态和自我保护心态的企业，只能在联盟中被大多数真诚交流的企业剔除。

贪婪地追求利益，在风险面前唯唯诺诺甚至逃避的"个体户"心态，是不可能铸就坚实稳固的联盟间伙伴关系的。然而，大家在做大市场这块蛋糕时通常能够抵制各种压力和诱惑，同舟共济。一旦蛋糕做成，到了要进行利益分配的时候，很多企业就难以有效地协调好实体利益与关系利益之间的关系，只顾强调实体利益的获得而将目光狭隘地局限于一次合作性的层面上。

殊不知，企业要想实现长期可持续发展，相当重要的一项资源，就是自身在经营过程中所建立起来的信誉和形象，这是企业用多少实体利益也无法换取的宝贵财富。因此，有战略眼光的企业在进行利益分享时，要学会站在对方的利益上考虑，了解对方的需求从而做到相利，通过资源整合达到"多赢"。

利用整合思维连点成线

关于整合思维，格兰仕老总梁庆德是这样理解的："这个看似很简单的策略背后是一个价值链条，你必须最大可能地掌控这个价值链条，你才能拥有别人所没有的降价空间。"

超限战理论是运用整合思维的经典，它给企业家提供了很多启示，如果企业家只是机械地关注自己的企业，片面地思考某一方面的问题，这个企业就很难成为成功的企业。

但是，按照一般的企业发展路径而言，企业要扩大规模就必须增加企业固定投资，或者是新建生产线，或者是收购别的企业。在资金有限的情况下，一方面很有可能造成企业规模扩大不理想，另一方面，对企业现有的现金流造成影响，一旦举措不当，反而使企业陷入困境。而格兰仕虚拟扩张的资源整合策略却突破传统企业发展思路。

众所周知，打价格战必须具有成本优势，而成本优势的前提是产量规模的提高，从规模产量中获取规模效益。规模扩张带动成本下降，成本下降又引起价格下降，价格下降又直接扩大了市场容量，资金回流也相应增加，企业规模再次扩大，成本再次下降……这个简单的循环正是格兰仕一波又一波的价格战的动力所在。

随后，格兰仕进一步整合国际资源，从元配件到整机，全方位与跨国公司展开合作。目前格兰仕已经同200多家跨国公司建立了合作关系，许多跨国公司将附加值微薄的微波炉等产业战略转移到格兰仕，通过优势互补实现了生产力水平的进一步提升。目前，格兰仕制造的变压器等配套元器件一年的产能已突破2000万个，其中一半左右的产量要返销到发达国家，在磁控管、定时器、微动开关、集成电路、微型电机等元器件、零部件的生产制造方面同样达到了国际一流水准。

格兰仕这种虚拟扩张的策略突出体现了其特殊的资源利用方式，这种整合思维的娴熟运用使人叹服。格兰仕一方面利用了中国的劳动力优势和庞大的市场规模，另一方面将国外的生产线拿过来又无形中得到了国外现成的市场，这又为规模的扩张提供了市场支持。这种通过合理整合全球资源的方式，不仅大大降低了成本，而且成功地规避了市场风险，使格兰仕顺利地实现了资本、市场的同步扩张。

很多时候，资源只是一个一个的结点，并没有串连成一条直线。此时，我们要做的就是借助整合的思维，连点成线，让资源合并在一起创造最大价值。当你伸出手与别人合作时，自然就会获得对方的资源，这样，我们就能将这条线越拉越长，创造更多的财富。

为越多人服务，就能创造越多财富

资源整合是相互的，如果我们想获得别人手中的资源，就应该慷慨地为对方提供自己的资源，为他人服务。一个人的事业要想做大，就应该学会与他人互利互助，当你为越来越多的人提供服务时，财富也就会不断地向你涌来。

从前，一个阿拉伯著名的富商在临终前把仆人海菲叫到跟前说："我现在把人人都梦想得到的羊皮卷交给你，只要按照样羊皮卷上的要求去做，你就会变得比你想象的更富有。但是，你必须答应我一个条件。"

海菲说："我一定答应，不管是什么样的条件。"富商接着说："你必须把你获得的财富无条件地分给穷人和那些不幸的人，而且你越富有，你就越要懂得给予和分享。"看着海菲点了头，富商闭上了眼睛。事实上，富商之所以要海菲学会分享和给予，为更多的人服务，原因在于这样做可以让财富增值。

付出即会获得，没有人可以不劳而获，你愿意多努力一些，多付出一点，现实就会给你加倍的回报。当然，多付出一些的目的并不是要即时得到相应的回报，也许你的投入无法立刻得到他人的肯定，但不要气馁，一如既往地努力，回报很可能在不经意间以出人意料的方式出现。

一个人想要维持自己品德的高尚，就应懂得和别人分享，否则就只能是孤芳自赏，甚至背上自闭与不通事理的骂名。分享是为了在我们需要的时候得到，在分享中，我们得到的远比付出的多得多。

农夫种植一株小麦并不只为收获一粒麦子，其收成必定是他所种植的麦种数量的数百倍乃至更多。同样，我们所播下的每一颗种子，也都将生根发芽，带来收获。我们不但应该随时准备付出，而且要乐于付出。

善意地帮助别人，你得到的就会比付出的多。我们在做事前，不要抱有"先告诉我你能给我多少钱，我再向你展示我能够干什么"的想法，相反，你应该这样说："先让我向你显示我能为你提供什么服务，再看你能够给我什么样的报酬。"

无论你从事什么工作或活动，都应该比自己分内的工作多做一点儿，比别人期待的更多一点儿，这样就可以吸引更多的注意，给自我的提升创造更多的机会。要相信，你额外的付出会为你带来更多的回报。一个人给予别人的帮助越多，得到的收获也就越多。

每个人都想追求富贵的人生，可是什么才是富贵？很多人认为富贵就是有钱，其实，有钱之人并不都是富贵之人。富贵不单是钱财的问题，还有精神或思想上的问题。富贵包括富与贵。富是拥有金钱、知识、经验或健康的身体，贵则代表人格品质的高尚，意味着心灵的富足。

佛教认为，一个人是否拥有金钱物质，是由福报的多少决定的。反过来讲，聚敛金钱的过程，就是消耗福报的过程。一个人一生的福报有限，消耗完了，就没了。所以，在富有之后，要懂得知足感恩，要学会与人分享自己的财富和快乐，才能惜福造福，并不断积累新的福报。

生命中"万般带不去"，然而人们都习惯性地奔赴自己想要的目标，在生活中重复着欲望的苦累，不断索求，最终却发现自己其实什么也没得到。其实，拥有再多财富，也不过是身外之物。对我们来说，重要的不是彰显钱财的多少，以满足自己的虚荣心，而是考虑财富能给自己带来什么，能给他人带来什么。

当你给了别人他们需要的帮助时，别人就愿意帮助你，为你提供资源。这样，我们彼此就能在短时间内创造出越来越丰富的资源和财富。

快速并购资源，实现跳跃式发展

资源整合就是资源互为利用，别人从你这里获得他缺少的资源，你从别人那里拿到你想要的资源。在这个过程中你会发现，要想整合到对方的资源，就应该站在对方的角度考虑，知道什么是他想要的。运用这种整合的思维，你才能为自己和他人创造更多成功的机会。

其中，并购是企业间进行资源整合比较常见的方法。并购包括兼并和收购两个方面，兼并是指由一家实力比较雄厚的公司吸收两家或多家公司，使其合并成一家；收购是指一家企业通过现金或有价证券的方式，购买另一家企业的资产或者股票，实现对其控制权。

分众传媒收购好耶，阿里巴巴收购雅虎中国等都是企业收购成功的案例。好耶集团是中国网络广告的先行者，它聚集了互联网广告方面的突出优势，是中国最大的互联网广告代理商和互联网广告技术提供商之一，拥有的自主产权和商标权的AdForward 软件系列产品，涵盖了网络广告投放、监测、创意、定向和效果评测等各个方面。

2007 年 2 月 28 日，分众传媒花费 2.25 亿美元收购了好耶。这次并购，分众传媒不仅获得了好耶集团的人力资源、管理资源，还获得了最关键的——技术资源。从此，分众传媒的广告网络延伸到了互联网领域的业务范围，它意味着，分众传媒踏入了中国最快速增长的广告市场——在线网络广告市场。

江南春表示，之前分众传媒的广告在对人们，特别是高消费人群生活轨迹进行了覆盖，但仍有存在两个盲点：一是晚上看电视的时间，二是在办公室的时间。江南春认为，整合好耶进入互联网领域之后，其整个架构将变得更加全面、完善。此外，新的分众传媒将让人们一天 24 小时中接触广告的累计时间变得更多，这将一定程度上影响广告主今后的思维模式，他们的广告投放方式也需要因时而变。

好耶的发展势头果不负分众传媒所望。2008 年 9 月 19 日，分众传媒宣布其全资子公司好耶广告网络公司，已经向美国证券交易委员会提交了一份草拟的上市申请，准备首次发行等同好耶普通股的美国存托股。受此消息影响，当天在美国股市早盘交易中，分众传媒的股价大涨了 3.90 美元，涨幅达到 14.5%。

实际上，分众传媒布局互联网广告的行动很早就开始了。自 2006 年 8 月起，分众传媒就开始有计划地收购好耶、创始奇迹、科思世通、上海网迈等一些主流的互联网广告代理公司，同时还收购了一些运作良好的二线广告公司。截至 2008 年

6月，中国40%以上的网络广告代理业务市场由这些收购来的子公司占据。凭借这一系统动作，分众传媒一下子成为中国网络广告代理商中的佼佼者。

  并购是资源整合中一种短期而有效的方法，它不仅能够帮助企业获得所需的资源，而且能使其获得跳跃式发展。阿里巴巴通过并购雅虎中国，拥有了雅虎中国的全部资产、全球知名的"雅虎"品牌在中国的无限期独家使用权、雅虎强大的技术平台、10亿美元的现金入股等。有了这些，原本就"膀大腰圆"的马云和他的阿里巴巴更是如虎添翼，比如能为阿里巴巴带来包括即时通信软件、门户网站、搜索技术等丰富的产品。

  值得注意的是，并购并非盲目地行动，它是有目的、有计划性的，出发点是要符合公司的发展现状和需要，有利于公司的发展前景。只有在对公司现阶段的情况有了详细的了解和规划后，我们才能通过并购进一步完成目标。

第三章

善用资源，创造共同财富

资源整合不是企业的专利

事实上，资源整合不是只有企业才会用到，个人、组织、团队、地区等都能运用整合思维进行学习和思考。一旦学会了巧妙地整合资源，我们就能成为自己命运的主宰者。个人或组织、团队的资源整合有多种外在表现形式，通常会表现为合作。

在任何时候，任何地方，只要有竞争，就同时会有合作，谁都不可能孤军奋战。然而，面对激烈的竞争，许多处在同一个集体中的人都认为彼此"互为对手"。在大学生的一项关于合作的调查问卷中，有53%的同学认为大学生的关系应该是"互相帮助，共同进步"。但因为他们面临着学习、就业等各种竞争的压力，有46%的同学感受到了实际存在的"互为对手"的关系，还有少数一些同学认为同学之间是"互不相关"或者"互相提防"的关系。从中我们可以看出，竞争的激烈程度以及其带来的压力，消泯了本应该被重视的合作精神。

每个人的性格和需要各不相同，如果我们能以相互满足对方的需要为前提，以"我之无换他之有"，以"他之无换我之有"，对双方都有利。一旦各自的需要能从对方那里获得满足，就能形成良好的人际关系。

性格相似固然有共同的语言，喜欢在一起，发展密切关系；性格不同的人，也因互补作用，能满足各自的需要，发展良好的人际关系。气质也有互补作用，一个脾气暴躁的人也许很难和同样脾气的人"和平共处"，而与好脾气的人在一起就能避免经常"干仗"。同样，一个能力较强，且自尊心和支配欲较强的人，喜欢与顺从型的人在一起，这样就能发挥出自己的能力，担当起保护别人和支配别人的角色；相反，自我批评较低，依赖性较大的人，也乐于同有能力、有魄力、有独立思想和领导才能的人建立联系，并心甘情愿地处于被保护、被支配的地位。这些都是由于双方在性格、气质、能力上都各有优点和缺点，彼此之间可以取长补短，相互满足对方的需要。所以，需要互补也是形成管理者良好人际关系的一个重要因素。

从一定意义上说，生命的本质就是竞争，这是一件令人激动且激发个人潜能和社会向前发展的事情。但是当竞争发展为具有破坏性甚至毁灭性的斗争时，适时的互补合作可以化解它们。美国总统奥巴马十分注重"合作精神"，他能够在总统大选中获胜，除了本人的魅力外，其背后的团队起了很大的作用。

关于合作，有四个准则。

第一，集体至上，互信互助。很多时候，一个集体的成功才意味着个人的成功。在运动赛场上，一个集体即使涌现再多的单项冠军，但集体排名靠后的话，也会被认为是失败的，而通常集体获胜的奖励也远远高于个人。

所以，无论一个人本身能力有多强，如果他不能够带领整个集体成功，未免有些遗憾。这就意味着个人利益不能凌驾于集体利益之上，要抛弃个人英雄主义的思想，与朋友、同仁互信互助。

第二，拥有共同目标。为了共同的目标，集体中的每个人分工明确，能够明白自己所要做的事，同时公正地衡量他人的努力，在遇到苦难时向他人求助，促进伙伴的默契合作，完成共同目标。

第三，彼此坦诚，彼此宽容。为了实现共同目标，集体中的每个成员都要互相坦诚、胸怀宽广、彼此谅解。能够容忍其他伙伴的失误或者能力上的不足，大度地承认他人为集体所做的贡献，不邀功请赏。

第四，拥有一个共同信服的领导者。在注重合作的同时，必须有一个集体的领导，他可以说是集体的灵魂人物。集体领导首先有卓越的领导才能和出色的个人素质，是能够让所有人都心悦诚服的一个人。这也是学校要有校长，班集体要有班主任的原因。当然，集体领导者要关心集体中的每一个人，领导的权力也就意味着比别人更多的责任。

奥巴马说："国家与国家之间合作的桥梁必须是年轻人共同合作建立起来的……最好的大使、最好的使者就是年轻人。"所以，年轻人要担负起合作的使命，首先要具备合作精神。

竞争与合作一点儿也不矛盾，合作不仅不会影响竞争，反而能站在别人的肩膀上再登高一步，赢得更大的发展空间。竞争可以是你利用我的优势，我利用你的长处，取长补短，共谋发展；竞争是可以你团结我，我联合你，共同开发广阔的市场，按市场经济规律实现"利益共享"；竞争可以是相互包容、彼此兼容、彼此宽容，相互促进、相互提携，实现双赢。

整合不只是收购和兼并

对于一个企业来说，赢利模式是我们通过自我创意而转化创造出来的"致富宝典"，企业有了绝佳的赢利模式，就能运用才智和干劲使自己称霸商场。海尔是一个非常善于整合资源的企业，但是，它的整合过程不仅是收购和兼并，而且包括在其基础上创造新的赢利模式。

企业的赢利模式就如同一幅构思好了的巨幅油画，你所做的每一件事，就如同在画布上抹下一笔，许多年过后，你可能已经在画布上留下成百上千的痕迹，它们可以构成一幅美妙绝伦的油画；反之，如果你画得不好，最后形成的也许仅仅是一块被涂抹得面目全非的破布。

那么，怎样让这幅精美构思的油画达到预期的理想效果，成为精品画作？第一是要将每一笔每一画实实在在地画到位，颜色的搭配，笔画的轻重，一笔一画都不能疏忽，这就是对赢利模式的执行落实。第二是要充分利用好画布上每一个空间，画的空间都是事先预定好了的，不能随意地修改，这就是合理配置企业的资源；第三，就是把构思融合到整幅画的全部意境中去，这就是赢利模式的运营必须与整体系统结合起来。

海尔的赢利模式是品牌扩张模式，海尔为什么能以这个模式取得超凡的成功呢？海尔集团领导层有着优秀的执行力，海尔在20世纪80年代提出品牌战略，把海尔这个品牌打出去、打响，这是它以后发展的根本和前提，为了创品牌，海尔大力抓产品质量和服务质量并努力做到精益求精，以赢得顾客，赢得市场。当我们入世之后，很多企业惊呼"狼来了"的时候，海尔品牌已"与狼共舞"多年了。

品牌扩张模式确定之后，海尔的领导层就全力以赴，动员企业各方面力量，充分发挥自己的优势促其实现，海尔提出"东方亮了再亮西方"的执行策略，先把一件事做好做实，再考虑去开拓崭新的领域。在市场经济下，可以谋利和产生经济效益的商机很多，但并不是每一商机都会对任何一个具体企业带来正面效应。海尔总是清醒地抓住自己的主业不放，从不随波逐流。

海尔在管理上要求职工做到"日清日高"。每人要明白自己当天应完成的任务量，但又并不到此为止，还要进一步看到近期的不利方向，从而形成一种自我鞭策机制。通过"日清日高"使人既明白当天做到了什么程度，与过去对比是否有所提高。正是在日常一点一滴的小小改进提高之中，最后由量变到质变，出现创新，成为企业不断前进的动力。

这些年，海尔大刀阔斧地走向世界，塑造国际化的海尔。如果我们只羡慕海尔驰骋于国际市场，而不把真功夫下在加强和提高自己的执行力上，那就只能是缘木而求鱼。

海尔是资源配置的行家，过去人们把竞争看作"大鱼吃小鱼，小鱼吃虾米"。但后来决定竞争格局的已不再是鱼的大小，而在于鱼的死活，活的小鱼照样可以吃掉死的大鱼，即活鱼吃死鱼。在强强联合的形势下，又体现为鲨鱼吃鲨鱼。随着环境变化越来越快，企业如跟不上变化步伐，就会被处于前列的竞争对手击败。这叫快鱼吃慢鱼。

鱼的各种吃法不同，到了海尔那儿，又发展为"休克鱼"。这种鱼不缺头少尾，鱼体（硬体）是完整的，只是处于休克状态，即由于管理不善而处于濒危状态。海尔收购或兼并的企业正是这些"休克鱼"。厂房、设备都可以加以利用，通过海尔的一套成熟的管理经验、管理模式，便可使之"激活"，使"休克鱼"苏醒过来，扭亏为盈，这不用投入过多的资金，就可以获得倍增的利润。这种"激活休克鱼"的兼并方法，成了哈佛大学第一个中国企业的教学案例。

海尔人也懂得把品牌扩张赢利模式充分地结合到海尔的整体系统中去。随着我国改革的深化，越来越多的企业有了出口经营权，而他们的目标都是"出口创汇"。可是海尔以"出口创牌"为方向，认为只要海尔的品牌能在美国市场、欧洲市场站住脚，扎下根，就不愁创不了更多外汇。"创汇"与"创牌"虽只有一字之差，却大有高下之分。"汇"（外汇）是物质的有形财富，而"牌"（品牌）则是非物质的无形资产，正是有了无形资产，才可以创造出更多的有形物质财富。在这些年的家电价格大战中，海尔始终没有介入，一直在"冷眼旁观"中认定要"战"的不是价格，而是品牌价值。

海尔集团在成立16年后，全球营业额已上升到700多亿人民币，近年来增长率都保持在50%以上。海尔的模式到绩效之路值得我们仔细去琢磨。

企业管理者应该是执行专家，赢利模式一旦确定，领导者必须积极地参与到各个流程的活动中去，不能只建立一个模式就完了，模式到绩效的秘诀就是：良好的执行加上良好的资源配置再加上运营系统和整体系统的结合。从创意到赢利模式，再从赢利模式到绩效，每一步都OK了，企业一定能成功。

打破定式，整合产业链

产业链整合是"对产业链进行调整与协同的过程"，它能实现整个产业链的高效运转，使企业迈进竞争的大门，取得竞争优势。

ZARA是西班牙服装的一个知名品牌，从1985年成立至2005年，仅20年，ZARA就已经在欧洲27个国家及全世界55个国家和地区建立了2200家女性服饰连锁店。2004年度全球营业收入46亿欧元，利润4.4亿欧元，获利率9.7%，比美国第一大服饰连锁品牌GAP同年的6.4%还要出色。这一连串的成功虽说涵盖了很多因素，但在高效整合资源方面ZARA表现得更加突出。

当时，中国绝大部分服装制造企业都有"6+1模式"，但缺乏高效的整合，中国的服装企业走完整个6+1的流程需要180天，而ZARA在这方面表现了出超强的整合能力，以至于其走完整个流程只用了短短12天，这就意味着ZARA整条产业链的整合速度是中国服装企业的15倍。ZARA这种高效整合的意义十分重大，因为产业链的高效整合是企业节省成本最有效途径，举例而言，一件衣服库存12天比库存180天起码节省了90%以上的成本。而ZARA85%的生产都在欧洲，当然，ZARA大部分的销售也都在欧洲，因此在欧洲生产还可以提高流程速度。

可能有人会想：ZARA在欧洲生产劳动成本不是很高吗？为什么不寻求廉价劳动力集中的中国市场呢？其实原因很简单，那就是劳动成本只占了整条产业链的2.5%，不会影响到整个生产成本的翻倍上涨，这就是ZARA选择在欧洲生产的直接原因。从中，中国企业可以得到一点启示：劳动成本在整条产业链中并不是最重要的，而真正能节省成本的方式就在于整条产业链的高效整合。

在产业链的仓储运输、终端零售和产品设计环节上，ZARA做到了真正的高效整合。首先，在仓储运输环节上，ZARA为了加快运输的速度，在物流基地挖了200公里的地下隧道，用高压空气运输，速度奇快无比。此外，ZARA还采用空运的方法将成品从西班牙运送到上海或香港，虽然空运的运费很高，但在整个高效整合过程中，这种高昂的空运成本会被摊薄。结果还是节省了成本。其次，在终端零售环节上，ZARA有意减少需求量最大的中号衣服，故意制造出供不应求的效果。因为ZARA发现当妇女同胞想买中号衣服而买不到的时候，她们心中那种极度的挫败感让她们下礼拜又去了。这样不但加快了周转率，同时吸引了更多的顾客。最后，在产品设计环节上，ZARA的设计思维也堪称一绝。ZARA首先放弃了自主创新的思维，而代之以"市场的快速反应"。

其实，能够想到放弃大家都认同的自主创新思维，这本身就是一个最创新的思维。那么ZARA怎么做市场的快速反应者呢？举个例子，妇女同胞为什么总认为衣橱里少了一件衣服呢？那是因为她们不知道自己到底需要什么类型的衣服。换言之，如果消费者自己都不知道自己需要什么衣服，企业搞自主创新又有什么用呢？因此，企业就要想出更好的办法来应对消费者的需求，这才是最好的策略！看看ZARA是怎样做市场的快速反应者的吧。

ZARA在设计新产品之前都要首先想到如何揣测出最受消费者欢迎的服装类型。ZARA认为，能卖掉的衣服肯定是消费者喜欢的衣服，假设100件衣服前天卖了12件，昨天卖了6件，今天卖了7件，ZARA就根据这三天卖掉衣服的共性设计衣服，根据趋势变化稍作修改，而不要创新。这样不但大幅缩减了产品设计的速度，而且可以在市场需求还没变化之前迅速推回市场抓住市场脉动。ZARA几天可以推回市场呢？12天，这么短的时间当然可以抓住市场脉动。但是12天的速度就是产业链高效整合的结果，如果中国服装企业走完整条产业链的时间是180天的话，那就意味着根本不可能成为市场的快速反应者。

总之，ZARA集团通过产业链的高效整合大幅压缩成本，而同时争做市场的快速反应者，因此ZARA的衣服总是最新潮，最受市场喜爱。ZARA的产业链高效整合思维应该对我们的企业非常有启发，因为这才是我们企业的未来战略出路。

找准互补资源，该出手时就出手

资源整合事实上就是一个资源互补的过程，通过优势互补实现强强联合，以通过联合营销的模式，找到自己新的销售增长空间。

众所周知，鄂尔多斯在羊绒服装领域里具有良好的市场口碑，然而美中不足的是，它生产的羊绒衫只能进行干洗和手洗，这对家家户户拥有一台洗衣机的顾客来说，无疑是一个亟待解决的问题。为了能让自己生产的羊绒衫实现洗衣机洗涤，鄂尔多斯开始从寻找适合自己产品形象和定位的合作伙伴。

最后，它把目标定准了海尔集团。海尔集团凭借多年优质的服务和过硬的产品，赢得了众多消费者的喜爱，而它生产的一款自动挡数字变频滚筒洗衣机，则刚好适合洗涤鄂尔多斯羊绒衫。就这样，双方达成了合作，通过优势互补完成了资源整合。在这次整合过程中，鄂尔多斯"高雅华贵、风格独特"的产品特性与海尔集团高新科技洗衣机的定位相结合，不仅展示了鄂尔多斯的优质毛料，而且体现了海尔洗衣机先进的科学技术。

资源整合的目的就是通过资源互补，博取更强劲的市场竞争力。2004年11月8日，美的集团以2.345亿元收购华凌42.4%股份，成为华凌集团第一控股股东。在公共场合，美的董事长何享健曾多次表示，美的收购华凌的主要目的就是要做大、做强制冷产业，华凌的发展方向不变，继续专注于制冷产业；华凌品牌将在继续使用的同时保持独立运作，同时，华凌还可以利用美的的平台与资源，实现规模、效益的优势互补。

地处祖国东南一隅的闽南人或许是受环山临海的地理环境的影响，性格坚忍奔放，具有极强的生存能力。闽商"爱拼才会赢"的性格更是为人们所熟知。其祖祖辈辈都依靠自己的智慧与才干，在商战中闯出了自己的天下。然而，企业战略研究专家郎咸平却表示，闽商不缺干劲，缺的就是资源的高效整合。

事实上，福建所处的地理位置具有很强的优势。这里与宝岛台湾隔海相望，是我国卫生洁具的生产基地；是全国橱柜行业的四大基地之一；是全国重要的石材进口货物中心；其中的厦门港更是排名世界港口前20强……具备这些得天独厚的优势，各企业间更需要通过整合，互补资源，实现资源共享，强强联合。因为如果你不整合，那么资源就会被你的对手整合。一旦失去了最佳整合时机，就只好眼睁睁地看着资源溜走，错失了把企业做大做强的机会。所以，在资源面前，我们要做到快、狠、准，该出手时就出手，否则错失良机后悔莫及。

能力互助，实现利益最大化

资源整合实际上是一个优势互补、能力互助的过程，其关键就是要找到自己的优势并看清自己还有哪些地方是需要改进的，从而与对方开启合作之路。当社会竞争越来越激烈时，合作也会越来越平凡，能够从自己的缺陷入手，投对方所好，有效地整合双方的优势资源，必能创造巨大的经济效益。

2007年11月，盛大宣布战略性投资NCsoft在中国的子公司NCC，正式与NCC结成战略合作伙伴关系。NCsoft作为全球顶尖的网游开发商，开发了在线角色扮演游戏《天堂》《天堂II》《Tabula Rasa》《激战》《英雄城市》《恶魔城市》等游戏。而盛大作为全球最大的网游运营商，已经奠定了在业界的不二地位。

不可否认的是，这次全球最佳研发和运营资源的强势整合，将衍生出多向性空间的优势开拓。在NCC的平台上，盛大和NCsoft可以进行充分的交流和共享。而从最直接的结果来看，盛大除了继续获得高质量网络游戏的授权外，在继续增强自主开发的游戏上也有了实质性资源的支持。

这次强强联合的行动，不仅使盛大聚集了庞大用户群体的平台，而且其商业模式的潜力和想象空间都将扩大。纵观网游行业，比起独体企业间的竞争，资源化的较量越来越成为主导市场的关键。尤其是随着"大鱼经济"的凸显，单纯一家"包揽式"的做法无疑不再现实。而现在盛大与 NCsoft 的合作，成为食物链最顶端的联合。这样的联合，基本上消灭了次等级公司主导市场的"美好愿望"，因为合作使双方在用户、竞争力以及创新领域对接出更大的空间。

同时，高规格的战略联盟将对世界网游格局重新洗牌。盛大从单纯代理跃升到兼研发两条腿走路，再到与 Tecmo、THQ 等多家实力雄厚的顶级开发商建立多元化合作关系，通过转型甩开商业模式带来的压力后，上升空间得到无限拓展。

在资本市场方面，对此次合作，国际投行表现出积极的态度，其中包括花旗银行在内的投资商纷纷重申对盛大股票的评级为"买入"。伴随 NCC 一起"嫁给"盛大的还有《永恒之塔》的运营权，《永恒之塔》是一款很不错的游戏，对于盛大的游戏是一个重要的补充。盛大与 NCsoft 的战略合作，在长远上将有利于盛大从 NCsoft 获得高质量的游戏。而盛大出色的运营能力，更能让两者的合作碰撞出更多的火花。投行高盛的分析报告更是指出：盛大长期以来的成功游戏运营经验使 NCsoft 选择盛大作为合作伙伴，这对于盛大的竞争对手具有潜在的不利影响。

陈天桥表示："《永恒之塔》历经 4 年开发，是中国玩家最为期待的网络游戏之一，我们对这款游戏在中国的前景充满信心。同时，与 NCsoft 战略合作关系的建立将对盛大的产品线提供强有力的支持，我们期待在未来从 NCsoft 引入更多高品质的网络游戏。"

国际著名投行 Palireseach 认为，盛大在没有所谓的经典游戏的情况下，靠优异的平台运营能力已经实现了持续增长。《传奇》已经被证明是一款二流游戏，而盛大已经被证明是超一流的运营公司。有了《永恒之塔》这样的大作，盛大无疑会大大提升其成长速度。对《永恒之塔》在盛大平台上的未来发展，Paliresearch 表示乐观，并预计《永恒之塔》在 2009 年投入正式运营后的收入会相当惊人。而他的预计也被事实证明是绝对正确的。

还有一点被普遍看好的原因就是盛大对研发上游的把握更深入，可以将更多在运营阶段需精准定位的思考提前代入；而 NCsoft 的高品质游戏在盛大平台的支持下将更具研发和活力前瞻性。"未来，我们会开展更广泛的技术、平台、渠道、人才和资本层面的合作，充分实现双方优势的互补，共享战略合作带来的丰厚回报。"盛大的发言人诸葛辉表示。

两家公司的握手，意味着世界最好的网游开发商的游戏"顺理成章"地落户在世界最好的运营平台，从游戏产业链的研发上游到输出下游，整合成一个顶级的"游戏联盟"。其实，这个联盟是市场竞争催生的产物。从全球网游趋势来看，不分中、韩、欧、美界限而进行市场细分已是大势所趋，强化合作和资源利用成为众多公司在下一步"搏出位"的关键。

陈天桥的高明之处在于"未雨绸缪"，盛大同 NCsoft 建立长期合作伙伴关系，避免自己的竞争对手，特别是金山、巨人、网龙等刚刚通过首次公开招股获得大量资金的公司同 NCsoft 建立战略联盟。盛大和 NCsoft 的联盟，无疑抢占了市场先机：一是双方品牌的聚合效应，二是结盟后双方能力互助，将会实现利益最大化。

依托环境，整合优质资源

18 世纪，美国最伟大的科学家和发明家本杰明·富兰克林的父亲经常教导他："这个世界没有坏天气，只有不合适的衣服。"对一个企业管理者来说，我们没有办法改变大环境，却可以依托现有的环境，在现有的市场基础上进行整合资源，为企业找出一套最适合的生存之道。

在不同的环境穿不同的衣服，也许是应对市场变化的最好选择。对于中国通信运营商来说，中国有着庞大的人口基数、庞大的消费群体，对移动通信具有巨大的市场需求，这个需求远远超过人们的预计，这是环境赋予的优质资源。有了得天独厚的外部机遇，我们还需要主动"聚力"，将优质资源进行整合，为企业创造可利用资源。

例如，中国移动根据现在的市场需求，开始重新定位市场，对其原有的移动梦网模式进行创新，借助 dreamshop（梦之店）将移动梦网进行价值链升级，摆脱对手的追赶。而中国电信则从 2008 年 5 月份拉开了重组大幕，将原来的六家电信运营商整合为三家全服务电信运营商，它们都能够提供手机、固话和互联网服务。

邓崎琳是武汉钢铁集团公司总经理，他之所以能带领武钢走出危机，使企业转危为安，正是源于其能够在大环境的变化中，根据形势及时调整方向，找到当下对企业发展的有利资源进行整合。

早在 2005 年 12 月，武钢就与广西国资委签署重组协议书，双方拟以推进防城港项目为中心成立武钢柳钢联合有限责任公司。这也是中国开发北部湾沿岸并推动与东南亚国家贸易往来计划的一部分。该项目位于防城港企沙半岛灯塔一带，占地 20 平方公里，首期建设投资 625 亿元，年产钢材 10000 万吨，产品定位于热轧薄板、热轧宽厚板等高技术含量、高附加值产品。项目投产后将满足西南和华南的钢铁需求，同时弥补部分东盟国家钢铁供需缺口。

不久，武钢又与攀枝花钢铁进行联合。攀钢是目前中国最大、世界第二大钒产品生产企业，其钒生产的整体工艺技术与装备已处于国内同业领先水平。武钢希望发挥攀钢的矿石资源优势及区域市场优势，使其实现称霸"中西南"，进入世界500强的发展目标。

由此可见，武钢与其合作方正是这样一种各取所需、互惠共赢的关系。一位企业家曾说："有什么样的环境，就会诞生什么样的企业，成功的企业绝不是偶然出现或孤立存在的。怎样营造一个环境，让更多的奇迹发生，是这些依托环境整合优质资源的企业带给人们的启示。"

第四章

借天下智慧，无不成之事

与人合作，事半功倍

合作可以压制对手或让对手出局，让自己向目标阔步迈进的目的得以实现，然而，合作并不见得就是追求胜利。遗憾的是，只有为数不多的人才了解其中的奥妙。

"石油大王"洛克菲勒是上世纪第一个亿万富翁，他创造的商业神话至今无人能及。对洛克菲勒来说，与他人合作能形成一股强大的新兴力量，从此一往无前，摧枯拉朽。他曾说："如果只靠自己一个人，就有可能完不成任务，然而，在我眼里，合作永远好过单枪匹马，这意味着自己将获得更大的利益。"

洛克菲勒之所以能拥有富可敌国的财富，除了他兢兢业业的付出外，还离不开与他人的合作。洛克菲勒踏入商场的第一天就意味着他与人合作的开始。一个人的努力有时的确比不上两个人联合的力量，与人合作，可以达到事半功倍的效果，从而可以更快地取得成功。单枪匹马闯荡商场的人更有可能在竞争中失败，而如果找到他人做依靠，就有可能会在身处水深火热之中时得以存活下来。

洛克菲勒与摩根的合作避免了卡内基独霸钢铁行业的局面，这个例子证明，合作并不一定是为了赚取利润，有时，它只是为了简单地达到令双方双赢的目的。在商场上，与人联合通常可以达到抑制第三方力量的结果，必要时，甚至可以合力将另一方赶出竞争。

商场上没有永远的朋友，当合作双方有共同的利用和追求时，不管曾经有多大的恩怨仇恨都可以再次联合。它同世界上的其他情感，比如友情、爱情、亲情等不同，只要双方目标一致，就能同舟共济。而联合的目的有时也非常简单，就是为了获取利益。在什么时候需要同人合作呢？当你的目标过于远大，以一己之力很难在短时间内达到时，借助别人的帮助，也许是一个更好的选择。

商业合作并非只包含冷漠的利益关系，有时候，合作伙伴也能给予我们生活上的协助，让我们从他身上学到其独特的人生智慧。与一个志同道合的人一起为共同的目标打拼，一起定策略、谈心、思考，是一件十分幸运的事情。当然，只凭一两次合作是不可能产生友谊的，真正的友谊是心灵相通，与金钱、利益无关。与合作方相处时，我们应该做到将心比心，换位思考，这些价值观上的共同之处是友谊的基础。

  与生意伙伴合作的过程中，不要想方设法地趁势打击对手，而要努力做到给对方最大的公平，站在他们的角度为他们着想。只有将心比心，才能使合作持续下去。如果一个人总是态度傲慢、目中无人，那么当他有事相求时，别人是不会向他伸出援手的。所以，应该以尊重的态度好好对待每一个人，因为，说不定哪天你要依靠被你侮辱的人。在一个企业里，只有我们宽容、温和地对待身边的人和下属，他们才会自觉自愿地为公司无私地付出。

  美国社会学家戴维·波普诺认为："合作是指这样一种互动形式，即由于有共同的利益或目标对于单独的个人或群体来说很难或不可能达到，于是人们或群体就联合起来一致行动。"合作不是凡事向利益看齐，也不是做一个十足的好人。生意场上没有永远的敌人，也没有永远的朋友。适当的竞争可以让你获得进步，但如果竞争过于激烈则有可能造成无法挽回的损失。如果能够化冲突为和气，与对手合作，也许才是最佳选择。

  从广义上讲，所有的社会生活都是以合作为基础的——没有合作，社会不可能存在。在经济全球化的今天，与对手既竞争又合作，已成为全球大趋势。市场经济就是竞争经济，任何企业都不能游离于优胜劣汰这个基本法则之外，但市场也是合作经济或协作经济，竞争与合作总是不可分割地联系在一起的。因此，在市场经济条件下运作的企业，只有学会与竞争对手合作，才能不断学习和进步，求得最佳的生存与发展之路，获得最大的市场份额或利润。

  合作就是一种资源整合，"整合强者或者被强者整合，我们才有可能成为最终的强者"。想要在竞争中获得更强的战斗力，就要学会时刻把握事情的走向，当出现预料不及的变化时，要积极更新自己的计划，见风使舵，整合彼此的资源，这样才能避免触礁的危险。

发动朋友的力量，营造一往无前的气势

  俗话说"交一个朋友比得罪一个人强"，朋友一百个不算多，而冤家只要一个就很多了。广泛结交朋友，做一个受人欢迎的人，这样才会有人在你遇到困难时伸

出援助之手。

很多人之所以成功，并不是其具备了多么好的专业素养，更多的是因为他们有良好的人际关系。这些人会多花时间与那些在关键时刻可能对他们有帮助的人培养良好的关系，以便在面临问题或危机时能化险为夷。

与不同的人进行交往，能够创造出奇迹。人们在分享不同的习惯、品位、知识时，也使判断力和才智在不知不觉中得到了增长。这样，你不需要费什么心思，就能够提高自己的修养。在选择朋友时，我们不妨采用这一原则，因为彼此不同的两个极端，能够缔造出更有效的中庸之道。

敞开胸怀打入人群，并与人分享信息，是个人成功的前提条件。认识的人愈多，获得信息就愈快愈多。广泛的人际关系网络对我们的工作与事业的好处不言而喻。

要想在关键时候发动朋友的力量，平时就需要多做"功课"，及时地往"人脉银行"里储存"人情"。比如，经常翻看通讯录，因为我们的同学、朋友、家人都可能是我们潜在的贵人。然而现实生活中，有些人做人过于功利，平时对人不冷不热，甚至还冷嘲热讽，有事时却特别热情，这样的人往往很难成功。在别人眼中，你只是把他们当作可利用的工具，等到你求别人帮忙时，别人就会不情不愿。所以，经营人际关系要把时间花在平时，经常联系你的朋友，彼此的关系自然会加深。

做个乐于结交朋友的人，采取主动的姿态参与各种社交活动是拓展交际关系的一个途径。我们可以选择一个社团，加入一个集邮社、一个健身俱乐部，等等。我们要乐于结交朋友，无论何时何地，如果有人想主动结识你，而应马上做出友善的回应，向对方展示你的友善和真诚。要记住，多善待一个希望结识你的人，你就多得一次事业良机。

要做到主动与人交往，我们可以从以下几点做起：

1. 有机会把自己主动介绍给别人，在任何地方都可以这样做。
2. 主动询问对方的尊姓大名、职位、生活以及工作。
3. 准确记住对方的姓名及职位，在谈话中，别忘记称呼对方职位。
4. 如果想进一步与新朋友加深交往，你可以给他们写信，打电话或登门拜访。

国学大师梁漱溟说："朋友相交，大概在趣味上相合，才能成为真朋友。"这个趣味包括学识、品格、个人喜好等各方面。趣味不必相同，能够相合就可以了，即"同志相得，同仁相忧，同恶相党，同爱相求"，理想、志向、爱好相同的人，必然能够趣味相投。

然而，要想取得朋友的好感，我们首先应该做到按原则办事，如果你做事没有原则，见异思迁，经常变来变去，那么时间一长，你身边的朋友就会离你越来越远。有一些人，刚开始的时候很讲究原则，但到了利害关头，他就只顾利益，不顾道义。这种因利益而放弃原则的人，往往无义、无信，别人自然也不会愿意和他交往。有的人，成功有所得时，他就讲究原则，失败有所失时，他就放弃原则。长此以往，不但原本的朋友会失去，就连即将认识的朋友也会对他望而却步。

其次，我们要有诚信，一个有诚信的人会得到众人的好感，获得源源不断的助力。一个人如果没有信用，那么无论他走到哪里大概都不会找到相信他的人。这样的结果很可怕，因为他将会失去朋友，甚至亲人，继而失去赖以生存的一切关系基础。可见，失去诚信就等于把自己推向了一个孤立的无底深渊。

著名哲学家冯友兰曾说："从个人成功的观点看，有信亦是个人成功的一个必要条件……一个人说话，向来当话，向来不欺人，他说要赴一个约会，到时一定到。他说要还一笔账，到时一定还。如果如此，社会上的人一定都愿意同他来往、共事。这就是他做事成功的一个必要条件。"显然，信是无形的财富，是巨大的资本。一个人坚持走正直诚信的道路，必定能实现良好的愿望。

有句话说得好："有多少人相信你，你就有多少人脉。"人因信而立，做人应该诚信对人，诚信对己。如果我们平时多注意待人的细节，赢得大家的信赖和尊重，那么在你需要的时候，朋友就能助你一臂之力。

从团队入手，集思广益办法多

"故经之以五事，校之以计而索其情：一曰道，二曰天，三曰地，四曰将，五曰法……"把"将"作为"五事"之一，同时把"智、信、仁、勇、严"作为对将帅的要求，这都充分体现出了孙子尊重人才、重视人才的军事思想。同样，在商海中，企业管理者也要善于用人，通过挖掘优秀人才为企业发展增砖添瓦。这种从团队入手，借助大众的智慧的方法，也是企业在商战中的一个关键的制胜法宝。

长久以来，优秀人才一直都是各个企业之间竞争的焦点，尤其是中小企业，由于在规模上以及知名度上无法和大企业相抗衡，因此，中小企业的优秀人才得不到应有的重视，人才流失现象也比大企业严重得多，所以，对于广大中小企业来说，重视人才，尤其是重视优秀人才已经是刻不容缓的事情了。重视人才一方面要求企业管理者在选用人才上不能论资排辈，根据员工的工作年限制定提升标准，这就需要管理者摒弃固有观念中"唯学历论"和"唯资历论"的想法，树立"唯才是用"

的用人观，以"不拘一格降人才"的用人标准对优秀人才委以重任；另一方面也要求管理者要善于从别的公司中挖掘优秀人才，这种挖墙脚、收兵马的人才战略对于中小企业来说也是一种很有效的战略。

历史上，因统治者重视人才而成就其丰功伟业的故事不胜枚举，刘邦就是一个典型例子。刘邦称帝后做过一番总结，他说："夫运筹策帷帐之中，决胜于千里之外，吾不如子房。镇国家，抚百姓，给馈饷，不绝粮道，吾不如萧何。连百万之军，战必胜，攻必取，吾不如韩信。此三者，皆人杰也，吾能用之，此吾所以取天下也。项羽有一范增而不能用，此其所以为我擒也。"项羽能征善战，历百战无败迹，但终告败北，原因就在于他刚愎自用，不知尊重人才，利用人才；刘邦虽然自身似乎一无所长，但他却懂得尊重人才，善于利用人才，这正是他成功的秘诀。

如今，借脑生财的案例也不在少数，在很多高科技企业里，没有高学历的员工往往很难得到提升。但是，华为企业集团不但提拔那些高学历的优秀人才，对于那些有多年工作经验积累的工程师甚至是读函授的高中生也同样给予了提拔机会。这样不靠理论而是重视实际工作能力的考核方法为华为带来了许多人才，并能够激励所有员工不断进步。在华为，不但有工作7天就被提升为工程师的新人，还有19岁的高级工程师。即使那些较大的科研项目，华为也可以放心大胆地让年轻人挂帅。在华为，曾经有个年仅25岁的大学毕业生来领导500多人的中央研究部的事例。对于这件事，任正非的态度是：年龄小压不垮，有了毛病，找来提醒提醒就改了。正是这种不受传统观念束缚，不论资排辈的理念，给每一个员工都提供了很大的发展空间和成长机会，使得华为内部形成了奋勇向前、极具活力的氛围。

借脑生财需要我们从团队入手，从团队中汲取智慧。克莱斯勒公司的创始人艾柯卡就是一个善于借力团队的管理者。从20世纪70年代开始，艾柯卡就倾其所有，全力拉拢福特公司的高级人才。他首先挖来主管财务的格林维德并任命他为公司的财务总监，由他组建一个新的财务班底和财务管理系统。然后，艾柯卡又对福特公司开发"野马"汽车的干将司帕黎科委以重任。随后，很多优秀人才都陆陆续续地被艾柯卡挖来了，这些人都曾经在福特公司各个重要部门担任产品销售、原材料采购、生产监督等重要职位。有了这些相互信任又各有所长的管理人才，艾柯卡的管理开始变得得心应手起来，最终艾柯卡将一个人心涣散、管理混乱的克莱斯勒公司带出困境，并一跃成为汽车行业里的一方霸主。这样的成功，和艾柯卡善于用人有着直接而密切的关系。

团队合作过去仅仅停留在理论层次，如今已是绝大多数公司的最佳做法。领导者面对的最大挑战是如何善用团队的智慧。每个人的个性不同，立场各异，动机暧昧不明，一旦发生冲突就无法共同面对问题。团队成员需要坦诚吐露影响其工作目标的任何问题。最有效率的领导者乃是通过沟通，促进团队的合作，事实上，这也是让一群人能够一起工作的唯一方法。

有的领导过分强调自己，口口声声以"我"为中心。这是因为他太顾及自己的角色、自己的权力，殊不知没有各个员工的分工协作，没有各个员工能力的充分发挥，领导的存在只会影响工作的顺利进行。人们都关心自己，领导者应当明确自己的利益与下属是一致的，为员工服务，解决员工在工作、生活上遇到的问题是明智的做法。

成功的领导者往往能够忘记自己的权威性，因而拥有一群忠心的伙伴。实际上，只要个人受到公平的礼遇，而且意见经常被关注，他们常常愿意竭力配合领导者。巧妙地运用自己的管理艺术，你就能够真正地当好领导者，也就能整合到更多有利的资源为自己打天下。

借用下属的长处，弥补自己的不足

我们的人脉圈由家人、朋友、亲戚、领导、同事、下属等多类人群构成，其中，下属也是一类重要的人脉资源。对于企业管理者来说，想要让自己的事业取得飞速发展，人才的鼎力相助必不可少。

索尼公司最初成立的时候，盛田昭夫费尽心机四处招贤，他第一次见到大贺典雄时，大贺典雄还是个音乐系的学生，盛田昭夫对他印象很好，觉得他像自己一样性子直率又有见地，无奈他就是不愿意加入索尼公司。

1959 年，盛田昭夫邀请大贺典雄一起到欧洲去开拓新的半导体收音机经销商。一路上，盛田昭夫又对其进行长时间的劝说，而大贺典雄则毫不客气指出索尼公司诸多不足之处，他说，索尼公司是由工程师创办的，但没有必要一定由工程师来经营。这是一个新观点，盛田昭夫突然感到，自己还一向认为是有见识有胆魄，怎么一下子就落伍了呢？

不过，盛田昭夫并不计较他的毫不客气，反而继续劝说道："只要你加入索尼公司，你就可以参与经营管理，改变这种局面。"但大贺典雄仍然拒绝了。经过盛田昭夫几次三番的请求之后，大贺典雄终于进入索尼公司，索尼公司立即委以重任，让他担任专业产品总经理，一年半以后，全面负责录音机产品。5 年后，大贺典雄34 岁，成了董事会中最年轻的一员，这在重视传统的日本公司是非常少见的。

不过，大贺典雄对得起这样的厚爱，他的出色表现让公司所有人都心服口服。仅在刚进公司那年，口才一流的大贺典雄就从其他公司"挖"来40多个"硬角儿"，为索尼公司带来大量的无形资产和聪明才智。可见，人才是管理者建功立业路上必不可少的助力。借力下属的长处，并且合理分配任务，才能离成功之路更近一步。

三国时期大思想家刘劭说"人才各有所宜，非独大小之谓也""夫人才不同，能各有异"。在一个团队中，每个人的才能是不一样的，领导者应该了解每一个下属的工作能力、特长和爱好，在安排工作的时候，应该将合适的人放在适合他能力和特长的工作岗位上，因才施用。

选用人才，能力固然是首要考虑的，但一个人的能力必须与相应的职位相结合，这就是用人中的适合原则。用人不能只看能力大小，更要看其适不适合某一职位。最好能做到人尽其才，既不能大材小用，也不能小材大用。在唐太宗李世民的用人思想中，能力与职位的匹配问题也一直是他关注的重点，他明确提出，要根据实际能力降职或提拔、根据能力加以任免，既不允许能力低下者长期混岗，也不容许大材小用、浪费人才的现象存在。

因此，一个团队的领导者既要学会从下属那里借力，以弥补自己单兵作战的劣势，也要学会如何合理分配任务，让团队帮助我们赢得更多成功。

走别人铺好的路，省时省力

一个人活在世上，不能像孤岛一样绝缘于世界，因为再坚强、再独立的人，他的能力总归是有限的。很多时候我们需要别人的帮助，在必要的时候，接受别人的帮助是一种自我保护的方式，也是一种使事情事半功倍的方式。

人生之路并不是路路畅通的，其中充满了坎坷与艰辛。幸运的是，我们会在人生的道路上遇到一些能够提携、帮助我们的贵人。在贵人的帮助下，我们可以告别平庸，出人头地。每个人都希望事业有成，都希望人生更上一层楼。如果我们尽了最大的努力仍然未能达成所愿，那是因为我们没有找到生命中的贵人来助我们一臂之力。

成功学家安东尼·罗宾说："就我看来，模仿是通往卓越的捷径，如果看见每个人做出我欣羡的成就，那么只要付出时间和努力，我也可以做出相同的结果来。如果你想成功，那么只要你能找出一种方式去模仿那些成功者，那么你便能如愿。"

第九城市董事长兼首席执行官朱骏，1999年以投资人的身份与人合办了一个游戏社区网站——Gamenow.com，并投入50万美元，占股60%，后来改名为"第九城市"。Gamenow.com 最初定位为虚拟网络社区，上面有网络结婚、钓鱼、问答等休闲娱乐内容。CNNIC 的数据测试显示，Gamenow.com 网站流量排到第 13 位，在同类娱乐网站中排到第 1 位。可是，流量虽然巨大，但 Gamenow.com 并没有带来任何现金收益。一旦 Gamenow.com 尝试用支付卡收取用户费用时，便遭到了网友的冷遇。

2001 年，IT 业的冬天到来了，中国互联网遭遇到了第一次泡沫，众多网站、网络公司在资金断流之下倒台。朱骏一样承受着沉重的打击。面对投资迟迟没有回报的情况，朱骏再也按捺不住，从幕后走上台前，自己当起了 CEO，亲自管理第九城市，自掏腰包给员工发工资，整整挺了一年半，终于在第二年的 7 月苦尽甘来。当时的第九城市以 200 万美元代价终于拿下了韩国 Webzen 公司《奇迹》在中国地区的代理权，经协商之后，双方共同投资 150 万美元，成立九城娱乐公司，九城占股 51%，韩方占股 49%。

一款游戏盈利的底线是两万人同时在线，对于中国的网络市场来说，做到这种程度简直是太容易了，《奇迹》又怎么可能不赚钱。"九城在《奇迹》产品上的收入日平均进账 200 万上下人民币，这也意味着，在《奇迹》推出的第一分钟，九城就盈利了。"朱骏曾一度笑着对媒体这样宣称。

第一次借鸡生蛋的成功，让朱骏尝到了甜头，紧接着他又从久游网那里抢下了韩国游戏《劲舞团 2》的代理权。2005 年，九城以 300 万美元的价码击败了盛大，赢得了美国游戏商暴雪的《魔兽世界》中国代理权，这款游戏一上市，几乎全中国的游戏迷都开始为之疯狂。九城终于如愿强悍起来，踏上了纳斯达克的上市之旅。

依靠多次的"借鸡生蛋"、跟风作为，九城虽然赚足了钱财，同时却也惹来别人的侧目，原因就在于九城没有自主研发的游戏，只打有把握的跟随战。2007 年，当时中国网游的自主研发进入全新的蓬勃期，国内七八家网游运营商都有重量级的自主研发网游推出，而九城一直以来的敌手盛大在同年更是推出了声势浩大的投资计划。相形之下，九城却毫无动静。

朱骏曾做过这样一个比喻："自然界有两种野鸭，一种碰到天敌后会奋起反抗，而另一种会把巢筑在猎鹰的边上，如果狐狸来了，它就很安全。"他把自己比喻成野鸭，其赚钱之道就是跟随主流趋势发财，这种商场生存方式，是他多年来真枪实弹得到的经验。创新或许会让他一鸣惊人，但也可能让他一无所有，而他只要跟着主流做，走别人铺好的路，就一定不会赔钱。本着这种观点，朱骏找到了一种只做游戏代理、倚重《魔兽世界》的赢利模式，他成功了。

有人讽刺朱骏是个"纯生意人"，称不上商人，更称不上企业家。因为企业家试图改变社会，商人起码有所为有所不为，而朱骏只为了赚钱。面对这种非议，朱骏不以为然，用他的话来说，玩家不管游戏是国内的还是国外的，不管是自主研发的还是引进的，只要游戏有意思，就可以玩，《魔兽》就是他的摇钱树，而每个游戏开发商也都是有自己的摇钱树，人们何必揪着他不放。

这话说得虽然尖锐，却直指现实。对于一个生意人来说，如果把赚钱这个目的都抛弃了，那就大可以不必驰骋商圈了。在他看来，一个好商人不必非要规划什么企业愿景，建立百年目标，也不必非要搞企业垄断，纵横全球。只要产品卖得好、股票卖得好、外资引进来，做到这三点就是好的商人了。

朱骏既是个务实的生意人，也是个聪明的生意人。从送货郎到亿万富翁，他不在乎上没上福布斯，进没进胡润榜，他只在乎自己赚没赚钱。他用跟随式的经营模式，实现了自己财富的梦想，在事业遭受重创时，他也不忘危机，未雨绸缪做好再一次弹起之姿。尽管因为特立独行，屡次剑走偏锋无视公众道德回应，令朱骏遭受了诸多争议，但《魔兽》的成功和申花的发展，足以让世人承认他的独到慧眼和敢作敢为。或许正是朱骏那令人又爱又恨的特质，令他成了上海商圈中的传奇人物之一。

其实，成功最重要的秘诀，就是要采用已经证明有效的方法。走别人铺好的路，踩着他人已经成功的模式赚钱，是资源整合的有效方法。我们必须向成功者学习，做成功者所做的事情，了解成功者的思考模式，并运用到自己身上，然后再以自己的风格，创出一套自己的成功哲学和理论，这样，我们将更好地取得成功。

利用互联网，搭建信息服务中心

对商家来说，资源整合其实就是借力，即利用一切可以利用的力量，达成销售的目的。如今，互联网已经成为人们生活中必不可少的一部分，这里有社交网络、贴吧、微博，等等，为我们发布个人信息提供了广泛的渠道。对销售人员来说，网络无疑是一处巨大的"信息宝藏"，他们既能从这里了解到顾客的信息和需求，也能借助这个平台提升自己的品牌形象。

我们来看一看迪士尼这家国际知名的顶级企业是如何利用网络提升品牌知名度的。沃尔特·迪士尼（Walt Disney）开始创业时，以自己的名字命名了这家公司。经过多年的苦心经营，公司始终执行品牌建设战略。

现在迪士尼的网络品牌形象和它的传统精神一致：振奋、幽默、与家庭成员一同快乐起来。从迪士尼网站开通之日起，访问者的注意力就被互动游戏所吸引。从游戏到动听的迪士尼音乐，到精彩的动画，都让孩子们享受到网上迪士尼乐园所带来的快乐，这个网站转化成品牌的附加值的一部分。

对于那些喜爱迪士尼电影和产品的孩子，他们已经不必期盼着父母带他们去看迪士尼电影或者逛迪士尼商店，他们自己可以访问迪士尼的网站，在那里有迪士尼工艺品中心，其中有丰富的产品信息，他们可以看到自己喜欢的图画和影片的部分情节，可以听到迪士尼音乐，总之很容易体验到迪士尼带来的乐趣。

而那些大孩子（很多成年人也很喜欢迪士尼）则可以在"开心家庭"中看到新电影、迪士尼假日节目和主要的活动安排。沃尔特·迪士尼当初创建迪士尼品牌时大概不会想到他的名字会被赋予这么多的含义，能被全世界的人们所接受。无论是在互联网上还是在实际生活中，这个品牌都代表着高质量的娱乐和体验。

品牌进入网络拓展了迪士尼的发展空间。在迪士尼网站，人们可以轻松快捷地接近迪士尼，所有这一切都在促使消费者与产品之间形成更紧密的关系。迪士尼通过网络的互动及时提供品牌信息，并配以个性化的设置，使得许多消费者始终保持着对迪士尼的品牌忠诚。

网络扩充了品牌承载的信息量。利用网络，任何一个品牌都有机会迅速提升知名度，当然，这还有赖于管理者对互联网的认知能力，这种能力就是通过网络让消费者对品牌加深了解。本杰明·摩尔（Benjamin Moore）是一种非常有名的油漆品牌，在装修行业它意味着高品质的保证。本杰明·摩尔一直继承和发扬品牌的承诺。当这个品牌开通自己的网站时，网络为消费者了解品牌提供了更为广阔的视角。

当本杰明·摩尔的消费者（房产业主、建筑商、设计师、工程发包商等）访问这个站点时，他们不仅想看到油漆的不同种类和丰富的颜色，还想了解各种油漆的不同用途：如哪些油漆适合家居，哪些适合办公室或者建筑物，他们的需求进一步细化。由于网络特有的互动功能，访问者都有极大的热情来利用这种互动，他们在不知不觉中参与了品牌的建设。

本杰明·摩尔还设计了一个虚拟的油漆喷涂标尺，以备访问者准确地测算一个建筑物应该油漆到什么程度。访问者还可以在这个网站学习到一些处理墙壁和天花板的基本常识。可以看出，这些辅助功能增加了传统意义上的品牌不具备的大量信息，而这些信息恰恰又是消费者需要的。

本杰明·摩尔网站有"关于颜色"的信息，向消费者提示如何选择和协调油漆与灯光之间的关系。网站还介绍一些小技巧，如"当颜色不令人满意时，怎样利用灯光"，还提醒消费者要想到油漆在样板上的颜色和将它刷在墙上的效果是不一样的。访问者还可以读到一些更新的信息和一些基本的常识。消费者可以很容易地了解到什么样的颜色适合什么样的房间,如红色用于厨房会使人食量大增。

这些品牌信息的扩充只是在线品牌提升的开始,本杰明·摩尔将互联网的互动功能发挥得淋漓尽致。它在网上举办家居喷涂大赛,新房主用本杰明·摩尔牌油漆粉刷新房子,并把房子粉刷前后的照片传回网站,网站将他们的作品在互联网上进行展出和评选。这个活动不仅激发了消费者对油漆粉刷知识的关注,而且让他们记住了本杰明·摩尔。

宝洁公司(P&G)在利用网络提升帮宝适(主要生产纸尿裤)品牌的过程中,也扩充了品牌承载的信息。帮宝适是纸尿裤中的名牌,网络使之更加接近那些刚刚成为父母的年轻人。网站提供了一些父母需要知道的哺育常识,吸引年轻的父母访问它的帮宝适幼儿哺育中心。

在这里,年轻的父母可以得到详细的指导,比如孩子的安全、儿童疾病的防治等,还可以了解到专家们关于孩子的生理和心理问题的观点和看法。网络的各个话题总是围绕着家庭展开,从基本常识到时尚话题,访问者总是能得到专家的指导。

网络给帮宝适更多发挥灵感的空间。它知道年轻的父母总是想从其他家长培育孩子的过程中吸取经验教训,于是,帮宝适开辟出一个板块,让别的孩子的父母来讲述"最可爱的孩子"的故事。通常总有些自豪的父母,不放过任何一个机会向熟人们讲述他们的孩子如何聪明伶俐,而不管对方是不是乐意听这些故事。

既然美国人愿意通过国家电视台来讲这些故事,那么在互联网上又有什么不可以呢?成千上万的父母都想向他人讲述自己孩子的成长故事,这个板块充分满足了他们的需要,这些父母在网上传播亲情的时候就会永远记住这个品牌,是帮宝适给他们机会充分表达对孩子的关爱。

善用广告效应,赢在没有硝烟的战场

运用广告效应也是一种借力的方法,通过广告,商家能获得更多关注度,从而赢得顾客赚取收益。或许每个人都有过这样的经历,在琳琅满目五花八门的商品面前,我们往往不知从何选起。此时,平时看到过的某支广告或熟悉的广告语则有利于我们做出选择。凭借对产品的广告印象,人们购买其产品,这就是广告效应的体现。

好的广告都是在某一方面特别突出,或者说特别优秀的作品。但是好的广告一定并非完美的广告,这是因为好广告在展现自己特点的同时,也在其他的方面无法兼顾。所以绝大多数广告将表现力集中于一点，力求突出它。好广告就是要让人记得住。

在很长一段时间里，电视观众都与脑白金朝夕相伴，挥之不去。

"今年过节不收礼，收礼只收脑白金！"

"孝敬爸妈，脑白金！"

在如今高密度的信息轰炸时代，很多人讨厌这个广告。脑白金广告刚问世就"得罪"了广告界，更引来骂声无数，但人们对其印象深刻。

史玉柱也觉得对不起中国老百姓，但他依然固执地认为这个广告在商业上是成功的。他说：脑白金的市场主要有两大块，一是功效市场，这个市场比较稳定，一年大概有 5 亿元左右的销售额；二是送礼市场，送礼市场的波动性非常大，这就需要一些策略。广告的最大目的是让人印象深刻，我们曾经也拍了很多很漂亮的广告，但是播出后没效果，后来就不播了。

脑白金历史上效果最好的广告是刚开始时拍的，当时钱非常少，所以拍出来的广告质量非常差，很难看，只能在县级台或市级台播，省一级的电视台都不让播。但是很奇怪，这个广告播出后没几天，脑白金的销售量就上去了，后来我们研究后得出的结论是：观众因为讨厌才印象深刻，脑白金真正打开市场和这个广告密不可分。

脑白金广告的诞生确实有些曲折。最初，是史玉柱花 5 万元请来两位话剧演员，用夸张的表情拍出来的。但是，这个广告被同事们认为严重影响品牌形象，因而，公司上下一致反对播出。在史玉柱的坚持之下，这部广告片才得以与观众见面。没想到，这部被公司内部人员一致认为粗俗无比的广告，却在市场上反响奇好。

尽管反响很好，但广告粗俗却是不争的事实。为了提升产品档次，1999 年，脑白金请来了相声演员姜昆与大山拍广告，谁知这个档次提高的广告却使脑白金销量一路下跌。无奈之下，史玉柱只能再请回第一个广告，结果市场反应迅速，销售量一片大增。

至于为什么广告档次上去了却不好卖，广告难看销售量却上去了，史玉柱给出了他的答案：不管观众喜不喜欢这个广告，你首先要做到的是要给人留下印象。广告要让人记住，能记住好的广告最好，但是当时我们没有这个能力，我们就让观众记住坏的。观众看电视时很讨厌这个广告，但买的时候不见得，消费者站在柜台前面对着那么多的保健品，他们的选择基本上是下意识的，就是那些他们印象深刻的。

2002 年，脑白金广告开始以卡通老人的形式出现。相比较而言，不仅制作费用降低了很多，同时也吸引了消费者。从此，脑白金坚定了这种单一的广告传播形式，本质不变，只是形式稍作改变。于是，人们在6年内看到了多种版本的卡通老人广告，如群舞篇、超市篇、孝敬篇、牛仔篇、草裙舞篇、踢踏舞篇，而广告词是高度一致，不是"孝敬爸妈"就是"今年过节不收礼，收礼还收脑白金"。

其实在此之前的2001年，黄金搭档上市，史玉柱为它准备的广告词和脑白金一样俗气："黄金搭档送长辈，腰好腿好精神好；黄金搭档送女士，细腻红润有光泽；黄金搭档送孩子，个子长高学习好。"在史玉柱纯熟的广告策略和健全的通路推动下，黄金搭档很快便走红全国市场。

以前，人们骂脑白金的广告恶俗，连年把它评为"十差广告之首"；后来"十差广告"的第二名也是史玉柱的了，因为黄金搭档也承袭了前者的套路。对此，史玉柱自我解嘲道："我们每年都蝉联十差广告之首，十差广告排名第一的是脑白金，排名第二的是黄金搭档，但是你注意十佳广告是一年换一茬，十差广告却是年年都不换。"

即使如此，这两个产品依然是保健品市场上的常青树，畅销多年仍没有遏止其销售额的增长。2007年上半年，脑白金的销售额比2006年同期增长了160%。在商言商，成绩能说明一切。

史玉柱对连年来的"十差广告"表示很荣幸，甚至笑称："脑白金连续七八年每年都被评为中国十差广告，每次评完后我就踏实一点儿，如果没被评上，反而说明可能有问题。"

史玉柱曾说过一句比较经典的话："中央电视台的很多广告，漂亮得让人记不住，我做广告的一个原则就是要让观众记得住。"

很显然，史玉柱是个实用主义者，他认为，广告片不是艺术片，企业家不是艺术家。消费者往往记住了一个广告很漂亮，但忽略了这个广告是卖什么的。脑白金广告虽庸俗，却能直接表达它的用途和消费人群，这样做才是遵守最基本的商业法则。一则广告只要能让人记住，就必然会对人们的消费产生影响。如今，善用广告效应早已成为一种趋势，通过广告扩大自己的影响，树立自己的特色，就能使你的产品从其他产品中脱颖而出，赢得关注。

空手套白狼，无本也能起家

"空手套白狼"本来是比喻那些不做任何付出和投资，到处行骗的骗子所用的伎俩。可在商界中，它则是一种资源整合的方法，即"很小的付出而取得了最大的回报",比喻借别人的财富来为自己创造财富,类似于借鸡生蛋。

关于空手套白狼,有一个很经典的故事。住在乡下的一对父子穷得叮当响,一天,一个陌生人找到年迈的老头儿:"我能让你的儿子到城市里谋取一份好工作。"老头儿不以为然:"不可能,你是个骗子。"接着,陌生人又开出条件:"我能帮你的儿子在城里找个有钱的老丈人。"老头儿听完更是不相信:"你快走吧,别跟我开玩笑。"陌生人毫不气馁,继续说到:"如果你的儿子能娶洛克菲勒的女儿,你觉得如何呢?"老头想了又想,最后还是抱着试一试的心态答应了。

几天后,陌生人又来到当时的世界首富洛克菲勒面前:"尊敬的先生,您有打算给自己的宝贝女儿找个合适的对象吗?""年轻人,我没有时间在这儿听你胡说。"陌生人紧追不舍:"我已经给您女儿挑选了一个不错的对象,听了他的条件,您一定会答应的,他就是世界银行的副总裁。"洛克菲勒一听,觉得很满意,于是便答应了。后来,这位陌生人敲开了世界银行副总裁的大门,彬彬有礼地说:"尊敬的总裁,您应该把洛克菲勒的女婿任命为副总裁,您想想看,你以后在事业上能获得多大的助力。"于是,总裁先生欣然接受了。

故事里的陌生人没有动用一分一毫,就让一个乡下穷小子娶到了富翁的女儿,并且当上了银行副总裁,虽然故事并不一定是真实发生的,但足以说明通过资源整合可以实现"空手套白狼"这一目的。其实,他就是巧妙地运用了资源整合的方法,以小代价套住了"白狼"。

据调查,大多数成功商人所赚取的第一桶金80%都是靠这种"空手套白狼"得来的,这种以小搏大的方法能使我们在短时间内整合别人的资源,创造财富。当然,我们也应该清楚,天下没有免费的午餐,想要回报就不能不投入,只是投入的多少和投入的方式不同罢了。

拿来主义永远不会过时

"拿来主义"原是鲁迅先生对批判继承文化遗产这个重大问题的概括,带有讽刺意味,可如今,它却是资源整合时代进行整合的最高境界。想要成功,就要先从模仿成功开始,借鉴别人已经成熟的套路,再进行创造和升级。

20世纪80年代初期,随着国家经济政策一天比一天开放,越来越多地企业参与到了市场竞争中来,出现了"村村点火、户户冒烟"的局面。这种格局具有两面性:一方面有利于真正有实力的企业通过改革创新做大做强,另一方面造成了以大吃小的局面，很多不具有竞争实力迂腐陈旧的中小企业在残酷的优胜劣汰中被淘汰出局。大浪淘沙的过程是残酷的、血腥的，但结局往往会带动整个市场或整个行业的大踏步前进，从而推动整个社会的进步。

那时，政策的宽松为企业创造了一个良好的外部环境，导致越来越多的企业开始涉足风扇领域，一时间，各类个体户、乡镇企业、街道工厂、大公司第三产业等等纷纷建立风扇厂，一哄而起的风扇企业竟多达5000多家。风扇的国内市场形成计划经济时代向市场经济过渡以后的第一场竞争，市场上风扇开始供过于求。因此，那些在淘汰战中劫后余生的企业开始将注意力集中到产品创新上来，尝试用新产品来建立新的竞争优势，美的就是其中之一。

美的刚开始生产风扇的时候，为了在产品上推陈出新，生产出更具有竞争力的风扇，何享健常常为了一个小小的创意专程去香港考察。在香港，何享健第一次看到了一款全塑料的风扇，这种风扇不仅外形美观轻便，而且噪声也很低。何享健想："如果美的能按照这个样式开发出新产品，在市场上必然会受到消费者青睐。况且，由于材料使用塑料，成本比金属的风扇还要低，何乐而不为呢？"凭借十多年五金塑料的生产技术积累，他十分肯定美的仿制生产能力，于是他从香港带回样品并和周榕波、龚品师等技术人员一起研究，翻开了美的仿制开发新的一页。

由于当时的周边配套工业已经开发出了这类零件，因此没多久新产品就开发出来了并在市场上一炮打响。全塑料风扇的亮相让美的在上个世纪80年代中期的风扇大战中轻松胜出。随后，美的乘胜追击相继开发了转叶扇（鸿运扇）、落地扇、壁扇等各类新品种的风扇，从而奠定了自己作为风扇领域内龙头老大的地位。就这样，美的通过不断改进、研发新产品基本形成了生产一代、开发一代、储备一代的研发体系的雏形，为今后产业升级打下了基本功。

后来，风扇的竞争更加白热化，香港的贸易公司也开始频频从大陆采购风扇，销往欧美东南亚市场。为了通过香港贸易公司的出口使美的风扇更快地走出国门冲向世界，在激烈的市场竞争中为争得一席生存之地，美的集团果断做出加大出口份额的决策。

由于产品系列丰富，款式也符合发达国家的式样（美的风扇本来就是仿制发达国家式样生产的），因此出口也进行得异常红火，到80年代末，美的风扇的出口居然和内销持平，呈现出当时出口内销平分秋色的罕见局面，进一步奠定了自己在风扇行业的领军地位。

此外，美的的仿制不是简单地成套引进，全部照搬，而是将解剖、研制、仿制融为一体，因而含有大量二次开发的成分。另外，由于手啤机技术的积累，美的在风扇叶动平衡上做到全国技术第一。"美的风扇不振动、噪声低"这是消费者对美的风扇的认同和赞许。这些真功夫不仅饱含了美的技术人员的知识贡献，而且是全面质量管理体系运用的伟大结果。这在当时的管理理念中本身就是一项非常了不起的技术进步。

美的既没有墨守成规、故步自封，又没有照搬照抄，成套引进外国技术和设备，美的在这场创新大战中用最低成本进行仿制、二次开发，并且运用全面质量管理集体技能，最终打了一场漂亮了反击战。这种整合资源的方法值得我们予以借鉴。

第五章

我为人人用，人人为我用

你的 + 我的 = 我们的

资源整合时代，你有的资源，我拿过来，我有的资源，你整合过去，彼此一结合，一个全新的资源就被创造出来了。

当今时代是一个机遇与挑战并存的时代。网络科技的发展更是颠覆了许多传统的思维和经营模式，新产品开发的时间和产品的生命周期大大缩短，同时，多姿多彩的虚拟世界也创造了许多新的商业机会。前所未有的机遇吸引着众多企业通过各种方式大踏步地迈开全球化的步伐。有远见的企业管理者不再局限于一个地域来考虑问题，而是将企业放在全球发展的平台上以审视它的发展前景。

全球化的浪潮无可避免，任何企业都必须走出去，若想取得长足的发展，则应走得更稳、更远。中国企业想要走出国门，首先要思考以下问题。

首先，为什么要全球化，为什么不扎根中国市场。企业先想清楚走出去的目的和动机是什么，然后要清楚企业真正的优势，凭什么可以在世界舞台当中占一席之地，是靠低成本，是靠行业整合之后扩大经济规模，还是靠技术的优势。

其次，就是全球化应该如何选择地点，是以发展中国家、大陆周边的国家为主，还是到发达的欧美国家。还需要思考全球化要做什么，是融资还是研发、制造以及销售、服务全球化？因为不同的方向和选择，给企业造成的困难是不一样的。企业走出国门之前的每一步思考对企业今后的发展都至关重要。

选择好全球化的方向后，接下来就要决定如何进行。

第一种模式是内部成长。即自己在海外建立生产制造或销售基地，最明显的例子是华为、中兴和海尔。内部成长按部就班，为学习经营团队提供了足够的时间，而且文化管理体系比较一致，风险也比较低。但是它的缺陷也很明显，即时间比较缓慢。

第二种模式是国际性联盟。中国因为企业的资源有限、能力有限，要专注在价值链的一环，所以可以通过与其他战略伙伴合作，借助他们的力量销售、生产、研发，来共同拓展市场。格兰仕、美的、长虹都采用了这种方式。联盟的优势在于能借助战略伙伴的优势资源，有成功的经验作为参考，风险也相对较低。

第三种模式是收购兼并。这是风险最高的一种模式，但中国很多企业为了加速走出去的步伐，都选择了这条路，联想就是最为典型的例子。收购兼并的好处是效率高，很快就能使企业成为全球领先，另外能够整合到一些关键资源，如技术、渠道、人才等；其缺点主要表现在高风险上，有些企业兼并时往往只看表面，比如渠道、市场占有率、技术，但是看不到被并购企业里隐藏的很多实际问题。而且在价格方面，中国企业进行兼并的时候往往要支付超过被并购企业市值的价格才能将其买下。

兼并后的整合也是比较困难的，管理界有条七七定律：跨文化兼并70%都是失败的，都是无法达到预期效果的，而这失败的70%中，有70%是因为文化整合困难。

在国内能够管理好一个企业，不代表能管理好全球化的企业，因为格局、体系和要求都有不同。要充分利用全球的资源和商机，实施好"走出去"的战略，公司内部的组织管理能力一定要不断提高。这种能力的提高需要重视一下三个因素。

首先，是全球化的人才。要看总部领导层是否具备全球化的领导能力。全球化领导能力还包括跨文化敏感度，对不同市场和地区政经体系的理解，以及法律、外汇、税务风险管理等。另外，在海外重要市场能不能吸引当地的一流人才，也是不可忽视的人才管理关键。

其次，是企业文化、思维方式的改变。

最后，全球化的治理方式也要改变，也就是说要利用全球化的资源网络。我们可以看看趋势科技这家世界第三的防电脑病毒公司的特别之处：财务总部设在日本，因为日本的融资成本低；全球产品开发总部设在中国台湾，因为那里工程师云集；全球的行销总部设在美国；全球的客户服务总部设在菲律宾，因为那边的人热情，愿意服务，语言能力也很好。这些例子启发我们，作为一个全球性的公司，全世界哪个地方资源最好就该在哪个地方设点，充分整合资源，强化总体竞争力。另外，组织架构如何设计，是产品事业单位还是地区事业单位，或是职能部门，都要考虑。重要流程，包括采购、供应链、制造、产品研发等的全球整合同样应当予以重视。

总体来说，中小企业在开拓海外市场，参与国际化经营前，应主动、积极地了解将要进入市场的本地文化、风土人情、市场规则等，避免盲从、目的不明确、针对性差。应主要做到以下三点：一是熟悉国外市场，二是了解产品的适应区域，三是派遣合适的外派人员。此外，我国企业还应结合自身的实际情况选择合理的进入方式。

时代在进步，我们也要与时俱进。竞合时代，我们随时都要做好准备，充实自己的能力，以真诚的态度与他人展开合作，充分利用他人的资源进行整合，让"你的"加上"我的"成为"我们的"，获得持久的利益。

缺什么补什么，补什么得什么

对于任何一家企业来说，资源短缺都是十分常见的现象，所以，我们缺什么不重要，知道自己所缺的资源掌握在谁手里才是关键。唯有如此，我们才能在最短的时间内向目标进攻，从对方手里整合到自己缺失的那部分资源。

企业发展到一定阶段后一般都会面临着发展瓶颈问题，这个瓶颈既有人力资源管理方面的，也有品牌定位方面的，当然，还有资本市场方面的。想要通过自有资金实现循环式扩大再生产，不仅速度慢，而且能力有限，远远无法与国内外同行相比。相比之下，上市融资不失为吸纳资金的一个好方法。

1997年，面对李宁公司的困境，创始人李宁萌发了上市的念头，但是在当时，作为民营企业的李宁公司根本不可能拿到上市指标。于是，李宁聘请高级经济师刘纪鹏做设计，为上市做准备。这一次，他把目标瞄准了香港。

1998年12月，李宁在上海浦东新区成立上海李宁体育用品控股有限公司，作为李宁集团的总部，主要用于资本运作和资本经营，又称"母体公司"。此前，集团有四个大股东，分别为柳州市李宁企业发展有限公司、李宁体育产业有限公司、北京广健东贸易有限公司和广东李宁体育用品有限公司，经过一番改革之后，新的李宁集团的股东便全部成了自然人。李宁打算把公司最好的资产打包上市，争取融资顺利，不过未能如愿，上市计划被迫搁浅。

谈及此次上市失败的原因时，刘纪鹏分析道："一个是李宁的主体公司选择，当时并不成熟。当时我们的设计思路，和他根据这个设计进行调整的力度都比较大，所以李宁停下来了。第二个，李宁集团特别分散，母子关系还是不清楚，归到一个公司去上市是有困难的。而要调整起来，包括税收上，一系列问题都要求李宁放慢速度。"

上市失败了，李宁并不灰心，而是更加努力地改革企业，朝着现代管理的方向发展。李宁对此有着清楚的认识："在香港上市除了可以直接筹集到所需要的资金，也可以推动企业进一步走向国际化，有助于企业提高素质，加强竞争力，也有助于提升企业在国际市场上的品牌形象。"

于是，李宁又请来了上海交通大学教授、金融专家陈琦伟，让他担任公司的独立董事，开展一系列有助于公司提升国际竞争力的举措。在陈琦伟的建议下，李宁决定走专业化、集团化的路线。在项目的具体操作上，公司引进德国SAP公司的AFS服装和鞋业解决方案，在公司内部建立起一套先进、高效的ERP系统。在企业的对外扩张方面，公司邀请海内外先进的企业加盟，参与到公司的战略调整当中。在市场战略方面，李宁公司与中国台湾麦达公司合作；在广告传播战略方面，李宁的合作伙伴是日本电通广告公司；在财务战略方面，李宁则与著名的普华永道会计师事务所联手；至于开发合作伙伴，则是法国的一家公司。

经过一系列的调整与变革，李宁公司的整体水平已有明显提升，但国内市场并无明显扩大。李宁决定加快融资速度，向海外市场进军。2000年初，李宁遇到了海问咨询公司副总经理、北大光华管理学院兼职教授王亚非，与之达成了共识：李宁公司应该赶紧上市！随后，李宁就困惑自己很久的三个问题向王亚非请教：如何实现销售收入的增长；要不要走国际化路线，以及如何走；如何进行资本运作。王亚非及其所在的海问咨询公司提出了不少建设性意见。同年年底，李宁正式聘请海问咨询公司做公司的战略和财务顾问。

接下来，李宁面临一个最关键，也是最为艰难的一步：让出股份，引进外资，从而为海外上市做好准备。为此，他先把公司董事会的人数由5人调整为3人，只剩下自己、时任北京李宁体育用品公司首席执行官的陈义宏，以及担任独立董事的陈琦伟。差不多与此同时，他将全国12家地方分公司、304家专卖店的分销零售部门联合起来，组建了上海运动体育发展有限公司，不再只是代理李宁一家品牌。

2003年1月，李宁说服他的家族成员，出让部分私人股权给新加坡投资商TETRAD和中国国际金融公司所属的CDH基金公司，让二者分别持有19.9%和4.6%股权，进入董事会。至此，李宁公司顺利完成改革，使得股权和管理结构都符合上市公司的标准。

2004年6月28日上午9时30分，李宁公司在香港联合交易所正式挂牌交易，标志着李宁公司向现代化模式迈出了至关重要的一步。上市以后，李宁公司便宣布了一项雄心勃勃的战略规划：公司拟发行2.465亿股，其中2.218亿股为国际配售，其余0.247亿股在香港公开发售，每股定价介于1.76~2.23港元，集资净额约为4.339亿~5.497亿港元。所筹资金在扣除必要开支后，约有2.1亿元将用于零售网络的扩展和品牌推广，8000万元用于策略收购，包括收购及经营其他国际品牌在中国市场的管理权或特许权。

股市对李宁公司的上市反应相当热烈，当天上午，股票便飙升11%。公司上市后，李宁又推出了高派现而不套现的策略，以保证股市稳定。但对于第二大股东新加坡政府投资有限公司所控制的TETRAD公司，则无禁售期限制，公司上市后可随时减持套现。上市之后，李宁公司的股票大体稳定，中间虽然出现过两次减持套现风波，但都有惊无险。2008年8月，李宁为奥运开幕式点火之后，李宁公司的股票一度出现飙升状态，达到每股18.66港元的高点，涨幅达到5.6%，而李宁也因持有2.668亿股股票而身家净值2亿港元以上。

事实上，资源的形式十分丰富，它包括人力资源、资金、设备、经验、技术、信息、人脉等，一家企业就想饱览无余是不可能的。整合前，我们应该思考自己拥有哪些优势资源，然后分析应该从对方手里整合哪部分、整合多少为我所用，唯有如此，才可以有针对性地继续以后的工作。正是因为看到了自己的强项和不足，李宁公司在积极整合各种资源后终于把公司推向了国际市场，成为与耐克、阿迪达斯等国际品牌相抗衡的一流企业。

资源有大小，合作无贵贱

很多小企业一提到资源整合，就会缺乏自信，认为整合是大企业的事，与自己无关，即使想与他人整合，也由于担心自己的资源不够壮大而畏首畏尾，不敢行动。事实上，资源整合的双方不存在身份贵贱之分，只要资源可用，不管这份资源来自小企业还是大企业，都是资源整合的可能主体。既然达成合作，那么双方就一定有合作的需要，说明双方手里都握有对方需要的资源。

随着中国加入WTO和国外传媒巨头带来越来越多的挑战，当年各大电视台坐镇"自留地"一统江山的格局不复存在。曾作为广东电视台品牌节目的《生存大挑战》也开始忙着找"亲家"了，《生存大挑战》一改以往由广东电视台独立制作的传统，与其他公司展开合作，共同完成节目的拍摄、制作、发现和管理。

2004年4月23日下午，在北京香格里拉大酒店举行了《生存大挑战》特辑新闻发布会。发布会上，广东电视台领导对此届《生存大挑战》品牌节目采取市场化运作，充分利用社会力量，共同组建一流的策划制作团队。新疆电视台则保证为节目的制作做好后援工作，合作方新浪、中广视讯、掌中万维的代表分别就如何与节目进行互动进行了介绍。《生存大挑战》特辑定名为《英雄古道》，8名勇士将在两万公里的大"追杀"中，在30个不同地貌和环境的拍摄现场，用健腿、骏马、赛车、跳伞、热气球等道具，在高原、沙漠、古城、湖泊、戈壁之中，展开英雄式的"生命"角斗。

《生存大挑战》栏目从第一届的"穿越中国陆路边境"，第二届的"重走长征路"，第三届的"巾帼闯天关"，到第四届的"大漠西行"，挑战的形式不断创新，"生存"的路子也越走越宽。

2004年1月，南方广播影视传媒集团正式成立，电视节目市场化不再是鱼嘴的气泡。经过多方努力，第五届《生存大挑战》最终由广东电视台和新疆电视台、北京维汉文化传播有限公司联合打造，原来单个的竞争者变成了并肩作战、利益共享的合作者。随着《生存大挑战》从前三届的"自产自销"，到第四届过渡性的"公开借脑"，到第五届的"公私合营"，中国"真人秀"节目市场化的探索又往前迈进了一大步。

近几年来，中国电视产业化的呼声不绝于耳，以北京维汉文化传播有限公司为代表的一批民营制作公司在真人秀节目的市场化和产业化方面进行了颇有成效的探索。面对民营制作力量的风起云涌，有人惊呼"狼来了"，广东电视台却破天荒地宣布，要与民营公司"联姻"，变威胁为机遇，要"引狼入室""与狼共舞"！广东电视台方面表示，与民营公司合作，变竞争对手为合作伙伴，实行强强联合，可以避免在特定市场上进行不必要的竞争；又可以与民营公司形成资源互补，优势互补；还可以以盟友为镜子，学习对方先进的科技手段和经营管理经验。

广东电视台台长张惠建认为，自2000年广电总局出台"制播分离"的有关规定以来，从中央到地方，不少电视台已开始尝试把节目制作机构独立，但这仅仅是体制内的改革，并没有根本改变制播一对一的旧貌。真正社会化"制播分离"应当是使电视台成为一个大的编辑播出机构，尽量减少制作节目的功能，而将节目制作委托给民营制作公司完成。两者联手合作，各得其所。为了吸引外来资本，广东电视台抛出"诱饵"：合作节目在广东台播出的部分广告时间收入，由合作双方共享利益、共担风险。

很显然，国有电视台与民营影视公司之所以能架起合作的桥梁，目的就是实现"双赢"，共同发展壮大。如果电视台一味地摆着高姿态，不放下身段与具有竞争力的民营企业合作，那么早晚会被其他更善于寻找资源的电视台打败。竞争时代，合作的出发点是资源是否符合自身发展的需要，而不是对合作方背景和实力的评估。

自信主动，积极出击

资源面前人人平等，但是机会不等人，如果你不抢先整合到优势资源，那么它就会被别人整合，你就会白白错失良机，丧失了把企业做强做大的机会。

随着国内空调厂商出口的大幅增长，20世纪90年代，空调压缩机的国际市场需求极其强劲。此时，美的集团的压缩机事业部产品也处于供不应求的状态，产能无法满足市场所需，急需扩能。事业部的场地已显不足，所以只得另选厂址新建基地，这就需要尽快找到一家具有雄厚实力的企业与之合作，尽早扩充产能。为了及早适应市场变化，尽快地与国际市场接轨，一贯低调内敛的美的，开始酝酿和描绘另一幅激情四射、急剧扩张的蓝图。

因此，寻求更大层面的国际化合作，进一步扎实自己的根基成为美的顺应国际化潮流的一个新目标。在这个动力的驱使下，美的决定进一步与国际大公司进行合作，以此来提高自己的经营水平和核心竞争力，并完成现有家电业的产业升级，进一步巩固自己在家电行业的地位。

1993年5月，美的与日本东芝签约，进行空调技术合作。这是双方的第一次合作。此次合作计划是由美的主动提出的，由于早期美的为华凌生产冰箱配套热交换器的外协件，陈序强与华凌的何应强相熟，邀请何应强加盟美的，具体事项由何享健跟他谈。美的做空调没有一个精通制冷专业的高级工程师是不行的，何应强是行内专家，又与日本三菱、东芝等多个厂家有联系，非常熟悉这个专业，美的正好欠缺技术人才。其实陈序强与何应强很早就认识了，在广州凤凰洗衣机厂的时候就常常来往。

与日本东芝合作的时候，美的的付出感动了对方，其中一个合作条件是每卖出一台空调，东芝会都获得技术提成。另外，美的还支付其他的一些费用。美的还向它采购很大部分的进口零配件，双方一直合作愉快，为日后多次合作奠定了很好的基础。1999年，美的与东芝又有了一次资本层面的合作。当时美的与东芝谈过合作意向，拟建一家压缩机工厂，但政府不太同意，万家乐就与东芝合资办厂。因经营不善，最后万家乐不行了，美的才有机会介入接手。

到2003年，压缩机项目实际产能翻了5番，从当年的100万台发展到2003年的500万台，美的迅速进入国内压缩机行业的第一集团军。陈序强曾跟何享健说过："到哪天我们能做上压缩机就好了，不要到处求人。"到后来，这个愿望真的实现了。2004年4月，美的与东芝开利株式会社在顺德容桂镇举行新合资公司签约暨奠基仪式，宣布双方合资组建新的压缩机公司，这便是双方的第二次合作。新合资公司拟名为广东美芝精密制造有限公司，注册资本约6409万元，其中美的投资3845万元，占60%，东芝开利投资2564万元，占40%，主要生产高附加值的新冷媒、高能效的环保节能型产品，满足市场对该类产品不断增长的需求。

可见，学会主动出击，我们才能争取到优质资源，获得更大的发展。

小代价换取大用途

在生活中，我们常碰到这样一种现象，有的东西用过一次就不会再用，或者有的衣服穿过一次就没有机会再穿了，但是，当时买的时候花了很大的价钱，实在是不划算。那有，没有只花小价钱就能拥有一种东西的好办法呢？当然有，它就是租用。

租用就是从别人那里借来东西，并付出一定的代价，然后定期归还物主。一般来说，租用的模式主要有结构共享租赁、分成租赁、回租、转租赁、委托租赁、杠杆租赁、经营性租赁、融资性租赁等几种。

很多企业在刚创业时，资金等其他资源都不是十分充足，此时，就可通过租赁的方法解决问题。有的公司在成立初期，因为买不起价钱昂贵的生产设备，所以会向租赁公司租用设备。首先，租用的价格不会太高，另外，如果设备中途出了问题，厂家还能随时停止租用，撤掉设备，减少损失。

除了企业外，越来越多的个人也开始参与到租用的商业模式当中，比如租赁奢侈品。在很多时尚人士看来，那些享誉国际的大牌奢侈品真的很贵，为了一个包或者一双高跟鞋，或许要节衣缩食两个月甚至更久。如果能花小价钱就可将它们租用过来，并且把品牌穿在身上，岂不是一件很美妙的事情？在很多欧美国家，年轻男女们开派对时都会去提供名牌手袋或服饰的租赁公司，付钱享受这"租来的奢华和乐趣"。

在国内，广州2008年12月首开了一家名品租赁店，受到很多社会名流、佳丽名媛、企业高层等人士的青睐。如今，北京、上海等很多大城市都有世界顶级品牌租赁商店，这里陈列着限量版手提包、饰品、挎包等，租期为1~3天，按照一天5%的价格收费。事实上，在如今这个信息瞬息万变的潮流时代，很多人买完衣服或鞋子后才发现自己并不喜欢这个款式，或者一年后就过期了。而租赁则满足了大部分人对于生活态度的改变，既顺应了时尚，又没有花太多金钱，不失为一种两全其美的办法。

我们日常生活中很多时候都可以用租赁模式为自己创造价值,而企业也可以在必要时使用租用的方法。这种不需要花费重大的资金,就能取得一定时限使用权的"买卖",不愧是一种四两拨千斤的出色整合方法。

共同做事,互通有无

高科技时代,人类生产实践的全球化、复杂化、交往格局的世界化、信息化、多样化等趋势,促使人类存在的历史格局发生实质性变化。这给人类的社会生活转型提供了契机,人们日益认识到彼此利益的一致性、命运的共同性。与此同时,"共存""共生"的概念开始出现,要想在竞争中抢占优势,就应该学会与他人合作。

2004年6月,盛大和英特尔签订战略合作的框架协议。"这是一个非常重要的标志。"盛大对这次合作评价很高。盛大从此开始逐步在硬件、软件、服务系统、代工等各个领域敲定合作伙伴,在此之后的大半年里,盛大得到了一批掌握IT和电信核心技术的供应商的支持,从最初介入逐渐过渡到定义硬件规划、测试和对比各种硬件平台、整合硬件技术,直至系统管理的阶段。从2004年5月决定自建硬件平台,到2005年春节第一代"盒子"成功诞生,整合各方资源的盛大只用了8个月。速度之快,让人震惊。

2005年5月25日,四川长虹与盛大在四川绵阳长虹总部签署了双方战略合作备忘录。双方宣布,将共同构建新型家庭娱乐中心。根据合作备忘录,双方将基于对3C技术、家庭宽带互动娱乐市场发展前景的判断,整合各自的优势资源,在产品规划、技术研发、生产制造、市场推广、渠道销售、运营服务等各个环节进行深入合作。

2005年12月20日,海信数码产品公司与盛大网络发展有限公司在北京签署了战略合作协议,双方将就共同开拓数字娱乐市场启动全面合作。根据协议,海信和盛大将开展基于数字家庭产品的深入合作,海信将在HEC产品(属于EPC产品)及部分家用PC上捆绑盛大开发的易宝(EZPod),盛大也将在EZCenter上支持海信数码硬件平台。双方将共同拓展和培育家庭互动娱乐市场,为中国用户提供新一代的家庭数字娱乐解决方案和基于即时内容的宽带娱乐门户。

2006年4月18日,全球领先的信息科技企业HP与盛大网络在上海召开新闻发布会,宣布双方结成战略合作伙伴关系,携手开拓基于数字家庭的互动娱乐市场。

双方此次合作基于对建设适应性 IT 基础设施和为互联网用户提供多元化娱乐服务的广泛共识，本着"共同打造世界一流的端到端数字娱乐解决方案"的原则，发挥各自的优势资源与经验，强力携手。作为此次战略合作的一项重要内容，HP 的数字家庭终端产品，如台式 PC 将捆绑盛大易宝（EZPod）以及相关网络娱乐内容服务。

盛大合作渠道的开展一直都极其顺利，"令我惊讶的是，这些合作伙伴没有一家是被盛大说服的，其实盛大也没有这么大的魅力和能力去说服这些世界级厂商。关键是，大家对这个行业有共识，看到了同样的愿景！"盛大的高管如此说。

在制造硬件的同时，陈天桥对网络内容的整合也随之进行。整合分为两步进行，第一步是并购，盛大通过并购将一部分网络内容和服务资源纳入麾下。从 2004 年初开始，盛大收购了手机游戏公司北京数位红、对战游戏平台公司上海浩方、休闲游戏公司杭州边锋、原创文学网站起点网。盛大甚至差一点儿把新浪这个互联网巨鳄吞下，在突袭收购新浪将近 20% 的股份之后，迫于新浪放出的"毒丸计划"，随后退出。

第二步是合作，盛大通过合作将其他网络公司的内容和应用整合进盛大的大平台。与硬件资源的整合相似，合作谈判的过程非常轻松。据说，阿里巴巴的马云带着 CFO 来看模型，他非常兴奋，当时就说：这是个方向，随即敲定了与盛大的合作细节。盛大与百度的李彦宏也仅仅谈了一次，就达成了共识。

从 2004 年中至 2005 年中的一年里，包括淘宝、易趣、携程、当当、百度、证券之星、新浪、博客中国、新东方等几十家网络内容和服务供应商，都决定加入盛大的内容平台中来，并为电视用户的使用方便而改造原来的结构，以能方便地用遥控器进行输入。"每家企业都在自己的领域里做到了，就缺一个整合者。当我们按照这个思路跑出去寻找的时候，他们早就等在那里了。"陈天桥说。所有的合作伙伴都期望通过盛大"盒子"实现将自己的服务或内容走进家庭的梦想。

共同做事，互通有无，是企业在竞争时代快速制胜的法宝。纵观中国商业史，还从未出现这样的景观——以一家中国公司发起并主导，整合英特尔、微软、ATI、阿尔卡特、菲利普、英业达等全球几十家顶级 IT 和电信企业的资源，从事一款产品的制造。更为难得的是，它企图捆绑新浪的内容资讯、百度的搜索和音乐下载、淘宝和当当的电子商务、新东方的在线教育、证券之星的金融服务等各种互联网应用，通过电视屏幕呈现在当今中国 3.7 亿户家庭面前。

第六章
不是据为己有，而是为我所用

前半夜想想别人，后半夜想想自己

无论做企业还是做人，我们都应该秉承"前半夜想想别人，后半夜想想自己"的思想，多站在对方的角度想问题、办事情，也多检讨和反省自己在为人处世方面的不足。只有这样，我们才能突破现状，取得更大的发展。

晚清著名企业家、政治家胡雪岩原本只是信和钱庄的一名伙计，之所以能成为富可敌国的商人，离不开他每天对自己的反思以及对人情世故的琢磨。社会是由人组成的，我们不能光学会做事，也要学会做人。因此，能够为别人着想，许多时候也是为自己铺平道路的一种方式。

胡雪岩每做一笔生意，都会站在对方的角度考虑问题。比如胡雪岩与古应春等人合伙卖蚕丝，一下子赚了十万两银子，除去必要的开支外，赚来的银子所剩无几。但既然是合伙，胡雪岩便坚持分出红利，他说即使自己没有赚到一文钱，红利该分的还是要分。与合作伙伴利益共享，就是在为对方着想。

正是因为胡雪岩做事能成他人欢喜，所以天下商人都喜欢跟他打交道，他的生意也就越做越大。

当我们将手中的鲜花赠予别人时，自己已经闻到了鲜花的芳香；而当我们把泥巴甩向其他人的时候，自己的手已经被污泥染脏。与其在自我中心导入泥流，不如在成他人事的同时，成就内心一份欢喜。常言道，"损上而不虐下也"，宁可使自己承受损失，也不可使其他多数人的利益受损，我们只有学会分享、给予和付出，才能获得更多助力。

只顾数钱的人最终无钱可数

作为一个商人，赢利是无可厚非的，但是，如果只想着赚钱而牺牲了他人的利益，这就得不偿失了。潘石屹说过："要随时克制自己的欲望，或者从中超脱，是保命仙丹。"真正的企业家在发展自己企业的同时，还应当肩负起一定的社会责任，若一味纵欲营私，只顾数钱，最终必将无钱可数。

经营公司不能只想着赚钱，还应该顶得住来自各方的诱惑，讲究长远利益。这方面的企业家有很多，格力电器股份有限公司董事长董明珠就是其中一位。作为"工业精神"的领跑者，董明珠认为自己就像《阿甘正传》中的阿甘一样，是一个孤独但坚定的领跑者。

2006年3月，在全国人代会上，董明珠提出要弘扬"工业精神"，并且提交了倡导这一精神的议案，她提出了两个方面的建议：一方面要在技术研发和自主创新方面多干实事、少说空话、长期作战；另一方面要关注消费者的根本需求，主动承担社会责任，用企业力量推动社会发展。

同时，她还提议设立"中国工业家"奖项，由国务院每年举办一次评选，专项奖励中国制造业具有独特精神内涵的企业及企业领导者，成就中国从制造业大国迈向强国的民族梦想。

很多人对董明珠的做法感到疑惑，一个做企业的人，努力把企业做好，让企业赚到了钱就行了，没必要去参与这些"形而上"的东西。再说，那是全社会的问题，不是一个人就能解决的。在大家看来，董明珠这个人太不"实际"了。

与"工业精神"相对立的是不少企业家热情追捧的"商业精神"。改革开放以来，中国大部分企业都在用"商业精神"指导企业的发展方向，一切以赚钱为目的，完全抛弃了对社会负责任的精神。与这种"商业精神"不同，董明珠提出的"工业精神"是指少说空话、多干实事，全心全意关注消费者需求，用企业的社会责任来推动社会的发展。

有了这种"工业精神"，就可以把人的力量和智慧聚合起来，实现最大限度的自主创新，创立民族品牌，推动中国的制造业和经济向前发展，并与世界接轨。格力集团在这种精神的指导下，已经取得了巨大的成功，它正受到越来越多人的关注与赞誉。

2007年1月20日晚，"2006CCTV中国经济年度人物"评选结果揭晓，董明珠这位"工业精神"的提出者与倡导者，捧走了经济年度人物的桂冠。

十多年来，董明珠坚守"一个有责任的人，要敢于潮头勇担重任；一个有责任的企业，要有产业报国造福社会"的信念，将格力打造成2006年销售额超过200亿元、拥有国内外四大生产基地的全球知名企业，使格力电器12年稳坐国内空调产销量、销售额、市场占有率冠军的宝座，2005年、2006年连续两年荣登世界空调销售冠军，为国家创造了65亿元的利税，缔造了家电行业的奇迹。

正如颁奖词所说的那样，"十年磨一剑，她永不妥协，专注如一，用'中国制造'创造世界纪录。她让全球为东方明珠喝彩：'好产品，中国造'"。

对于真正的企业家来说，赚钱只是一项技能，更多的则是担负起对社会的责任与使命。马云曾说："创造钱的是生意人，有所为、有所不为的是商人，而为社会承担责任的才是企业家。"做企业如果急功近利，只图眼前利益，而不为长远打算，早晚会被更有风格和品德的竞争对手打败。

真正的企业家应该具备如下特点。

首先，创办企业最重要的目的不是为一己私欲，而是主动承担社会责任，促进国家和社会的进步，富国强民。

其次，办企业应成为国家引进先进文明技术的先导，同时也是打开国民眼界、实现更高人生价值的平台。

再次，推进环保，办企业虽然能促进经济发展，但总是或多或少会透支社会资源，所以在环保方面，企业家应该承担更多的社会责任和公益责任。

最后，在国际领域代表一国的尊严，提升本国在国际上的地位，是企业家不容推辞的责任。

对于企业来说，如果一味不择手段地追求利润，企业家为富不仁，企业离垮掉也就不远了。企业生存需要赚钱，但更重要的是为社会创造价值，做一个高素质的企业。

市场是瞬息万变的，有一些无价值的产品会在短时间内赢得人们的喜爱，从而为企业赢得高收益，但最终可能会使企业失去信誉。而没有信誉，企业也就无法长久地生存。完全以利润为目标经营企业是错误的。做企业既不能指望偶然的机遇，也不能完全靠利润来支撑，只有多考虑未来的长远发展，为社会创造高价值，才能逐渐做强做大。

先让合作方尝到"甜头"

商场上，人们常说，这世界上挣了钱的有两种人，一种是"精明人"，另一种是"聪明人"。精明人竭泽而渔，企业第一次挣了100万元，80%归自己，他的手下备受打击，结果第二次挣回来的就只有80万元。聪明人放水养鱼，第一次挣了100万元，分出80%给手下人，结果，大家一努力，第二次挣回来1000万元。即使他这一次把90%分给大家，自己拿到的也足有100万元。而且等到第三次的时候，大家挣回来的可能就是1个亿，再往后就是10个亿，这就叫多赢。独赢使所有的人越赢越少，多赢使所有的人越赢越多，所以，"精明人"挣小钱，"聪明人"赚大钱。"精明"与"聪明"，一字之差，谬之千里。

马云在点评《赢在中国》选手的时候，也有一个形象的比喻，他说：这位选手很善良，很有激情，也很幽默，会讲很多的故事，但他的团队离开他的时候，他要想到"我们需要雷锋"，但不能让雷锋穿补丁衣服上街，让那位选手的队友和他沟通，跟他们分享成功是很重要的。马云"不能让雷锋穿补丁衣服上街"与人们常说的"财聚人散，财散人聚"的思想有异曲同工之妙。

人的一生，有高潮也有低谷，所谓"胜不骄，败不馁"。当你处于强势的时候，学会自我保护无可厚非，但要想取得更大的成就，还必须学会共享。不论企业还是个人，在社会上生存，每个人都是价值链的某个环节，共处一个系统，不可能找到陶渊明笔下的世外桃源而独立。因而，当企业家赚得盆满钵满的时候，一定要记得共同打拼的创业伙伴。

马云非常注重这方面的问题。2007年11月6日，阿里巴巴在香港联交所挂牌上市。根据公司招股说明书，公司有4900名员工或多或少持有阿里巴巴上市公司4.435亿股股份，平均每人持股9.05万股。以头一天收盘价39.5港元计算，这些员工平均身价已经超过300万港币。突然间催生出如此多的富人集团，创下了中国商业史的新纪录。

与中国其他企业家相比，论智慧，论领导力，论影响力，马云也许高明不了多少。但是他的远见和分享精神，将一家只做"中小企业生意"的电子商务小公司，做成了一上市就市值数百亿美元的中国互联网企业领跑者。这就是马云的高明之处，虽然看起来很简单，但是目前的中国企业家中，能做到的不多。

人们会想，即使不让出股份，马云的团队也不会散，员工还需要继续工作，马云的生意也做得下去，阿里巴巴还是比较赚钱的公司。马云将财富分给了他的员工们，这绝对不是一种强行规定。马云有这样的心胸和气度。有这样的大舍大得，从2000年起，他就一直成为受人尊敬的企业家，特别是年轻人。因为从那时起，阿里巴巴的每个员工都有股份，都分享到了企业成功带来的财富。

马云认为，任何人的成功都离不开企业和团队这样一个平台，当"雷锋"分享了团队的成功果实，得到自尊的满足时，才会创造出更多的财富。一个良好的团队，不仅需要精神上的鼓励，更需要物质上的支持，一个人取得成就的时候，千万不要忘了一起拼搏努力的其他团队成员。不让雷锋这样德才兼备的人才穿补丁衣服上街，是马云对"财聚人散，财散人聚"思维的形象比喻。有了这样的胸怀，阿里巴巴自然会变成年轻人追梦的天堂。

和谐竞争的统一是企业经营的最高境界。许多经商者都习惯从一己私利出发办事，有时甚至不惜损害他人利益，其实这种做法所得到的不过是蝇头小利。日本江户时代提倡商业道德的石田梅岩曾说，能兼顾彼此的人，方为真正的商人。自己得益，也要让他人得益，这才是经商的法则。如果让客户、生意伙伴和对手都能获利，实现共赢，那么，自己最终也一定能得到回报。

想要获取更大的利益，就要学会克服与生俱来的自私、势利的人性。比如作为一个领导者，应该舍私利、断私欲、行正道。如果在做每一件事情时，我们能将"我可以得到什么好处"转变成"对方能获得什么好处"，想想如何让合作方尝到"甜头"，那么，就可以修业有果，成就功业。

满足自己的需求，实现别人的梦想

传统观念里，人们过于强调竞争，人与人之间、企业和相关企业之间似乎只存在交易和竞争的关系。大家往往是在同一块蛋糕里争夺，这种争来抢去的局面，不仅使个人或企业外部竞争环境恶化，而且使彼此错失了许多良机。事实上，企业如果只是为了追求利润，那么必然会在很多方面陷入困境，唯有高瞻远瞩，为社会和人类的梦想而创建一份事业，才会成为商场上的常青树。正如一位哲学家所说："世界上一切的成功、一切的财富都始于一个意念，一个始于我们心中的梦想。"

企业以赢利为目的，这无可厚非，但不能仅仅为赢利。根据日本著名实业家稻盛和夫的观点，真正成功的企业家应该做到"实现利润最大化，并同时满足顾客的需求，实现别人的梦想"。

美国默克公司是当今世界制药企业的领先者。二战期间，日本曾遭受了肺结核的侵袭，无数患者被疾病传染后苦不堪言。得到消息后，默克公司主动把链霉素介绍到日本，让痛不欲生的患者看到了生的希望。尽管这家公司最后没有赚到一分钱，但它收获的回馈却远远超过金钱上的衡量。通过这次事件，默克公司赢得了大家的尊重与认可，不久，源源不断的商家找上门来要求与他们进行合作。同时，日本人民也对默克集团心怀感恩，日本政府甚至为默克公司进驻日本市场开设了许多优惠政策，这是其他任何外资企业从未有过的待遇。对此，公司总裁魏吉罗回应："我们始终不忘药品的要旨在于救人，不在于利润。但是，当我们满足了顾客的需求后，利润会随之而来。如果我们记住这一点，绝对不会没有利润，我们记得越清楚，利润就越大。"

但凡优秀的企业家，都能准确地把握实现赢利与满足顾客需求之间的平衡点，如果能将二者完美结合，那么，缔造一支强大的、拥有梦想的创业团队就不会只是神话。

阿里巴巴创始人马云就是一个拥有梦想的企业家。然而，在阿里巴巴还未诞生前，大概谁也没有料到，一个曾经普通的英语教师，日后竟然成为中国内地第一位登上国际权威财经杂志《福布斯》封面的企业家。凭借着对市场的敏锐嗅觉和"让天下没有难做的生意"这一宏伟的梦想，马云带领自己的团队创造了中国商界的新传奇。

回顾自己的创业历程时，马云总结其中最重要的一点就是：坚持自己的梦想。马云的梦想是打造中国第一家电子商务网站，他坚信互联网会影响中国、改变中国，坚信中国可以发展电子商务，相信电子商务要发展，必须先让客户富起来。他的梦想也影响着自己的团队，当所有员工都为梦想奋斗和打拼时，工作效率便会大大提升，创造出惊人的经济效益。带着自己的梦想和信念，马云创建的阿里巴巴不仅解决了中小企业的信息困境，也圆了中小企业走向世界的梦想。

伟大的企业家和伟大的团队都有这样的特质：为梦想奋斗。百度之所以能成为全球最大的中文搜索引擎，正是源于李彦宏"用技术改变世界，改变普通人的生活"这一梦想。创业伊始，李彦宏曾面临许多反对和质疑声，但他下定决心："我一定要做出最好的搜索技术。"在李彦宏看来，"用技术改变世界"是他的信仰，他愿意用一辈子的时间专注于自己喜爱的事业，"内心的喜好是推动事业进步的最大动力，它能帮你克服困难，坚持到底"。凭借对自己性格特点的正确认识和对互联网搜索引擎的热爱，李彦宏带领百度团队登上了一个又一个高峰。

可见，企业要想实现利润最大化，最好的做法就是为团队筑梦，并且通过梦想为团队指明前进的方向和奋斗的目标，凝聚企业的战斗力，从而创造出最大的效益。这就是资源整合时代创造的"多赢"局面。

每个人都要创造"被利用"的价值

在现实社会中，很多人都会攀附权贵，巴结"贵人"，为什么会这样？因为"贵人"们的举手之劳就可以使自己少奋斗许多年，就如刘姥姥在大观园里所说的："你们拔一根汗毛比我的腰还粗。"反过来说，当你足够优秀时，别人就会纷纷向你靠拢，主动与你结交，因此，当你拥有了"被利用"的价值，人们才会愿意与你接近，因为你能给他们提供帮助。也可以说，有利用价值的人才有机会实现自身价值。而创造自己被利用的价值，就需要我们主动提升自身实力。

其实，相互利用就是相互满足对方的需要，世界上的关系都存在这样一层因果联系。上司利用员工才智、能力，经营、运作整个公司；爱人利用彼此的感情，相濡以沫，远离孤独终老；朋友利用彼此的友谊，烦恼时互吐苦水，高兴时共同分享；家人之间利用彼此的亲情，寻找依靠、营造家族感；自然之中，动物食用植物，植物吐纳空气，何尝不是一种利用关系。说到底，"利用"只是一个不含褒贬的中性词，被利用、利用不过是一种正常的需求所致。

如果要求一个人对自己无私地奉献一切，并以此作为对方是否真心的标准，那么这样的人是很难找到的。不仅别人做不到，自己也是不可能做到的。不论为什么而活，都是在利用自己的生命，在有限的生命里做尽可能多自认为对的事。利用并不是坏事，正如鸟儿利用翅膀才能飞翔，帆船利用海风才能远航。

要资源整合，我们首先就应该拥有被人利用的心态，从一定意义上来说，给人利用的前提，无非是自己用功，做好自己。自身能力不够，想被上司利用做副手，不可能；自身不够爱对方，想让对方利用自己陪他看生命的夕阳，不可能；自身不够诚心，想要被人利用做知心朋友，不可能……以此反观，人与人之间的所有可能都是以自身能够被利用为前提的。

第七章

不是大鱼吃小鱼，而是快鱼吃慢鱼

快速整合比按部就班更重要

美国思科公司总裁约翰·钱伯斯在谈到新经济的规律时提出了"快鱼法则"，即"现代竞争不是大鱼吃小鱼，而是快鱼吃慢鱼"。当今世界，速度就是竞争力，"谁跟不上时代的步伐，谁就将被时代所遗弃"。

钱伯斯认为，在信息经济中，大公司不一定能打败小公司，但是快速决策的公司一定能打败慢的。只要你足够快，甚至不必考虑资金的问题。哪里有机会，资本就很快会在哪里重新组合。速度就是优势，它会转换为资金、市场份额、利润率和经验，增加企业竞争力。

就拿惠普公司来说，1998年可谓是惠普的低谷期，当年销售额的增长率只有3%，公司2000多名经理被迫减薪5%。新任首席执行官卡莉上任后，提出了著名的"速度逻辑"：先开枪，再瞄准。卡莉分析，惠普依赖其优良的品质，以及对员工的尊重，顺利走过了60年的发展历程，但是时代在变，信息技术时代，如果没有速度，那么一切都将免谈，错过了速度就是错失了先机。

卡莉对此做了这样一个比喻，好比海上冲浪，我们要保持一定速度才能站稳，虽然在站立的过程中，我们很难按照准确的路线前进，但这不代表我们就能放弃速度。过去，惠普的新产品要在个方面达到98分以上才推出市场，而现在，卡莉要求产品做到80分就可以推出，并在以后的时间里慢慢改进。正如卡莉所说"速度社会，瞄准不是第一位的，开枪才是第一位"。决定快一点，执行速度快一点儿，企业才有可能占得先机，在竞争中赢得胜利。

海尔集团首席执行官张瑞敏曾对员工提出这样一个问题："石头怎么才能在水上漂起来？"员工的答案五花八门，却没有一个能令张瑞敏满意。这时，有人喊道："速度！"张瑞敏说："不错，正是速度。《孙子兵法》上说：'激水之疾，至于漂石者，势也。'速度决定了石头能否漂起来。"孙武早在2000多年前就看到了速度在战争上的优势，张瑞敏则从《孙子兵法》中学到了速度对企业的影响，所以海尔能在短短几十年内不断壮大，走出国门，跻身世界500强之列。

同样受益于"快鱼法则"的还有联邦快递。从1973年的艰难起步发展到如今遍布世界的庞大服务网络，联邦快递只用了短短34年。弗雷德·史密斯在创建联邦快递之前，美国国内的邮递服务即使是空运也常常要等2~5天甚至一个星期才能到，这种低效率令弗雷德非常不满，同时也让他看到了商机。

当时，美国的经济结构正发生着巨大变化，随着科学技术的不断进步，人们对于运输有了新的需求，即速度。但当时的邮局或货运公司仍靠地面交通和水上交通工具运输为主，速度非常缓慢，远远达不到人们对运输速度的需求。弗雷德想：如果能够把以运送乘客为主的航空运输也运用到运输货物上，无疑会大大提高货物运输的速度，这种适应了新的运输需求的服务也肯定会令整个货物运输业大大改观。

想到就做，弗雷德马上着手让这一梦想变为现实。于是，以提供"隔夜快递"服务为起始的联邦快递公司诞生了。创建之初，人们对于这种新式递送服务持观望态度，而对于联邦快递提出的"隔夜送达"的标准更是颇为怀疑，觉得"隔夜"一说似乎有些夸大其词。然而，随着试用用户的增加，人们逐渐认识到"隔夜快递"的无与伦比的速度魅力。就这样，凭借着这种快速服务，联邦快递得以迅猛发展。

事实证明，弗雷德是非常有远见的。正是凭借速度的优势，联邦快递迅速超越了美国联邦邮政和UPS（美国联合包裹服务公司），占据了国内市场，并逐渐将触角伸向国外，开始了全球化进程。快递服务比的就是速度和安全。安全固然重要，速度更不容忽视。在安全系数相同的情况下，速度就是优势。弗雷德说："我们开展隔夜速递，靠的就是速度！"速度不仅影响着服务质量，更影响着企业生存。快速行动、快速决策、快速反应，快人一步，尽得先机。

不仅联邦快递这样的快递服务公司需要速度，任何一个公司都需要用速度来提升自己的优势。在今天，速度已成为现代社会的标志，速度的优势不仅仅局限于提供服务上，在市场行动和面对决策与危机时，速度更是决定企业成败兴衰的关键所在。

20世纪90年代中期之前，爱立信一直稳居手机行业龙头地位，但在1998年，由于爱立信公司没有及时采用市场流行的新技术，结果从手机行业老大的位置一举跌落，从此，市场份额一落千丈。无独有偶，紫月亮游戏公司也一度是十分时髦的电脑游戏开发商。该公司投入数百万美元，耗时四年，研发专门针对女孩子的电子游戏。在研发期间,这个市场一直十分火爆,仅1998年一年里,市场增长就达到了38%。但由于其技术研发、生产销售等速度实在太慢,紫月亮于1999年被迫停止营业。

数字时代,一切都在加速进行,市场发展亦不例外,它犹如一块从高坡滚落的巨石,愈滚愈快,任何组织和个人一旦不能提高自身速度前行,就会被它无情碾轧。所以,速度已成为影响公司存亡的超级助力器。

先来的有肉吃,后来的没汤喝

十几年前,提高行动速度可能只意味着公司的销售提高10%,到了今天,提高速度则决定着个人的成败乃至企业能否生存。

在5000年的传承中,中国人形成了艰苦朴素和勇敢争先的精神,而中国人也以勤劳为荣。有时候贫穷并不是最可耻的事,但是因为懒惰而贫穷就应该感到羞耻了,每天因为懒惰而吃不上饭,是不会有人可怜的,只会令人厌恶。不过,光有勤劳实干的精神,而不懂得取得先机、把握机会,有时也是很难脱贫致富的。比方说,看到别人做买卖赚钱时,我们再去做可能好的时机就已经过去了,而且不光我们在做,很多人都会争着去做,这个时候市场就会饱和,我们虽然一样勤劳,但是赚钱并不会太多。

在美国伊利诺伊州一个叫哈佛的小镇上,有这么一群孩子,他们经常利用课余时间到火车上卖爆米花,以赚取自己的零花钱。这其中有个10岁的孩子最惹人注意。这个孩子十分勤快,每天很早就赶到车站,登上列车卖爆米花,经常坐这趟车的人几乎都认识他,他卖的东西总是被乘客们抢购一空。

除了和其他的孩子一样吆喝,他还把奶油和盐拌匀后一起加到爆米花里面,这一简单的举动使他的爆米花更加美味可口。结果,上车没多久,他的爆米花就卖完了。他懂得如何比别人做得更好,更吸引乘客,创优使他成功。

当突如其来的大风雪封住了几列满载乘客的火车时,他又有了新的想法,赶制了许多三明治带上了火车。结果,即便他的三明治味道不是很好,也很快就卖完了。他懂得抢占先机,抓住机遇使他成功。

夏天来临,他又很有创意地设计了一个箱子,在边上刻出一个小洞,刚好可以放蛋卷,并在中间放上冰激凌。结果,这种新鲜的蛋卷冰激凌很受乘客的欢迎,小生意又火爆了一时。他懂得审时度势,创新使他成功。

其他的孩子，从一开始就跟在他的后面，这个火爆转卖这个，那个好卖又急着卖那个。一下子，卖蛋卷冰激凌的孩子又大增，此时的他意识到生意将不好做，于是，干脆退出了竞争。果不其然，小生意变得越来越难做了，而他又因及早退出免受了损失。可见，在任何一个市场或行业里，都是"先来的有肉吃，后来的没汤喝"，很多人常常苦恼："商机在哪里？"事实上，商机并非高深莫测，它是对市场趋势的把握和创新，只有抢先一步的人，才能获得市场的主动权，并从中获取利润。

虽然勤劳是创富的首要条件，但同时，我们还要懂得创优、创新和抓住机遇。一个做事优柔寡断、拖拖拉拉的人是不会有太大前途的，这种人缺乏自信，无论做什么事情都不能坚持到底，常常半途而废，所以每次做事的时候都是犹豫再犹豫，以至于失去了最佳时机。如果你想成为杰出之人，就要先于别人行动，因为在同等条件下，迈出第一步的人就会率先取得优势。有些人本来能够在其所从事的行业中独领风骚，却让那些不如他们的人占得先机。取得先机者是开创者，地位崇高，后来者不论如何挖空心思，都摆脱不了步人后尘的事实。

数字时代，一切都在飞速运转。对于一家公司而言，速度是公司发展的优势，也是员工个人的竞争优势。现代企业需要越来越多高效能的员工，行动或反应缓慢的员工也如那些迟钝的公司一般早晚会被市场无情地淘汰。只有那些以不亚于市场进行速度的员工才能在职场竞争中立于不败之地。

我们常会用这样的思想来"安慰"自己：我已经努力改进了，也取得了不小的进步，可以放松一下了。要知道，虽然我们应该看到自己的进步，坚定自己前行的信心，但是请别忘了，还要抬头看看四周：别人干得怎么样，是否跑得比我快，有没有值得我学习的地方？"跑得快"就是要敢于超越自我，超越别人，只有勤劳"跑得快"才能生存得更好。

通过链条，实现信息的快速反应

在电子化日益盛行的今天，供应链管理作为企业电子化的一大利器产生着越来越重要的作用。那么，何谓供应链管理呢？所谓供应链管理，就是指在满足一定的客户服务水平的条件下，为了使整个供应链系统成本达到最小而把供应商、制造商、仓库、配送中心和渠道商等有效地组织在一起来进行的产品制造、转运、分销及销售的管理方法。其目的在于降低库存、保持产品有效期、降低物流成本、提高服务顾客品质等。因此，为了最大限度地实现供应链管理的高效整合，企业就必须将生产、采购、物流、仓储与顾客服务这五大环节迅速整合，使之能够面对激烈的市场竞争环境。

在生产加工环节上，企业管理者要想做到高效高能地实现供应链管理必须从以下四个方面做起：第一，通过改良作业习惯提高单位时间内的工作效率；第二，通过对原材料、机器设备的合理摆放以及设计和使用简单的辅助工具使员工的具体工作过程显得井然有序，更合理、更快捷地完成作业任务，不至于在慌乱中出现差错；第三，通过对工作场所的合理布局以及对特定工具摆放位置的熟悉，提高工作效率；第四，在工作时间集中精力，这样既能改善人工的迟疑或暂时停止的问题，还可避免造成安全事故。如烙铁烫伤，物品砸伤等。

在采购环节上，经济全球化的发展迫使很多企业开始了寻求拓宽采购渠道的新途径，并在全国范围内寻找能够提供质优价廉商品和服务的潜在供应商，于是他们将目光瞄在了能够提供低成本、高速度、高效率和电子化的供应商身上，从而使采购过程中的柔性和敏捷性变得更高。为此，采购活动必须遵循以下原则：第一，适地原则：采购应尽量就近购买，最好不要舍近求远；第二，适量原则：采购应该按照物料需求计划 MRP 中的数量购买，买进以后，放进仓库，仓库保管人员以订购单的品名、数量、交货期作为收货的依据，厂商交货时应做数量的点收；第三，适时原则：采购应按照生产计划进行，以保证生产流程的顺畅，从而稳定地控制生产成本；第四，适质原则：采购时一定要考虑物料的品质成本，避免劣质物资入库；第五，适价原则：物料采购要考虑其制造成本，尽量以适当的价格采购。

在物流运输环节上，为了最大限度地提高效率，企业必须从两大方面加强供应链管理。一个是利用现代信息技术对各种数据、信息进行综合分析、处理和及时更新，确保信息的及时性和准确性；另一方面是通过建立科学、合理、优化的电子商务物流配送和新型物流配送中心确保物流过程的高效性，使物品能够快速、高效、精准地运送到客户手中。总之，供应链管理体系运作是一个富有价值增值的过程，而积极有效地管理好物流过程，对于提高供应链的价值增值水平有着举足轻重的作用。

在仓储管理上，中小企业应该从以下四个方面对入库物资进行控制。第一，保管员必须对入库物资进行定期保养和检查，以保证物资质量，尤其是对贵重物品、危险品等特殊物品，要严格按照规定实行五双制管理措施，即双把锁、双人管、双人发、双人收、双人送，确保物资安全。第二，保管员必须及时准确地对物资进行盘点记录，并针对物资损坏、变质、过期失效等情况报相关部门备案，以便于及时调整财务和仓库的账面数量，确保仓储管理的精确性。第三，各类物资必须一律凭出库凭证（领料单、提货单等）发放，不得无证发放。对大批商品、贵重商品或危险品发出还应得到企业最高管理当局的特别授权批准。第四，会计记录要准确无误、及时有效，这就要求财务人员一方面要根据入库单、发票及时做好入库的账务处理做好明细账工作，另一方面要将每月的出库单与销售发票记账联核对，并结算当月销售额，定期与仓库核对库存余额。同时，财务人员还必须对盘点中发现的存货盈亏情况及时记账、及时调账，以保证物资仓储的精确性。

在顾客服务环节上，企业要想真正做到金牌服务，首先就必须建立起一整套高效完善的服务体系，然而在建立这样的金牌体系之前，企业还必须严格遵循及时沟通、整体协作、个性化服务、方便快捷、安全实用等原则，力争站在客户的角度去思考问题，从而提升客户服务质量实现供应链高效整合的最终目标。

通过这五大环节的密切配合，企业就可以实现供应链的高效整合，从而加强企业的整体竞争优势，让中小企业尽快走出困境。

加快整合效率，唯快不破

"兵闻拙速，未睹巧之久也。""兵贵胜，不贵久。"《孙子兵法》在作战篇中用这短短两句话指出了作战时兵贵神速的观点，指出将领在领兵打仗的时候一定要瞅准战机，在对方毫无准备、意想不到的情况下，迅速出击，先发制人，以迅雷不及掩耳之势给对方以毁灭性打击，争取在最短的时间内将敌军置于死地，取得战争的主动权。

如果将这种速战速决的作战境界引申到商战中，就是要求企业在市场竞争中对于转瞬即逝的战机一定要迅速出击，只有抢占了主动权才能先发制人，才能在竞争中处于领先地位。

其实，商场上的速战速决，指的不仅仅是通过神速出击打败对手，取得市场优势，更重要的是它要求决策者在面对突然出现的紧急状况时，能够当机立断做出决策。因此，从这个意义上讲，"兵贵神速"还体现在当事人灵敏的反应意识和决策意识上。

实际上，在具体的商海竞争中，无论进退，"速"都是不可不考虑的重要因素。比如，1994年海湾战争期间，沙特曾经打算向法国购买价值60亿美元的军用品，但就在双方即将签署协议的前夕，这笔法国梦寐以求的巨额生意却被美国波音公司和麦道公司以闪电般的速度抢去，这就是神速出击的结果。

面对危机，当机立断，控制事态的发展是管理者最重要的事项。任何犹豫不决、等待观望的行为都会使危机扩大化，从而变得更难处理。百事可乐在"针头事件"中，采取果断措施，使公司顺利化险为夷就是"兵贵神速"的企业处理危机事件中的一个缩影。当时，威廉斯太太从超市买了两罐百事可乐给孩子喝，孩子喝完后就随手将罐子倒扣于桌上，这时，威廉斯太太竟然从百事可乐中倒出一枚针头，她大惊失色，立即向新闻界揭露此事，一时间，百事可乐鲜有人问津。

面对媒体和公众的质疑，百事可乐当机立断，先是通过新闻界向威廉斯太太道歉，并给予威廉斯太太一笔可观的奖金，感谢她对百事可乐的信任，感谢她为百事可乐把了质量关，同时，通过媒体向广大消费者宣布：谁若在百事可乐中再发现类似问题，必有重奖。接着，百事可乐更加重视生产线上的质量检验，并请威廉斯太太参观工厂，使威廉斯太太亲眼见到百事可乐的可靠质量。这种做法，使威廉斯太太消除了疑虑，并给予了好评。媒体和公众也都对百事可乐的做法表示肯定，百事可乐成功地消除了危机。

常言道："时间就是金钱，效率就是生命。"在商品销售时，如果能迅速卖出货物，就会加速资金的周转速度，从而赚取更为丰厚的利润。反之，如果货物不能迅速出手，就会造成商品滞销积压，从而导致资金周转缓慢，甚至会让企业因资金链的断裂而猝死。因此，在日益激烈的营销战争中，速度是一个制胜的关键因素，再好的创意、再好的质量，若不能快速攻占市场，旷日持久的商战必然会使得企业元气大伤。

然而，速战不见得必然速决，当经营者以最快的速度推出新产品或者推出减价等优惠措施的时候，令对手惊异还不算成功，因为对手可能很快就能做出反应，采取措施立即反攻后来居上。总之，除非凭着快攻令对手追赶不及，或者品牌已居第一，否则也只不过是起跑快而已，无法保证最早到达终点，因此我们说"速战不一定能速胜"。所以要想取得速战速决的效果，务必针对对手的弱点下手，让对手即使有所警觉，也无力在短期内应变反击。

美国吉列公司在20世纪60年代前曾垄断美国的剃刀市场，高级蓝色刀片是该公司当时新推出不久的创利最大的拳头产品。但高级蓝色刀片系碳素钢制成，不能经久耐用。该公司当时又研制了耐用的不锈钢刀片，很明显，不锈钢刀片优于高级蓝色刀片。但吉列公司对于向市场推出不锈钢刀片一事迟疑不决，担心过早地把不锈钢刀片投放市场会干扰高级蓝色刀片的市场。就在吉列公司犹豫不决的时候，其竞争对手希克公司，以及另外一个对手珀森公司等突然抢先把大量不锈钢刀片迅速投入美国市场，并不断扩大销售区域。最后，吉列公司在这场剃刀竞争之战中败走麦城，随着利润的逐年下降，吉列公司很快就处于停滞状态了。

希克公司、珀森公司之所以能够虎口夺食，从吉列公司的既定市场中分得一杯羹，是因为他们能够主动出击，用突袭的方式迅速顺利地占领市场。通过上面的案例，我们得到这样的启发：在关键时刻决策者决策意识的快慢直接影响着企业的未来发展态势。其实，管理者在面对问题时做到当机立断并不困难，只要从以下两方面着手就可以。一是沉着冷静，控制好自己的情绪。只有冷静，才能思考如何处理问题；二是寻求组织的统一，危机面前顾全大局，统一组织成员的认识，一心一意处理危机。

省去冗余环节

"天地有大美，于简单处得；人生有大疲惫，在复杂处藏。"很多事情看似复杂，其实只需运用简单的方法，就能轻易解开谜团。在工作时，我们也应该深谙这种"化繁为简、删繁除冗"的智慧，缩短工作时长，尽量简化流程，提高工作效率和企业利益。

创业初期，华为的客户每次接到其发送的货物后都要重新填写收获单据，非常浪费时间。为解决这个问题，减少工作流程，华为创建了一套电子化的客服流程系统。集团内部最先从梳理作业流程开始，进而引进新技术、培训员工，通过减除、合并等方式，重新排列可以整合的环节和流程，缩短了工作时间。这种管理方法不仅为客户节约了时间，而且大大提高了自己的工作效率。

在管理华为的过程中，任正非发现，企业中过多的流程既降低了上传下达的效率，而且员工的工作热情在一层一层的流程中被消耗得一干二净，为了改变现状，任正非提出："让一线直接来决策，我要保证一线的人永远充满激情和活力！"他说："去除流程中的冗余环节，让工作流程的各个环节得到精简，是优化工作程序、提高工作效率的第一步。"因为只有删去冗余的步骤，企业才能将有限的资源投入其他环节中去，从而提高效率。

在实际操作中，合并同类项和合理排序是企业除冗的两种常见方法。合并同类项可以是相似环节的合并，也可以是上下环节的合并，通过合并来叠加优势，减少人力和物力资源的浪费。"丘山积卑而为高，江河合水而为大"，合并能将优势资源整合在一起，让企业在短时间内获得收益。合理排序就是通过排列组合的方式，创造出整体最优，保持各个环节的流畅性，以免造成工作秩序的混乱。

一旦简化了工作流程、减掉了形式主义、简化了不必要的规定，我们就能感觉到简单带来的快乐和力量。原通用电器董事长兼CEO杰克·韦尔奇提到管理时说：

"越少的管理，就是越好的管理。"这里说的少不是说组织内部没有管理流程，而是将流程精简，以效率为第一位。

省去冗余环节还需要企业或商家将关注点集中在有效客户身上，砍掉劣质客户，挖掘重点客户对企业的价值。如今，越来越多的企业或商家发现，80%的收入是由20%的重点客户带来的，有些甚至90%的盈利是由不到10%的客户创造的。虽然这对于不同企业而言并不是绝对的数字，却反映了一种态势，那就是重点客户对企业的重要性。

企业永远都是为利润而战，这个20：80的倒挂比例规律揭示的道理使越来越多的企业把目光聚集在重点客户身上。在渠道管理中，更多的人纷纷把重点客户业务的发展提升到公司生存和发展的较高层面上，千方百计地去服务好重点客户，去争夺重点大客户，因为他们知道一旦失去了这20%的客户，那几乎就意味着100%的公司利润都将丢失。

花旗银行到中国拓展业务的最初阶段就是一个很好的例子，当时该银行在上海做出了一项规定：如果储户在该行的存款不足一定金额，那么花旗银行将按照有关规定收取一定费用。这项规定虽然没有在整个上海市引起轩然大波，但还是在很多上海市民心中产生了相当大的震动。长期以来，我国人民对于到银行存款，都已经形成了一个传统观点，即到银行存款就会获得或多或少的利息，这是天经地义的事情，而花旗银行居然开创了让储户向银行付费的先例！

当时很多上海媒体都带着市民的疑问去采访花旗银行上海分行的负责人。花旗银行做出了这样的解释：因为储户在银行存款时，银行要承担相应的风险，所以理应收取一定费用。

许多金融界的人士都知道，储户的储蓄金额太少时，这部分存款根本无法通过银行进行有效流通，这样的话，银行不仅不能利用存款获利，而且要承担相应的风险。由此看来，花旗银行的解释是有道理的。当花旗银行开创了这一先例之后，当时国内的很多银行纷纷效仿，之后，上海的储户也渐渐接受了银行的这一规定。

虽然当时效仿花旗银行的国内银行很多，可是明白花旗银行这种做法真正用意的银行却寥寥无几。原来，花旗银行并非要通过这种做法来降低运营风险，因为小储户的那点儿零星的费用对于银行来说其实是微不足道的。

那么花旗银行的真正用意到底是什么呢？其实花旗银行是要通过银行严谨的数据库统计体系分析出哪些客户是大客户，哪些客户是普通客户，然后通过分析结果采取相应的措施对重点客户进行重点管理。弄明白了花旗银行做法的真正含义后，我们不得不佩服他们的精明。正因为80%的利润都是来自这20%的重点客户，因此在渠道沟通中，要用80%的耳朵去倾听，而用20%的嘴巴去说服。

在这个飞速发展的信息时代，我们选择的机会不是太少而是太多，所以才会既想要这个又想要那个，在众多索取中渐渐迷失。一个成功的经营者要善于拨开重重迷雾，具备删繁就简的能力和视野，看清市场的本来面目，用简单明确的管理方式为企业开辟新的道路。总之，企业经营，大道为简。

突破堡垒，整合核心竞争力

对一个企业来说，核心竞争力又叫核心能力，指拥有别人没有的优势资源。这种资源可以是人力、产品、技术、流程、企业文化及价值观等。例如，日本的索尼公司提出"日日创新"口号，以每年1000多种新产品的开发闻名于世。他们拥有的关键技术及研发能力，使其在电子及家电相关产业方面的优势维持数十年之久。

创意是提高企业"核心竞争力"的重要手段。不断创意与企划并获得成功的企业具有领先者的优势，即能在竞争中表现出自己的独特之处，而这个独特优势不能轻易地被对手所模仿。

万宝路是美国莫里斯公司旗下的香烟品牌之一。万宝路在创立之初曾经以"温和有如五月的清风"来强调清淡的口味，希望借此吸引抽烟的女士们，但是销售效果很不理想。为了打开市场，万宝路先后加上象牙色与红色的过滤嘴，但这些创意实施后依然收效甚微。万宝路被迫在20世纪40年代退出香烟市场。

随着过滤嘴香烟的兴起，莫里斯公司决定重新进入香烟市场。这次企划人决定用新的创意赋予万宝路新的形象。经过几个月的企划调研，他们发现"万宝路"给消费者十分雄伟的印象。所以，该公司决定重塑万宝路的形象，从品味、包装到促销，放弃了原来的"温和"，而用"雄浑"与"粗犷"。同时，也将香烟的目标顾客定为男士。

为了突出"雄浑"与"粗犷"，企划人使用了当时《生活》杂志封面上曾经刊载的牛仔照片。一个饱经沧桑的骑着马奔驰在原野上的牛仔，这正符合雄浑与粗犷的要求。为了进一步发挥"雄浑"与"粗犷"的内涵，企划人还使用了一系列具有粗犷味道的男性为广告人物，如渔夫、潜水员、警察、赛车手等。

这一系列创意的实施，打开了万宝路的销路。企划人也发现消费大众认同喜爱的，不仅是雄壮与粗犷而已，牛仔对消费者而言，主要还有"悠闲自在""坚强独立""卓然不群""冷静自信"等意义。于是,莫里斯公司继续以"牛仔"为广告人物,并打出"欢迎参加万宝路世界"的广告词,造成极大的回响。终于,万宝路成为全美最畅销的香烟。至今,万宝路仍然领先群雄,成为全世界销路最好的香烟。

现代企业是现代化大生产的产物。尽管企业作为特定的社会角色要承担诸多的责任和义务,但其本质仍然是生产出适合社会需要的产品并由此获取最大的利润。那么,企业怎样才能实现利润的最大化目标呢?可以肯定地说,不断地企划是实现这一目标的根本手段。

在企业形成决策之前进行创意与企划,就会降低决策失误率;在企业管理过程中实行企划、计划、预算一体化,就不会出现计划预算与市场供需脱节、背离的情况,就会提高计划预算的成功率。例如,福特汽车公司的创始人福特在汽车发展的初期,通过在技术、管理等方面的一个个优秀的企划创意,使汽车的价格大幅度降下来,成为普通消费者乐于接受的交通工具,财源滚滚而来,福特汽车公司也因此获得迅速发展。

任何产品的生命都是有一定周期的,当产品处于成熟期时,由于其市场需求已基本满足,所以很难再创造销售的高峰。想要攀上另一个高峰,企业就需要优秀的创意来突破过去的堡垒。冰温冰箱就是一个典型的例子。

"冰温"这个名词是日本冰温研究所所长山根昭美博士所创,它代表了食物保鲜的新温度区。冰温理论认为一到0℃,食物便会结冰的观点是错误的,只有纯水在0℃才会结冰,一般水果、鱼类、肉类等在−1~−3℃才会结冰,这是一般食物开始结冰的温度。冰温的最大功效是防止细菌的繁殖,是保鲜与保持食物原味最好的温度。

"冰温理论"出现后,很快被日本三洋电机冰箱企划部部长平石奎太郎应用于电冰箱的研发企划。传统的电冰箱内分为冷藏库与冷冻库。冷藏库的温度大约是7~8℃,在此温度下,细菌仍然滋生,食物仍然会腐败;冷冻库的温度大约是−16℃,这样,食物虽可保新鲜,但是消费者化冰需要很长时间。

实际上大部分食物在零下一度就已经开始结冰了,所以三洋电机的企划创意将重点放在使冰箱内温度保持−1℃的技术设计上。因为此温度既能防止细菌的繁殖,还能长期保鲜,维持食物的鲜美度,而且避免化冰的麻烦。很快,日本三洋电机推出三门式冰温电冰箱"生鱼片保鲜室",但市场反应不佳。三洋调整创意推出四门式冰温电冰箱,名为"冰温电冰箱"。

在日本三洋公司所举办的冰温食品试吃会上,将两天前放入冰箱内的食品拿出给客户品尝，结果原味仍在，鲜美无比。许多三洋的业务员都觉得不像在卖冰箱，倒很像在卖食物烹饪器。由于冰温电冰箱将电冰箱的功能从冰冻食物扩大至保鲜食物，这一重大的创意，创造了三洋电冰箱销售的又一高峰。

快速并不代表盲目扩张

对一个企业或组织来说，抢占先机固然重要，但如果一味地追求速度，那么就必然会因为无节制盲目扩张而提早退出市场竞争。

2005年初，五谷道场在品牌价值上出奇制胜，"拒绝油炸、留住健康""非油炸、更健康"等理念让五谷道场迅速占领市场。上市前3个月，五谷道场就在各城市选择高档社区、写字楼、学校、车站码头、交通要道进行大规模免费派送。五谷道场开始红遍中国，上市当月即获得600万元的销售额。半年后，五谷道场市场全国铺开，每月回款达3000万元左右，公司上下无不陶醉在这迅速的胜利之中。紧接着，五谷道场不断扩大销售队伍，增加产能，加大广告投入，同时在全国30多个城市设立办事机构，半年内员工数量一度扩展到2000多人。原本仅有几十个人的北京本部，竟然在很短的时间内建立起一支近千人的销售团队。

但这时的五谷道场已经埋下了隐患。其财务控制过于粗放，严重透支了企业资源。"我们是中型企业在做大型企业的事情。"掌舵人王中旺也曾对媒体承认，"我们已经投资了4.7亿元，仅广告费就支出1.7亿元。"真正形成现金流的只有3亿元，这使得五谷道场的现金流开始吃紧。

企业的生存和发展同样重要，扩张和稳定需要平衡。经营者的责任就是巧妙地把握住这两种力量之间的动态平衡，促使企业在扩张的过程中保持稳定，在稳定的基础上进行新的扩张。

质量好的车才能开得快。以德国汽车品牌举例，奔驰为人所称道的高质量不仅体现在发动机系统上，还体现在刹车系统上。驾驶者驾驶奔驰汽车的时候可以很放心地提高速度，因为良好的刹车系统让驾驶者没有后顾之忧。但当驾驶者开刹车性能一般，甚至相对较差的汽车时，一定不会开得和奔驰车一样快，因为一旦车速过快则很难刹车，容易造成危险。这很好地说明了一句话，那就是没有把握停下来的人跑不快。

在企业界长期存在着一种企业经营的悖论，认为企业的成功就是要以最快的速度把规模做大做强，这是一种思想误区。最近几年国际国内企业的并购和投资热潮证明了这一点，有许多企业一并就死，一投就伤。

有计划、不盲目的扩张能够成就企业霸主，无节制、一味追求速度的扩张则很可能是浩劫的开始。过快的发展速度，会给企业带来很多的不确定性因素，企业就会处在不稳定的局面。

因为发展太快就一定有漏洞，有后遗症，而这个问题并不是靠经营者的能力可以完全解决的。因盲目扩张而倒闭破产的企业不胜枚举，如德隆集团、亚细亚、安然公司等。德隆是一个拥有270亿资产，超过200家企业的大集团，它参与了十几个产业的经营，横跨一、二、三产业，从农产品加工到金融、证券、飞机厂，走上了一条风险极高的扩张之路；再看亚细亚，它的破产同样是因为无度扩张；还有美国著名的安然公司，也是由于盲目扩张而破产。所谓兵马未动，粮草先行，强调的就是各个环节的协调一致。

企业生存和发展的目标可以归结为相互关联又不等同的三个词，即"做大""做强""做久"。然而，绝大多数经营者只有做大做强的雄心，却没有做久的胸怀和格局。任何一个企业都需要长久发展的策略。对国内外所有百年企业的发展分析表明，这些企业之所以能够超越固有的企业寿命周期，是因为在长达百年的历史中一直处于相对稳定的成长期和成熟期，能够保证企业在上百年的时间中持续生存和发展。

有人曾经将竞争比作老虎，企业在发展的过程中，如果停下来，就会被老虎吃掉，但若马不停蹄地赶路，则可能因为精疲力竭而倒下。因此，企业领导人必须平衡好这两者之间的关系，控制好企业前进和发展的速度，既要防止太慢被老虎吃掉，又要防止奔跑太快而摔倒，保持冷静的头脑，经常审视企业前进的速度，把握好稳定与发展的度。物壮则老，大器晚成。想长久发展的企业经营者们一定要明白这个道理。

第八章

用系统做事而不是靠人做事

态度教我们做人，系统教我们做事

俗话说"态度决定一切"，同样一件事，不同的态度就会产生不同的结果。比如领导安排的一项工作，积极进取的人肯定会保质保量完成任务，懒散消极、满腹牢骚的人则会马虎对待，最终导致工作不能按期完成。一位哲人曾经说过："你的心态就是你真正的主人。"态度的端正与否一定程度上已成为衡量一个人能否获得成功的重要标准。

态度决定我们的行为，然而，做事的方法则在某种程度上影响着我们做事的效率。这也就是说，"人的因素不是最关键的，最关键的是系统，一件事情成功与否，94%取决于系统"。

一次，酒店大王希尔顿在盖一座酒店时，突然出现资金困难，导致工程无法继续下去。在没有任何办法的情况下，他突然心生一计，找到那位卖地皮给自己的商人，告知自己没钱盖房子了。地产商漫不经心地说："那就停工吧，等有钱时再盖。"

希尔顿回答："这我知道。但是，假如酒店盖不下去，恐怕受损失的不止我一个，说不定你的损失比我的还大。"

地产商十分不解。希尔顿接着说："你知道，自从我买你的地皮盖房子以来，周围的地价已经涨了不少。如果我的房子停工不建，你的这些地皮的价格就会大受影响。如果有人宣传一下，说我这房子不往下盖了，是因为地方不好，准备另迁新址，恐怕你的地皮更卖不上价了。"

"那你要怎么办？"

"很简单，你将房子盖好再卖给我。我当然要给你钱，但不是现在给你，而是从营业后的利润中，分期返还。"

虽然地产商老大不情愿，但仔细考虑，觉得希尔顿说得也在理，何况，他对希尔顿的经营才能还是很佩服的，相信他早晚会还这笔钱，便答应了他的要求。

在很多人眼里，这本来是一件完全不可能做到的事，自己买地皮建房，但是最后出钱建房的却不是自己，而是卖地皮给自己的地产商，而且"买"的时候不给钱，而是从以后的营业利润中来偿还。但是希尔顿做到了。

为何希尔顿能够创造这种常人不可思议的奇迹呢？

原因就在于他妙用了一种思维方法——系统思维。希尔顿正是把握了他与对方并不只是一种简单的地皮买卖关系，而更是一种系统关系，这种关系决定了买卖双方处于同一利益系统中，彼此都是同一条船上的蚂蚱，因此，合作共赢才是最好的选择。

系统思维，简单来说就是对事情通盘考虑、全面思考，不只就事论事。要把事物作为一个整体系统来研究。系统思维蕴含着丰富的方法，它要求我们在考虑某一问题时，不是把它当作一个孤立的、分割的问题来处理，而是当作一个有机关联的系统来处理。任何系统都由各种各样的要素构成，每个要素都对系统有一定的影响，但因为各类条件的限制，对系统起着主导作用的因素也不同。所以，企业家在处理问题时，应该明确系统中的关键要素。

如何找到关键要素呢？我们要先要做的就是明确一切有影响的要素，对各要素考察周全和充分，将各个要素按照发挥作用的大小划分，从而找到影响系统的关键要素。

鲍罗·道密尔是运用系统思维，抓住关键要素解决问题的高手。他在美国工艺品和玩具业中享有盛誉，是一位传奇人物。1945年，这位21岁匈牙利青年身上只带了5美元到美国闯天下。20年后，他成为百万富翁。

道密尔初到美国的18个月就换了15份工作，有些甚至是别人梦寐以求的。这在别人看来是无法理解的，但道密尔觉得，那些工作除了能维持生存外，都不能展示他的能力。通过当推销员，他获得了人生的第一桶金。

随后，他用自己所挣的钱收购了一个濒临倒闭的工艺品制造厂。当时道密尔只提出两个条件，不负责工厂旧的债务，他接手以后的亏损由他自己负责。另外，尽管他只占有工厂的70%的股份，但这个工厂将来如果挣了钱，他的利益要占90%。

一年后，这家工厂起死回生，获得了惊人的利润。道密尔是怎么成功的呢？原来，他接手工厂后，首先仔细研究公司的每一项作业程序，由定价、消耗到销售，由生产到管理，把每一项缺点记录下来。他对这些可能导致工厂亏损倒闭的要素进行排列分析，确定哪些是不合理的，哪些是可调整的，然后，他针对这些缺点进行了一系列的调整。通过对一系列因素的比较和测算，道密尔最终得出结论：工厂倒闭的主要原因在于管理成本太高和产品定价太低。

针对这一结论，他采取了行动。首先，要降低管理成本，他就必须裁减大批职员。道密尔把留下来的管理人员的工作量加倍，薪水也加倍，以与工作量相适应。这些留下来的人，由于待遇提高也增加了责任心。

其次，提高产品价格，以此来增加盈利。许多人认为道密尔倒行逆施，怎么可能通过加价来吸引更多的顾客呢？但道密尔并非盲目采取这个措施。在加价前，道密尔先加强服务质量，以减少顾客的埋怨，改变消费者对公司的看法，让他们觉得物有所值。当时机成熟时才加价。而道密尔加价的理由也很简单，"我卖的不是日用品，消费对象并不是那些为一毛钱斤斤计较的家庭主妇。只要产品精美，服务周到，客人不会在乎贵几毛钱。工艺品这一行，不能随意降价，给人一种'先买吃亏'的印象"。显然，道密尔是根据工艺品产业和消费现状，对工厂本身各种因素进行综合分析得出的结果。

事实证明他是正确的，道密尔运用系统思维，抓住关系问题，对症下药，取得惊人的成就。

系统是资源整合的关键因素

在任何组织里，如果没有统一的政策方针和体制保障，纵然组织者能够招贤纳士、广开言路、博采众议，也不能按一定标准和系统操作，那么他的事业就会头绪纷扰，成功无望。

餐馆连锁店运营商 IHOP 曾因为其烤薄饼的美味而深受消费者青睐。到了 20 世纪 90 年代，IHOP 的经营似乎已经不受控制，与其说它是个餐馆运营商，不如说它是一家房地产开发企业，因为它发展了很多新的店铺出售，自己只经营其中的 10%。当朱莉娅·斯图尔特于 2001 年 12 月成为该公司的 CEO 时，她发现公司已经出现分化，更为严重的是组织非常涣散。曾经强大的 IHOP 品牌已经失去意义，特许经销商也将每家餐厅作为独立的企业进行经营，所以各家餐厅的特点、服务、效率和质量都不相同。由于公司获利甚少，最大的股东甚至希望将钱收回，还给投资者。

斯图尔特决定尽快恢复 IHOP 作为全国性品牌的荣耀，还提出了企业的共同愿景：将 IHOP 发展成最棒的家庭式连锁餐厅。斯图尔特明白，欲实现此愿景，自己的首要任务是重新建立一套品牌公司的运营程序和管理制度。公司管理层负责制定标准，并督促其执行。最为重要的是，公司内的每个人都需要获得工具支持，以提供最佳的顾客体验。

斯图尔特是如何完成她的计划的呢？第一年，她将大部分的时间用于倾听员工和特许加盟商的声音，同时进行更广泛的顾客调查；再根据员工和顾客的建议，修改和完善公司的管理制度。她实施了一个培训项目，其焦点集中在IHOP的品牌优势、服务宗旨和确认每位员工在整个企业中担当的角色上。她的努力得到了回报，2003年末，IHOP的销售额提升近5%，这是公司近10年来的最好业绩。

斯图尔特通过分享愿景、重申经营宗旨、修改和完善公司制度、聚集人力使每位员工聚焦于企业的品牌重建上，打造发展战略，无疑这是提升业绩最为关键的要素。古人说的"归一途，定一格"就是这个道理，即要将一切事务纳入一个系统。这个系统相当于一个已经将各种资源进行合理分配的机制，在这个既定的机制下，每个程序都能有效地进行运转，保质保量地完成任务，达成最后的目标。

让我们先来看看麦当劳的运作模式。走进麦当劳，你会发现所有员工的帽子、衣服和讲话方式几乎都毫无差别，麦当劳的食品也都有统一的操作标准。事实上，一旦每个操作都按照一定的规范操作后，其效率就会大大增加。同样，上岛咖啡自从建立起一个系统后，其连锁店布满全国，这是一个不断复制、推广其系统的过程，这样的方法使上岛咖啡以低成本的方式实现了利益最大化。

一个企业的成功有很多因素可以促成，有些可能带有偶然、幸运或者冒险的色彩。但企业成功后的保持和扩大成功离不开系统。一项调查发现，1983年初名列《财富》世界500强排行榜的公司，有1/3已经销声匿迹。大型企业平均寿限不到40年，约为人类寿命的一半。企业能否持续地发展，关键在于其有没有一套明确的系统，这是它在未来市场中保持可持续竞争优势的关键因素。

事实上，我们周遭的世界就是由一个又一个系统组成的，宇宙是系统，地球是系统，社会是系统，个人也是系统。处于系统的世界，我们只有将思维和做事的方法系统化，才能高效地完成任务。做事具有系统性就是要求我们善于分类、归纳和总结。一旦具备了良好的执行力、合理的资源配置以及系统性的方法，无论企业还是个人，都能创造出非凡的成果。

按标准化、科技化做事

按标准化、科技化做事是资源整合的方法，一旦某个组织或团队形成一套标准化做事的方法，那么就能成功对它进行复制，运用到其他地方。这样做，既保留了企业的核心竞争力，又不至于使人员的流动而给公司造成损失。

有人曾对企业这样分类：三流企业卖力气，二流企业卖产品，一流企业卖技术，而超一流企业卖什么呢？——卖标准。微软就是一个卖标准的一流企业。在自己独特的领域，微软掌握着别人不可替代的技术、标准专有权或全球化的市场能力，而正是这些组成了它的核心竞争力。

微软开发过多种软件产品，包括操作系统、办公软件、程序设计语言的编译器以及解释器、互联网客户程序，例如网页浏览器和电邮客户端等。这些产品中有些十分成功，有些则不太成功。从中，人们发现了一个规律：虽然微软早期的产品有些版本漏洞百出，功能匮乏，并且要比其竞争对手的产品差，但它之后的版本却会快速进步，并且广受欢迎。今天，微软公司的很多产品都在其不同的领域主宰市场。

PC硬件上运行的程序在技术上并不一定比其所取代的大型程序要好，但它有两项无法超越的优点：它为终端用户提供了更大的自由，而且价格更低廉。微软的成功也是个人电脑发展的序幕。微软的软件对IT经理们在采购软件系统时也代表了"安全"的选择，因为微软软件的普遍性，让他们明白了他们做出的是被广泛接受的选择。这对那些专业知识不足的IT经理来说是一个特别吸引人的好处。

微软公司将其采用的基础产品模式过渡到行业标准模式，是一种非常有力的利润引擎。微软公司的企业模式就是创建行业标准。这种模式逐渐广为人知，以至于许多公司都在讨论如何采用"微软的战略"或"微软方法"。

1975年，个人电脑产业尚未形成，更不用说标准了。当哈佛大学的一名二年级学生比尔·盖茨和他的朋友保罗·艾伦，在1975年1月的《大众电子学》上读到牛郎星电脑时，他们确信自己可以编写代码，让这台机器成为有用之物。当时微软并没有自己的操作系统，然而，微软必须在一个似乎不可能的时间期限内交货。不过微软的战略是，开发一个系统，而不是花时间从头编写。

当一个企业拥有一套标准化的系统后，你就能将这套系统复制到任何其他地方，这样做不但节约了时间，而且减少了企业在运营中的决策失误。

打出组合拳，优化资源配置

在我们的日常生活中，总是会发生很多不经意的小事，然而，这些看似稀松平常的小事情却往往蕴含着企业管理上的大道理。比如，我们都有煮鸡蛋的经历，因此对于煮鸡蛋的流程也相当熟悉：打开液化气灶，放上锅，添进大约300毫升的凉水，放进鸡蛋，盖锅盖。3分钟左右水开，再煮10分钟，关火。在这个传统的煮鸡蛋流程中，我们周而复始地重复着同样的程序却从没有想过，有没有更加高效节能的办法来煮鸡蛋？有！下面就让我们来看看同样是煮鸡蛋，日本人是怎样做的：用一个长宽高各4厘米的特制容器，放进鸡蛋，加入50毫升左右的水，盖锅盖，开火，1分钟后水开，再过3分钟关火，再利用余热煮3分钟。这个煮鸡蛋的方法比上一种方法节约了4/5的水和2/3的热能。

企业管理也是一样，他们也会犯"煮鸡蛋"的经验主义错误：为了煮熟一个鸡蛋，烧开一大锅水，把大量时间和精力浪费在烧开水上。为了对一个并不是很重要的项目做出决策，兴师动众召开一轮又一轮会议，浪费时间、浪费精力，结果往往得不偿失。因此，企业管理者在进行管理时一定要善于突破固有套路的思维模式，学会优化配置，用高效节能的思维重新整合资源。

其实，企业管理的实质无非就是同一个层面上两个不同问题的研究，一个是关于如何提高效率的问题，另一个就是关于如何降低成本的问题，对于这两个问题，企业管理者只要在经营管理中严格把握住关键的两条纲领，按照标准化、科技化的方法付诸行动，就可以同时做到流程秩序的规范化和资源集约的合理化。

第一条纲领是集约。所谓集约，就是强调管理要对具体事务进行资源整合、手续简化的过程，尤其注重企业内部资源配置的最终效果。还是以"煮鸡蛋"为例，如果我们用50毫升水就可以煮熟一个鸡蛋，那么为什么非要加入300毫升的水呢？如果1分钟就可以烧开水，那么为什么非要花上3分钟呢？一个企业整体效率的提升是建立在局部效率提升的基础之上的，而局部效率的提升又表现在如下三方面。

首先，提高企业业务流程效率的普遍方法要么是提高单位时间内业务的完成量，要么就是缩短单位业务量的完成时间。提高单位时间内的业务完成量的重点在于增强工作强度，工作节奏的加快、频度的提高意味着过去那种散漫、拖沓的工作作风将得到彻底的改变，每位员工都要用积极向上的态度和昂扬奋进的热情，迎接每一天的挑战。缩短单位业务量的完成时间则重点于理顺时间、统筹安排。从业务部门到职能部门，从前厅到后勤，只有对时间做出合理的计划才有助于顺利完成任务，才能避免做无用功。另外，从企业管理者角度上讲，要想拒绝闲散、远离平庸，最大限度地提高效率，企业管理者就应该加大对微观主体的考核力度，并对在上述两种方法上表现出众的个体进行必要的奖励。

其次，在企业内部业务流程再造过程中要对流程中个别环节出现的阻滞或资源闲置现象严加防范。比如《三国演义》中曾用"万事俱备，只欠东风"来描写东风对于赤壁之战的重要性——东风不起，战则必败。由此可以看出，很多事件的发展往往存在着一个关键性环节，它关系到整个事件的成败，这就是经济学上所谓的"木桶短板"。在公司经营过程中，一方面需要不断解决阻滞流程的新矛盾，另一方面要不断审视个别部门出现人员过剩的怠工现象，要用量化的分析方法来测算人员的配置比例。

最后，提高单笔业务的精准度也是高效节能中不容忽视的一个要求。完美是及格的唯一标准：开票不错价格，过账不压票据，出库不少品种，配送不出事故，回款不超期限，退货不找麻烦。各部门、各岗位尽心竭力，像海尔那样"日事日毕，日清日高"。

第二条纲领是秩序。所谓秩序，就是强调企业整体运行的有条不紊，忙而不乱，特别要求企业内部各部门各环节之间要衔接及时，交办流畅。从"煮鸡蛋"的启示中我们可以看出，煮鸡蛋时是坐锅前开火还是坐锅后开火不只是一个先后问题，还是一个如何让资源利用率达到最高的问题。延伸到企业业务流程中就是企业中任何延误或积压业务计划的部门，要么是机制问题，要么是人的问题，所以确保运营流程顺畅，必须从"法"与"责"的高度规范部门行为和人员行为。"法"的规范就是通过建章立制，完善管理办法，达到部门与部门之间沟通顺畅、高效协作的目的。因此，企业管理者在具体执行的时候一定要坚决杜绝各部门之间相互扯皮、相互推诿现象的发生，同时还要坚决反对部门或部门负责人利用职权便利为其他部门制造障碍行为的发生。"责"的规范主要是指管理者通过授权明确业务办事人员的权责利，同时通过严格的监督与考核体系使每个员工各行其是，各负其责，各得其利。"法"是基础，"责"是升华，企业管理者只有首先解决了机制层面和人的层面上的问题，才能从根本上改进运营流程，使企业内部业务流程的供应链条每一环都井然有序。

"煮鸡蛋"带给我们的启示可总结为：追求效率，讲究方法，遵守秩序，注重集约，合理统筹，忙而不乱。面对金融风暴的侵袭，如果每一个中小企业都能像煮鸡蛋一样去"煮"流程，逐步强化采购、销售、配送、信息处理等各环节的整体调度能力，调控物流、货币流、信息流的衔接，充分发挥各部门人员主观能动性，那么以提升营运效率为目的的企业核心竞争力便自然成形。为此，中小企业可以设运营总监职位来专门负责业务流程优化。

活用资源，获得整体最优

世界营销大师杰·亚布拉罕说："假如只留下一个策略用来经营下半生，那就是资源整合。"也有企业家说："一个企业98%的资源都是整合进来的。"可见，只要我们善于运用资源，能根据企业的发展和市场需求进行重新配置，就能让现有的资源通过整合后获得整体最优。

资源整合的目的是通过组织制度安排和管理运作协调等来增强企业的竞争优势，实现企业资源的最大化利用，从而提高客户服务水平，企业获得盈利。企业资源整合一般体现在以下5个方面。

1. 优化企业内部产业价值链

企业为了提高整个产业链的运作效率，也为了用较低的成本快速占有市场，同时满足客户日益个性化的需求，需要不断优化内部产业价值链，将关注点集中在产业链的一个或几个环节，还以多种方式加强与产业链中其他环节相关的专业性企业进行高度协同和紧密合作，从而获得专业化优势和核心竞争力，击败原有占绝对优势的寡头企业。

2. 深化产业价值链上下游的协同关系

企业通过合作、投资、协同等战略手段，在开发、生产和营销等环节与产业价值链上下游企业进行密切合作，加强与这些企业的合作关系，使企业自身的产品和服务进一步融入客户企业的价值链运行中，从而提高企业的运作效率，进而帮助其增加产品的有效差异性，提高产业链的整体竞争力，凭借整体化优势快速占领市场。如洛克菲勒从石油产业的下游向上游拓展产业链，就是对这一理念的实际运用。

3. 把握产业价值链的关键环节

初创企业在发展过程中，必须明确自己的核心竞争力，紧紧抓住和发展产业价值链的高利润区，并将企业资源集中于此环节，构建集中的竞争优势，借助关键环节的竞争优势，获得对其他环节协同的主动性和资源整合的杠杆效应，使企业成为产业链的主导。如西洋集团就是通过控制整个产业链的所有关键环节，挖掘每个环节利润，并分别做到各自环节的专业化最强，给竞争对手设置了难以跨越的进入壁垒，同时也将整个终端产品的成本降到最低，从而形成压倒性的竞争优势，演绎了一条产业链循环赢利模式的成功之路。

4. 强化产业价值链的薄弱环节

管理学中有个木桶原理：一个木桶由许多块木板组成，如果组成木桶的这些木板长短不一，那么这个木桶的最大容量并不取决于最长的木板，而是取决于最短的那块板。因此，企业在关注核心领域的同时，也要强化产业价值链中的薄弱环节。

企业可通过建立战略合作伙伴关系或者由产业链主导环节的领袖企业，对产业链进行系统整合等方式，主动帮助改善制约自身价值链效率的上下游企业的运作效率，实现整个产业链运作效率的提高，使公司的竞争优势建立在产业链整体效能最大化释放的基础上，并获得竞争优势。如××啤酒对全国48家低效益啤酒厂的收购整合、××对上游奶站的收购等，都属于强化产业价值链薄弱环节的应用。

5. 构建管理型产业价值链

企业在资源整合的时候，为了使自己始终保持竞争优势，不能仅仅满足于已取得的行业内竞争优势和领先地位，还需要通过对以上几种产业链竞争模式的动态运用，去应对整个产业价值链上价值重心的不断转移和变化。同时还要主动承担起管理整个产业链的责任，密切关注所在行业的发展和演进，这样才能使产业链结构合理。协同效率高，引领整个行业应对其他相关行业的竞争冲击或发展要求，以保持整个行业的竞争力，谋求产业链的利益最大化。

做任何事都要想到杠杆操作

杠杆原理启发我们，只花一次功夫就能享受到更多服务或利益的买卖是存在的，使用这种方法，我们既能节省成本又可以节约资源。其中，人才、时间和知识是杠杆操作中我们应该重点关注的三个方面。

大家都知道，21世纪的竞争是人才的竞争，一个能力很强的人才能为企业创造出非凡的业绩和利益。对一个领导者来说，如果你用10000元聘用一个人为你管理公司，而他每个月却能为你带来100万元的收益，那么这笔交易岂不是很划算？

因此，我们要学会激励人才，充分调动和激发他们的工作热情，让他们为公司创造更多效益。经过大量的调查和研究，发现人的工作效率和工作绩效是其能力和积极性的乘积。用公式表示：绩效＝能力×积极性，即工作绩效的高低取决于积极性的高低，而积极性的高低又取决于激励手段运用的好坏。所以，强化激励手段，充分调动人的积极性，对人力资源的开发和管理以及提高员工绩效具有非常迫切的意义。

美国马萨诸塞州巴莫尔的戴蒙德国际工厂，在20世纪80年代遇到了前所未有的经济危机，制造纸板装蛋箱的 325 名员工面临着一个残酷的现实：斯泰罗佛姆式集装箱的问世，使竞争不断激化，纸板装蛋箱的价格暴跌，使生产厂家受到致命的打击。员工们都担心会被解雇，劳资关系非常紧张。

为了让员工振奋精神，重新鼓起勇气，戴蒙德工厂的管理者发明了一种生产率激励计划，称之为"100 分俱乐部"。这个计划十分简洁明了：工作绩效高于平均水平的员工在评定中可以得到相应的分数。在全年工作中没有发生任何工作事故的员工，可以得到 20 分；如果 100% 出勤则可得到 25 分；每年的 2 月 2 日（这项计划的开展周年纪念日）这一天，分数被计算出来，并送到每个员工的家里。如果哪个员工的分数达到 100 分，那么他就会收到一份印有公司标志的礼物。总分积得越高，员工得到的惊喜也越大。达到 500 分的员工可以从诸如家用食品搅拌器、烹调器具、壁钟或纸牌游戏板等礼物中任选一件。

虽然这些奖品没有任何一件超出员工们的购买能力，但其真正的价值在于它是公司表示感激的一种标志。"长期以来受到最大关注的总是那些制造问题的人，"戴蒙德的管理者这样说，"而我们这项计划的重点是承认那些优秀员工。"

两年后，戴蒙德工厂的生产率显著提高，与质量有关的差错降低了 40%，员工对工作的满意度也大大提升，由于工业事故而损失的时间减少了 43.7%。这种转变意味着，这项激励计划使戴蒙德工厂为其母公司增加了超过 100 万美元以上的毛利润。

当然，在高速发展的经济时代，时间也是一个重要的杠杆。善于利用时间的人会比碌碌无为、虚度光阴的人创造出更多价值，必然也会获得更多财富。如果我们每天都浪费 1 小时，那么一个月我们就浪费了 30 小时，一年 365 天就是 365 小时，而这 365 小时如果用来工作或者做更有意义的事情，我们是不是就能过得更加充实？

知识也是一个重要的杠杆，值得我们投入一定资本。我们可以每天利用一两个小时来学习，报个进修班。可能进修班的学费要 5000 元，是一个月的工资，但如果你参加了这个培训，获得了更多的专业知识，大大提高了工作能力，那么来年你的工资也许就会涨一倍。这就是知识投资，我们用长远的目光来看，这种投资是花在刀刃上的，只有自己的能力比别人强，你才有竞争优势。

可见，人才、时间和知识都是我们应该趁早学会的投资。聪明的企业经营者和商家会从这三点着手，将杠杆原理运用得游刃有余，因此，事业自然比别人做得成功。

专注于 15%，剩下 85% 就不费力

系统原理告诉我们，一旦把某件事情当中的 15% 做好了，那么剩下的 85% 不用费力也能完成。这就像我们常说的"力气花在刀刃上""做事要抓主要矛盾"，这样做能大大提高资源整合的效率。

5 年前，罗拉接手了一家濒临倒闭的玩具公司。这家玩具公司的情况很糟糕，但罗拉不急不躁，一个部门一个部门地仔细研究，把所有影响公司盈利的因素都列了出来，然后针对实际情况一一制订计划。不到 6 个星期，这个公司已焕然一新。根据结合各类因素分析的结果，他发现，产量低导致单个玩具成本太高是这家玩具工厂失败的主要原因。

经过反复观察和分析，罗拉发现，这家工厂最大的成本问题在于工人，工人的工作态度。他们没有动力努力工作，总是在上班的时候边抽烟边工作，从而浪费了大量时间。针对这样的情况，罗拉采取了改变工作制度，同时裁员的措施。他规定：凡是制作工人所用的工具、材料，一定都要放在最顺手的地方，要用时，一伸手就可以拿到。这样一来，可以确保操作机器的工人不必再为等材料、找工具耽搁时间，只要站在操作位置，所要的东西，一伸手就可以拿到，无形中节省了时间，提高了效率。

另外，针对边吸烟边工作的问题，罗拉做出了另一项规定：在工作中，不准吸烟，但每隔一个半小时，准许全体休息 15 分钟。这两项规定执行以后，在机器没有增加、人员减少的情况下，产量却增加了 50%。罗拉再一次创造了奇迹。罗拉的思维方式是典型的系统思维。在分析问题，他首先站在系统的角度，从行业和企业自身权衡问题，然后列出影响问题解决的要素，一一加以分析，找出系统中的关键要素，然后对症下药，解决问题。

作为企业家，首先必须具备从行业乃至企业整体去思考问题，其次要分析系统中的各个要素，筛选出关键要素，然后抓住关键问题，着手解决。"大处着眼，关键处着手"是系统思维处理问题的一般方法。

第九章

想他人所想，为众人所需

摆出诚意的姿态，追求双赢

在合作竞争、联合竞争或者说协作竞争的时代，"双赢"越来越引起人们的重视。所谓"双赢"，就是要从传统的企业之间非赢即输、针锋相对的关系，转变为更具合作性、共同为谋求更大利益而努力的关系。一位商界权威人士曾说："我有利，客无利，则客不存；我利大，客利小，则客不久；客我利相当，则客可久存，我可久利。"此话道破了双赢的天机。

现代市场经济的格局把所有企业都投入了激烈竞争的旋涡，竞争者的传统观念认为"对手都是敌人"，这在今天看来是十分狭隘的。企业与竞争者相互之间的戒备、防范、敌视、攻击、暗算、诋毁等行为，往往会造成两者进一步的对立和"残杀"，不利于整个产业的进步和经济的发展。而实行合作策略的企业竞争则会达到完全不同的效果。企业和竞争者之间通过发展协调、合作的关系，化解彼此间的矛盾与对立，进而共同努力，联手培育市场，协同做大蛋糕，最终实现共同分享利益的目标。下面这个例子很好地说明了这种双赢甚至多赢的效果。

20世纪70年代的日本，当时规模只相当于松下1/10的JVC公司提出开发录像机。以JVC的实力无法单独完成这一产品的研发，但由于索尼、松下和东芝等大型家电企业都把自己在该领域的尖端技术提供给它，使JVC顺利地于1976年开发出世界上第一台录像机。之后，JVC又说服松下和东芝这两家世界级的大公司共同将录像机推向市场，最终这三家企业都因这一产品的生产而得到可观的回报。从这里我们能看出，互惠互利，真诚合作，是实现竞争者之间双赢甚至"多赢"的关键。

传统竞争观念，既考虑满足顾客需要又考虑将竞争者的经营战略与市场导向和竞争导向相统一。而合作竞争观念，强调通过与经销商、供应商甚至竞争者的合作来更好地满足顾客需要，企业之间的关系是既有合作又有竞争。合作竞争的核心是建设性的伙伴关系，而这种伙伴关系的建立是以双方的核心能力的差异为基础的。这种互补性使得双方的合作产生协同效应，创造出"1+1＞2"的效应，从而实现合作双方的"双赢"。

合作并不是指合作各方在企业整体层面的共同运作，仅限于成员企业部门（如新产品开发、仓储、市场等）的跨组织合作，合作各方保持各自实体上的独立性。因此，与合资、兼并和收购相比，合作竞争仅是企业间较为松散的一种合作形式。

一个企业可以根据实际的需要同产业链甚至产业链以外的多家企业建立合作关系，可以涉及不同的行业和地域，范围相当广泛。传统观念将与对手的竞争视为"胜者为王，败者为寇"的竞赛，如今这种观念已经改变了，企业必须互相合作和竞争。"竞争"这个新观点指出，企业必须建立商业策略，充分利用各种关系以便在市场上创造最大的价值。

在"竞争"模式中，大家彼此合作和竞争，以创造出最大的价值，这是近年来最重要的商业观点之一。对于需要进行合作和竞争的企业，网络和行动技术使这种模式更具必要性，它让人能够通过信息共享和整合简化程序来运用各种关系，在现今经济全球化趋势下，与对手合作竞争是企业产于不败之地的强大利器。

企业间战略合作，特别是与对手合作的模式近来越发多见。中欧国际工商学院（CEIBS）战略学教授朴胜虎博士曾在接受媒体采访时说："近几年，70%以上的合作都是水平型的，即发生在直接的竞争对手之间。"

朴胜虎认为，与竞争对手合作的增多不是偶然的现象。首先，很多公司在进入自己不熟悉的国家和地区时，倾向于与当地的对手合作，中外合资公司很多就是这种产物；其次，市场越来越分化，竞争压力也就随之扩大，企业与另有所长的对手合作，可以更好地满足客户多样化的需求；再次，技术的发展和扩散速度越来越快，产品生命周期缩短，研发投入和未来赢利的不确定性可以通过与对手合作来降低；最后，企业高层管理思路发生了变化，不再认为企业规模越大越好，而是越灵活越好。

做生意其实是一种人际互动，要建立良好的买卖关系，就需要做到公平交易、货真价实、童叟无欺。在一场买卖中，我们应该拿出诚意的态度，追求双赢的、皆大欢喜的交易。

卖东西不如"卖人情"

卖东西赚的是钱,而卖人情得到的则是无价的人心,一旦得到人心,那么,人生的助力也就随之而来。"卖人情"最重要的就是在别人需要的时候给对方以帮助,这样,他才会对你产生感激和好感,将来在你需要的时候为你卖命。聪明的商人都十分注重感情上的投资,即"卖人情"。

对于"卖人情",我们必须有一个正确的认识。它应该是自觉的、一贯的,不能只做表面文章,三分钟热度。以情动人,贵在真诚、持久。"路遥知马力,日久见人心"。感情投资需要较长的时间才能结出果实,因为人与人之间的理解与信赖需要一个过程。

感情作为联系人际关系不可缺少的纽带,存在于管理者与下属之间,这种感情是互相影响的。想得到下属的理解、尊重、信任和支持,首先应懂得怎样理解、尊重、信任和支持下属。有投入才会有产出、有耕耘才会有收获。不行春风,哪得春雨?所以,作为一名管理者,一定要高度重视对下属以心换心、以情动情。

与下属以心换心、以情动情,这一点之所以必要,是因为人人都有这种需要。马斯洛的"需求层次说"认为:人都希望别人尊敬和重视自己、关心体贴自己、理解信任自己。这种需要是属于心理上和精神上的,是比生理上和物质上更高级的需要。物质只能给人以饱暖,精神才能给人以力量。"士为知己者死",如果管理者能够对下属平等相待、以诚相见、感情相通、心心相印,从思想上理解他们,从生活上关心和爱护他们、在工作上信任和支持他们,使他们的精神得到满足,他们就会焕发出高昂的热情、奉献出无私的力量,就会把工作做得更好。

古代许多政治家都善于以心换心、以情动情。刘邦的"信而爱人"、唐太宗的"以诚信得天下",都是颇为动人的管理艺术。每个人都需要别人特别是管理者的同情、尊重、理解和信任。如果管理者能够注意这一点,并身体力行,那么组织就会出现和谐、融洽的气氛,内耗就会减少,凝聚力和向心力就会大大增强。

孔子曾说"里仁为美",仁爱就是一种对别人在精神上的尊重与关爱。仁爱之心具有非凡的力量,而很多高高在上的强者因为自己的优势而忘记了仁爱对待他人。仁就是关爱,是一种大爱,能从情感上让人愿意追随。强者除了以理服人之外,还要学会以情动人,让每一项决定或者措施合乎大道,深入民心。具体来说,这是一种亲和力,一旦对方对你产生感情,就会对你产生情感上的依附和忠诚。

"卖人情"是双向的,你对他人付出了人情,就会换来他人对你的回报。这种爱的回报，对管理者来说是十分重要的，其功能也是任何其他管理手段所不可比拟的，更是不可替代的。正如美国凯德电视公司的总裁李维所说："人们都是有感情的，只要用仁义之心去对待他，他人也一定会用心回报你。"

有一次，一家公司有一个工人喝得酩酊大醉来上班，结果吐得到处都是。公司里立刻陷入混乱。一个工人跑过去拿走他的酒瓶，同事们接着又把他护送出去。部门主管在外面看到这个人昏昏沉沉地靠墙坐着，便把他扶进自己的汽车并送他回家。那个工人的妻子吓坏了，这位主管再三向她表示什么事都没有。"不，老王不知道，"她说，"老板不允许工人在工作时喝醉酒。老王要丢工作了，你看我们如何是好？"这位主管告诉她："我是他的主管，老王不会丢工作的。"

老王的妻子张着嘴愣了半天。这位主管告诉她，自己会在工作中尽力帮助老王，同时也希望她在家里尽力照顾老王，以便他在第二天早上能够照常上班。回到工厂，主管就对老王那一组的工人说："今天在这里发生的不愉快，你们要统统忘掉。老王明天回来，请你们好好对待他。长期以来他一直是个好工人，我们最好再给他一次机会！"

老王第二天果真上班了，他酗酒的坏习惯也从此改掉了。这位主管的宽容仁义令老王很感动，他一直记在心里，把自己所有的感恩都倾注在工作上并取得了很大的成就。几年后，老王升任为工程师，而那位部门主管，也因为自己出色的管理而升任公司副总。

"女为悦己者容，士为知己者死"，生活中，我们不能只顾"卖东西"，还应该学会在关键的时候"卖人情"。只要留心生活中的点滴小事，真诚以待，就能打动人心。

满足未被满足的需求，提供未被提供的服务

赢利是每个公司都需要考虑的首要问题，也是大家都感兴趣的话题。那么，我们该如何创造自己的赢利之道呢？企业想要赢利，就要具备有竞争力的赢利模式，这个模式必须是独有的、个性化的。当你满足了客户的特殊需求，提供了未被提供的服务，你就创造出了一个独具竞争力的市场。

我们先来看一个海尔集团的案例。1996年，一位四川农民投诉海尔洗衣机排水管老是被堵。服务人员上门维修时发现，这位农民竟然用洗衣机洗地瓜，泥土多，当然容易堵塞。不过当时，服务人员并没有推卸责任，依然帮顾客加粗了排水管。

农民感激之余，说道："如果能有洗地瓜的洗衣机就好了。"

服务人员一开始是把此事当笑话讲出来的，但是，海尔集团总裁张瑞敏听了之后却不这样认为，他对科研人员说："满足用户需求，是产品开发的出发点与目的，技术人员对开发能洗地瓜的洗衣机想不通，因为按'常理'论，客户这一要求太离谱乃至十分荒诞，但我们要做的就是开发创造出一个全新的市场。"终于，"洗地瓜洗衣机"在海尔诞生了，它不仅具有一般双桶洗衣机的全部功能，还可以洗地瓜和水果。

海尔在美国开拓市场时，还专门请当地人来做设计，因为他们更熟悉市场。在对市场进行细分后发现，海尔产品有一部分目标顾客是学生，而美国的学生都租房子住，在纽约这样的大城市，学生们租的房子空间都非常小。根据这一特点，海尔把冰箱台面设计成一张小桌子，这样就节约了很大一部分空间。后来，技术人员又将小桌子改成折叠的台面，可以放置电脑。这种设计迎合了学生的需求，使海尔的产品迅速占领了美国的学生市场。

满足市场中未被满足的需求还需要企业管理者有先见之明。比如，假设20年后，中国将进入老龄化时代，那么未来老年人的消费和服务将成为一个新的消费热点。有些精明的企业家，甚至从现在40岁左右的人开始培育市场，因为20年后，他们将成为老年消费的主力，而现在培育品牌忠诚度就十分重要。现在流行的各种观念和现象，企业家也应该注意，如环保、绿色消费、健康、教育、女性消费等等，这些社会观念和心理的变化，必然引起市场格局的变化，有先见之明的企业应该学会先下手为强。

提供未被提供的服务也需要我们拥有不可取代的专业优势和受欢迎的产品特质。美兆医院是中国台湾一家默默无闻的小型健康检查中心，然而，它却能突破台大、荣总、国泰与长庚四大医院的"围剿"，成为台湾健康检查的龙头。"找出竞争对手忽略的地方，提供客户尚未满足的需求"，美兆医院把健康检查市场从人口金字塔顶端，转移到年轻、中产阶级，提供了大医院所忽略的跟踪服务、低价快速检验，吸引了原本不做健康检查的年轻人群，从而改变了市场新疆界。

在我们的市场上，有数量很少的大热门产品，这些产品给企业和商家带来了巨大的利润，我们把这些处于头部的产品称为大热门产品或大众产品；而那些看起来需求量很小，却有非常巨大市场的小众产品，同样可以产生惊人的市场价值。事实上，小众市场的价值总和，将不逊于那些如日中天的大热门商品。在一个没有货架空间的限制和其他供应瓶颈的时代，即在仓储和流通成本趋向无限小的一种状态下，面向特点小群体的产品和服务可以和主流热门产品具有同样的经济吸引力。

Google有相当比例的利润就来自小公司的广告。数以百万计的小企业和个人，此前从未打过广告，或从未大规模地打过广告，它们小得让广告商不屑，甚至连它们自己都不曾想过可以打广告。但Google把广告的门槛降了下来：广告不再高不可攀，它是自助的、价廉的，谁都可以做到；而对成千上万的博客站点和小规模的商业网站来说，在自己的站点放上广告已成举手之劳。目前，Google的市值已超过800亿美元，被认为是"最有价值的媒体公司"，远远超过了那些传统的老牌传媒。

对于传统行业而言，对客户需求的理解，显然还停留在一个很低的层次上，那些大型的制造业都需要重新变革自身的商业模式，重新发现市场、定义市场，培养客户的需求，才能使自己成为行业标准的制定者和领导者。

让零散的1%形成你想要的99%

唐·舒尔茨在《全球整合营销传播》上指出："信息爆炸时代，大众对信息的接受模式是：遗忘和过滤99%，只能记住1%，营销传播的目的就是让'零散的1%'最终在客户头脑中形成企业想要的99%。"

营销是为了让顾客建立起对品牌的认识和使用习惯，以至于使其从仅仅是知道某品牌到转变成它的忠实客户，并且向朋友或家人推荐使用的过程。随着市场全球化的发展，市场营销从以企业生产为出发点的"生产观念"阶段，逐渐过渡到以消费者和社会利益为中心的"市场营销观念"阶段。它需要营销组织和传播机构以消费者为中心，通过整合广告、促销、公关、直销等各种传播活动，不断改进产品和服务，以满足客户的需求，同时创造出自己的效益。

有一次，沃尔玛一个分店的数据分析员发现：每逢周五，尿布与啤酒的销量便增加很多。而且购买者多为年轻男性。虽然这两种商品"风马牛不相及"，但这名细心的分析员通过现场观察后发现，原来，这些购买尿布的青年，节日会狂欢到深夜，没有时间买孩子的东西，于是每到周五下班以后，一次买齐孩子周末和下周的尿布以及聚会时豪饮的啤酒。针对这种情况，沃尔玛顺势而行，及时调整了货物的摆放位置，把啤酒摆在尿布附近，结果销售业绩增长了几倍。

对于任何企业而言，满足顾客的需要都是最重要的。美国管理学家德鲁克曾说，企业的任务只有一个，那就是创造顾客，即满足顾客的需求。

百事可乐就靠顾客需求导向化解了一次空前的危机。在百事可乐转型前，有关它的负面新闻层出不断。在美国，许多人将青少年体重的日益超标的罪魁祸首指向可乐，因此，包括百事可乐、可口可乐在内的所有美国碳酸饮料，都卷入进了一场涉案金额高达 920 亿美元的官司中。而且美国塔夫茨大学的一份研究报告也指出，可乐中含有的一种磷酸物质，对长期饮用可乐的女性会造成骨质疏松。随着人们对自身健康的关注，许多可乐的饮用者都放弃了可乐，而选择一些相对比较"温和"的饮料，像奶茶、果汁、咖啡等。

但是，百事面临的危机不仅仅是可乐这么简单。美国纽约大学教授、营养学家马瑞恩·内斯特尔曾经就在《食品政治》中指责百事可乐，称"百事可乐集团的所作所为是极其恶劣的，因为它肆无忌惮地将垃圾食品当作健康食品到处推销"。这一指责对于绝大多数产品都是以碳酸和高热量为主的百事来说，无疑又是一个巨大的挑战。

为了应对挑战，百事的前 CEO 史蒂夫·雷蒙德推出了以"为了你的健康"为转型平衡的主题，大刀阔斧地对百事所有的产品进行了重新整合。百事利用 1998 年收购的纯品康纳果汁公司推广的健康理念，对纯品康纳旗下的所有产品都采用纯天然的苹果、葡萄、鲜橙等水果为原料，这一举动受到了热爱健康生活的消费者的强烈欢迎。后来，史蒂夫·雷蒙德又主导收购了桂格燕麦公司，因为桂格公司的最主要的运动饮料产品佳得乐的矿物质含量，正好与健康饮料的概念相对应。

近些年，百事不断推出健康饮料。2001 年百事推出了可乐改良饮料低糖百事轻怡，这种饮料的最大特点就是含糖量很低。为了改良这种可乐的低糖口感，百事的研究人员在里面加入了香草和柠檬的味道。同时，百事又推出了一款新产品 PepsiEdge，这种饮料的口味和普通的百事可乐一样，但是其卡路里的含量却只有普通百事可乐的一半。2002 年的时候，百事可乐完成了纯品康纳和桂格在我国的业务整合，并相继推出纯品康纳鲜榨果汁和都乐 100% 系列鲜榨果汁。而 2007 年百事集团又新推出了一系列健康饮料，比如佳得乐和 Aquafina，这些都帮助百事可乐摆脱了利润急剧下滑的困境。

把握需求不是一件容易的事情，不花大力气、不做深入的调研、不培养敏锐的眼光，企业就难以抓准。更重要的是，对需求的理解不能局限于现实的需求，而应更多地着眼于潜在的需求。

1947 年，美国著名的贝尔实验室发明了晶体管。相对于电子管而言，晶体管具有体积小、耗电少等显著优点，许多专家都认为电子管将要被晶体管所取代，但他们认为这种改变绝非短期可以实现。当时在世界电子行业中称雄的几家大公司，如美国无线电公司和通用电气公司以及荷兰的菲利浦公司也认为晶体管取代电子管绝非易事。因为这些公司在电子管领域投入巨额研发成本，他们开发的收音机和电视机都高人一等。其实这恰恰是这种大企业的弊端所在，它们必然会衰退，其原因是由于它们过分依赖自己的技术，以至于它们执着不放，晶体管出现后，它们虽然承认这种技术的前景，却无法马上放弃自己的优势，从而给其他企业的发展提供了机遇。

当时，盛田昭夫领导下的日本索尼公司并不认同大公司的主流看法。此时的索尼公司还名不见经传，它太小了，只是一个做电饭锅的小公司。盛田昭夫认为，电子管和晶体管都是电子设备的基础元配件，晶体管的诞生，意味着一个电子应用全新领域的全面来临，从这个层面上讲，晶体管具有非常重要的战略价值。如果索尼能顺应形势，将快速成长为一家大公司。

于是，这家在国际上还鲜为人知，而且根本不生产家用电器产品的公司，仅仅以25万美元令人"可笑的"价格，就从贝尔实验室购得了技术转让权，两年后，索尼公司率先推出了首批便携式半导体收音机，与市场上同功能的电子管收音机相比，重量不到1/5，成本不到1/3。三年后，索尼占领了美国低档收音机市场，五年后，日本占领了全世界的收音机市场。索尼的成功经验，充分说明了善于把握技术发展和市场前景之势，迎合顾客需求，走在时代的前列，对于中小企业的重要性。

可见，那些不了解企业市场定位、不了解目标客户消费习性和特点的营销手段充其量就是资源的浪费和决策的盲目，早晚会被市场所淘汰。只有做到科学营销，合理规划产品、价格、渠道、促销这四大板块，才能让企业生产出来的产品源源不断地送到客户手中，进而获得我们需要的财富。

随时把自己行销出去

整合是双向的过程，为了整合到他人手里的资源，我们往往需要把自己或自己背后的团队推销出去，让更多人了解。一般来说，行销就是指"大规模的推销"。工作中，我们既需要把自己推销出去，也需要把自己的方案行销出去。优秀的企业都是被公众所熟知的企业，成功的企业家都是最优秀的推销员，他们总是能用最经济的成本把企业推销到目标市场，从而获得最大的品牌收益。

如果你对于团队有更好的想法、建议，你不妨把自己的方案推销出去，让更多人知道你的想法，这就叫作自我行销，否则，再好的点子也只会被埋没。当然，自我行销也是讲技巧的，首先要收集完整的信息，这样你才具备说服力；其次是表达能力要好，否则难以让人信服。

可口可乐并不是伍德鲁夫发明的，但是他的商业智慧让他被美国人称为"可口可乐之父"。伍德鲁夫的父亲在1919年时花费了2500万美元高价收购了面临财务危机的可口可乐汽水厂以及可口可乐专利权，创建了可口可乐公司。

伍德鲁夫不爱运动，但是从他执掌可口可乐开始，这家公司就开始了和奥运会长达80年的合作，无疑，这是对公司最好的宣传。历史证实，伍德鲁夫在执掌可口可乐时期，把握了最好的时机和最好的商机，和奥运会的合作让可口可乐迅速成为家喻户晓的饮料。

但许多人认为，可口可乐并不是一种健康的饮料，伍德鲁夫也说过，"我们的可乐中，99.7%是糖和水，如果不把广告做好，可能就没有人喝了"。而他最擅长的手段就是"宣传"，从1928年开始，可口可乐就成了奥运会的赞助商，80年中，当可口可乐为逐年增加的奥运会合作费用掏腰包的同时，它也一步步地成了世界上最贵的品牌——品牌其价值高达700多亿美元。

1993年，"跳水女皇"高敏退役后打算拍卖金牌为自己的新事业筹措资金，这件事情被媒体宣传得满城风雨，妇孺皆知。就在人们翘首以待拍卖进行之时，成都蛇口泰山公司却出人意料地借台唱了一出戏。该公司董事长兼总经理杨基新向外界宣布，因为不愿看到代表高敏和中国荣誉的金牌成为商品进入市场，所以公司愿意出资80万元，请求高敏把金牌留在四川。

这是一个爆炸性新闻，一瞬间，人们的关注焦点便从高敏身上移到了泰山公司，使得这家刚成立一年，尚无名气的公司一下子成为公众关注的焦点。但是由于高敏和天津克瑞斯公司签的拍卖合同在前，所以无法接受泰山公司的要求。

泰山公司见风使舵，改变初衷，决定顺应"民意"，表示为了尊重和支持高敏而参加拍卖会，这一举动又赢得了众人一片喝彩声。然而，令人感到奇怪的是，一直有着势在必得架势的泰山公司把价格抬至77万元时却忽然止步，使得金牌终归他人。

拍卖会后，泰山公司向高敏跳水基金会捐款20万元。这个时候，业内人士才彻底明白：这件事情从头到尾只不过是泰山公司精心导演的"公关"演出，目的就是把自己公司推销出去，打响自己的名声。泰山公司这场戏唱得真真假假、虚虚实实，紧扣热点事件，使众多媒体不请而至，从而在时空上打响了企业的知名度，树立了企业良好的形象。

无独有偶，和泰山公司一样利用公众焦点事件进行自我推销的企业还有宁波金鹰集团。1995年，它以1380万元的天价买下了一对天安门城楼退役宫灯。这是当年中国拍卖市场上最著名的事件之一，由于媒体的大肆渲染，金鹰集团的名声如雷贯耳。

当有人问起总裁吴彪为何钟情这对宫灯时，他说："我们首先认为这对宫灯是中国文物中的无价之宝，是新中国历史的见证。'金鹰'作为一个实力雄厚的集团，有义务保护好国家的文物。"其实，金鹰的这一举动绝不是一时的心血来潮，而是经过权衡利弊、深思熟虑后所采取的一项公关活动。

金鹰集团以保护文物的爱国情愫来感动社会大众，虽投入大，但产出更多。有人算了这么一笔账，自中国嘉德国际拍卖公司向传媒发布一对天安门旧宫灯将被拍卖的消息后，国内外有近500家新闻媒体对此事进行了轰炸报道，但是假如金鹰刻意去做广告，宣传自己的话，投入上亿元的资金也许都不会产生这种效果。而且，它的这一豪举使人们坚定不移地相信："金鹰有实力，其商业价值更是不言而喻。"

通过上述案例我们可以看到，"借助热点或重大事件"是企业把自己推销出去的好办法。当然，推销自己的方法还有很多，比如可以通过挑起争论性话题自己炒自己，借竞争对手之危进行炒作，等等。无论何种方法，企业的目的只有一个：把自己的品牌推销出去，赢得更为广泛的注意力，并使公众注意力转化为实际购买力，从而使企业获得最大的经济利益。

运用已有的东西做小幅度改变

很多时候，资源摆在我们面前却被我们视而不见，事实上，这是因为它没有被转换，没有变成你能看到的价值，所以，才会被你忽略。一旦我们利用已有的东西，做小幅度改变，或许就能创造出更大的机会和价值。这种资源整合方式其实也是一种创新，但它不是要你去凭空创造一个东西，而是从现有的资源出发，以变革的思维从中发掘价值。

有这样一个故事，居住在加拿大东北部拉布拉多半岛上古老的印第安部族纳斯卡皮人，每天都要面临一个选择：从哪个方向出发去寻找猎物。为此，他们把干燥的驯鹿肩胛骨放在火上烤，直到骨头变热、裂开、产生斑点，然后请懂得这类神秘知识的专家解读。这些裂痕将指示猎人方向，纳斯皮卡人完全相信这种由神灵决定狩猎方向的仪式习俗。事实是，这种习俗有其自身合理性。何以如此呢？

首先，他们认为最后决定去何处狩猎，不是纯粹由一个人或一组人能做出的抉择。如果找不着猎物,那是神明而非人的过错。其次,最后的决定不受过去打猎结果的影响。如果印第安人重视以往打猎的结果,那就会背上使猎物兽源惨遭浩劫的风险,于是往日的成功就会导致日后的失败。最后,最终的决定也不受人类常规选择与偏好模式的影响,否则猎物会易于逃避,变得较灵活,从而察觉猎手的存在。

这个故事启发企业家,市场是没有秩序的,市场经济和全球化要求企业家的思维要全方位开放。身处开放变化的时代,我们应该学会灵活变通,而不仅仅是将从前的经验作为参考。变革的首要任务是变革思维,并放眼未来提前布局。

中国企业处于发展的一个临界点,资源整合、并购融资非常活跃,企业家运用资源的能力也大为改观,柳传志、张瑞敏和任正非这些人敢于变革,打破旧规则,令人耳目一新,他们的变革思维远远超越了商业的范畴,为改变中国社会的面貌和一代人的精神立起了标杆;他们让创造、速度、知识、思想迅速成为社会的核心价值观。

田忌赛马的故事大家或许都比较熟悉。齐王和田忌赛马,规定每个人从自己的上、中、下三等马中各选一匹来赛,并约定,每有一匹马取胜可获千两黄金,每有一匹马落后要付千两黄金。当时,齐王的每一等次的马比田忌同样等次的马略胜一筹,因而,如果田忌用自己的上等马与齐王的上等马比,用自己的中等马与齐王的中等马比,用自己的下等马与齐王的下等马比,则田忌要输三次,因而要输三千两黄金。但是结果田忌没有输,反而赢了一千两黄金。这是怎么回事儿呢?

原来,在赛马之前,田忌的谋士孙膑给他出了一个主意,让田忌用自己的下等马去与齐王的上等马比,用上等马与齐王的中等马比,用中等马与齐王的下等马比。田忌的下等马当然会输,但是上等马和中等马都赢了。因而田忌不仅没有输掉三千两黄金,还赢了一千两黄金。这就是一种思维的转换,如果孙膑不对马比赛的秩序进行调整,就不会赢得这次比赛,而他灵活地从现有的资源中发掘其组合的优势,所以取得了胜利。

购买别人的梦想

几乎所用人都知道"顾客就是上帝"的道理,因此,企业经营者要学会从"上帝"的角度出发,将"上帝"的梦想转化成企业创造的价值,才能在竞争中占取一席之地,赢得源源不断的收益。

只有创造顾客才能救活企业,只有站在顾客的角度思考,才能赢得顾客。著名童话作家圣埃克絮佩里在《小王子》中描写了这样一个故事，小王子在苹果树下遇到一只非常渴望爱的狐狸，它告诉小王子，它还不能跟他一起玩，因为他还没被"驯养"。"驯养"就是建立联系。狐狸说："对我来说，你还只是一个小男孩，就像其他千万个小男孩一样。我不需要你。你也同样用不着我。对你来说，我也不过是一只狐狸，和其他千万只狐狸一样。但是，如果你驯养了我，你就是世界上唯一的了；我对你来说，也是世界上唯一的了。"

"驯养"关系一旦建立，那将是一种多么美妙的感觉。看到这里，你觉得狐狸像我们的客户吗？这时候，狐狸又说，"我的生活很单调……但是，如果你要是驯服了我，我的生活就一定会是欢快的。我会辨认出一种与众不同的脚步声。其他的脚步声会使我躲到地下去，而你的脚步声就会像音乐一样让我从洞里走出来。再说，你看到那边的麦田没有？我不吃面包，麦子对我来说，一点儿用也没有。我对麦田无动于衷。而这真使人扫兴。但是，你有着金黄色的头发。那么，一旦你驯服了我，这就会十分美妙。麦子是金黄色的，它就会使我想起你。而且，我甚至会喜欢那风吹麦浪的声音……"

客户再造模式就是要建立起这种"驯养"关系。当我们时时为客户思考，当我们创造出让他们满意的作品来，当客户成了你的朋友、亲人、爱人，你的付出自然会得到回报，你已经在潜移默化中"驯养"了你的客户，他们就会处处留意你，你就成了世界上的唯一，赢得了客户的芳心，他们会给你一座座金山。

那么怎样建立"驯养"关系呢？"应该非常耐心。"狐狸回答道，"开始你就这样坐在草丛中，坐得离我稍微远些。我用眼角瞅着你，你什么也不要说。话语是误会的根源。但是，每天，你坐得靠我更近些……"慢慢地靠近你的客户，每天多一点儿爱，用你的诚信、品质、服务去打动他们，时间长了，自然会"感动"他们的。

随着经济的发展和信息化的加速，中国移动通信开始意识到和联通的竞争仅停留在相互杀价的低级倾销阶段，对于建设资金都显不足的两家公司而言，肯定是不利于长期发展的。那时各区、县分公司营业场地不完整，农村客户缴费非常困难，一个农村客户为了缴费，要专门进城一趟，不但要花车费，还要耽误一天，客户就有跳槽的可能。为什么不在农村乡镇和邮政局联合设立话费代收点，为什么不联合邮政、农行？留住一个老客户所花的成本只有发展一个新客户的成本的四分之一，忠诚坚定的客户，不但提供了稳定的收益，而且会影响他人。中国移动通信采取给1994年、1995年花一两万元入网的老客户赠送礼品的方式，感谢他们最早、长期使用中国移动通信网，这样广大老客户就会觉得没有被忘掉，没有被忘掉自己为中国移动通信所做出的贡献，他们就会满心欢喜地留在网内。

拥有时不珍惜，失去后就很难再拥有。中国移动通信专门设立了委屈奖，奖励那些在服务中委曲求全的人员，是他们让客户真正找到了上帝的感觉。真正让用户感到"方便、省事、时尚"，处处对客户忠诚，这样才能留住客户的心，才能培养越来越多的忠诚客户。如果对待客户仅仅停留在讲理阶段，总想给客户讲道理，以理服人，甚至不惜提高嗓门儿。这样，可能的情况是：把客户讲赢了，讲得他哑口无言，但他可能就再不乐意见你了。如果这样，那你到哪再去找他？你还能获得价值吗？

我们不做唯利是图的商人，但我们会为了利，再造我们的客户。如果我们一味地漫天撒网，我们捕获的不过是许多小虾米。我们要的是大鱼，因为只有捕获大鱼才能获得更多的利润。我们要善于浇灌、培育，不要让种子在我们的土壤里发了芽，就不管了，又另外去撒播种子。我们要让小芽长成大树，小客户变大客户。

要想使企业获得生存空间，就必须生产顾客愿意购买的产品，这就需要企业管理者站在顾客的角度思考问题，然后寻求办法帮助客户解决遇到的困难，完成这个过程虽然耗费精力，但客户会更加青睐我们，我们会从中获得赢利的快乐。

待机而发，顺势而为

善于把握和利用势是智者的策略。能否审时度势，抓住时机，善择而变，往往是成败的关键。张居正说："适之则生，逆之则危。"遇到问题时如果逆时势而动，往往会遇到难以预料的额外困难，但是如果能够因势利导，巧妙地运用时势为自己增添助力，再困难的事情也可以迎刃而解。常言道"虽有智慧，不如乘势"，许多看起来难办的大事，就因为懂得顺势的缘故，往往就能顺利地办成。

张居正担任首辅以后就开始着手筹备变法，但是在明朝，大部分官员都是深受程朱理学影响的儒生，一旦稍稍触及所谓的"祖宗之法"，就会遭到言官集团的群体围攻，何况变法这种历朝历代都争议甚深的行为，如果处理不好，就难免会像王安石变法那样，不但变法遭到失败，主持变法的人自己遭到攻击，甚至会导致"新党"和"旧党"的对立，引发上百年的党争，给国家政治带来不可挽回的损失。

然而变法就是要革新，就是要变革朱元璋留下的"祖宗成法"，面对这种情况，张居正没有像王安石一样高呼："天变不足惧，人言不足畏，祖宗之法不足守！"而是非常识时务地"避其锐，解其纷；寻其隙，乘其弊"。他没有去碰"祖宗之法"这块雷区，而是别出机杼地用"祖宗之法"的旧瓶来装自己考成法的新酒。

为了规范官员工作，提高官员工作效率，张居正出台了整顿吏治的重头措施考成法，也就是按时上报工作计划，并分期对工作进度和政绩进行考核，并对官员进行定期考察。不过对于这一措施，张居正并不承认自己拥有专利权。

他说："稽查章奏，自是祖宗成宪，第岁久因循，视为故事耳。请自今伊始，申明旧章。"也就是说考成法的这些措施，那是咱们大明的太祖朱元璋规定的，只是时间一长大家都忘了，现在要重新申明这些规章制度了，大家要遵守祖宗之法，不可以违背啊！

有了"祖宗成宪"做盾牌，张居正的考成法几乎没有受到什么阻碍就顺利实施了，并且在很短的时间内就取得了不错的效果，获得了"自考成之法一立，数十年废弛丛积之政，渐次修举"的显著成效。

为了"考成法"的顺利推行，张居正做到了顺势而为，他顺应大家遵守祖宗成法的大势所趋，将自己的创见融入其中，很容易地取得了"不劳而天下定"的效果。

做人要懂得顺应形势发展，相机而动，保护好自己的利益，尤其是在危险面前，更要看清形势。聪明人办事善于顺水推舟，对方贪利，就用利益诱惑他；对方混乱，就趁机攻取他；对方实力雄厚，就要注意防备他；对方实力强盛，就避其锋芒；对方暴躁易怒，就可以挑起他的怒气让他失去理智；对方谦恭谨慎，就设法使他骄傲自大；对方体力充沛，就设法使其劳累；对方内部亲密团结，就设法挑拨离间，这就是张居正所说"避其锐，解其纷；寻其隙，乘其弊"的真实应用。

总之，不管对方处于怎样的状态，能够因势利导，就可以找到取得竞争优势的突破点，然后用很小的力气获得自己想要的结果。可见，对于"势"的掌握是决定双方胜败的重要因素。并且要注意全局之势，整体态势，让自己的行动顺势应势，适应时、地、人等各种因素，高效地利用时势。所以在现实的生活和工作中如果想要获取先机，更容易地达成自己的目标，就要善于洞察，巧妙谋势，并用心体察时势，迅速作出判断，为自己筹划最有利的形势。

对于想要获得成功的人来说，机遇和才干同样重要。一个有才干的人如果没有良好的机遇，那么他的才干极有可能被埋没。而机遇就隐藏在"势"中，如果不会见机行事，抓住"势"中的机遇，那么再好的天赐良机也会被错过。

真正能够抓住机会的人，懂得随着形势的发展而变化，抓住有利的时机采取行动。《孙子兵法》中有云："故兵无常势，水无常形。能因敌变化而取胜者，谓之神。"这句话道出了行事无常势的好处。无论是在行军布阵中，还是在日常生活中，又或是在经营创业中，都要根据形势变化不断调整策略，如此才能因势取胜。

# 第十章

与大象共舞，1+1+1>3

一定要和国王一起散步

在欧洲乃至世界久负盛名的金融家族——罗斯柴尔德家族有一句家训，即"一定要和国王一起散步"。他们是如何得出这个结论的呢？故事还要从其家族创始人说起。

"罗斯柴尔德穿着鲜亮的行头，坐着从法兰克福一个富商那里借来的描金马车，神气活现地与丹麦国王见了面。为了给老罗斯柴尔德充排场，威廉还从黑森陆军中抽调了三个身材高大、仪表堂堂的青年军官，戴上银白色的马尾假发，穿着绣花制服，作为老罗斯柴尔德的跟班前往。"这是历史上对于哥本哈根罗斯柴尔德初登场的描述。

1802年，拿破仑强拉俄国、普鲁士、瑞典和丹麦结成"武装中立同盟"，企图通过海上禁运，从经济上封锁英国。英帝国不甘束手待毙，经过一番周密策划，决定由英国海军名将、独眼将军纳尔逊率领一支强大的舰队对丹麦发动突袭，从而打破同盟，而在突袭下战败的丹麦顿时陷入绝境。在哥本哈根股票交易所里，投资者疯狂地抛售丹麦股票与债券，丹麦国债的价格一落千丈，丹麦王国破产了。丹麦国王是威廉四世的亲叔叔，老国王马上派出财政大臣向富有的侄儿求援，表示愿以丹麦的国家信誉为抵押，从威廉手中紧急贷款400万盾，来填补空空如也的国库。威廉很想做这笔生意，这几年，他手里的剩余资金越来越多，急于寻找投资出路，向外国政府放贷，无疑是最安全、最有利可图的买卖。但威廉担心借钱给自己的亲叔叔，自己又不太容易拉下脸来逼债，弄不好这笔贷款拖欠到最后，会无可奈何地变成"赠款"，血本无归。犹豫不决的威廉召布达拉斯进宫问计，两人合计来合计去，终于得出一条结论：这笔生意要做，但要以商业贷款，而不是政府贷款的形式进行，这样丹麦就难以赖账了。

既然要搞商业贷款，威廉就不能露面。同样，那几家与威廉有世交的皇商也不能出面，必须找一个圈外人，一个可靠又名不见经传的商人，与丹麦谈这笔生意。深受"生活规则"滋润的布达拉斯是不会向威廉推荐外人的，从很久以前就与布达拉斯十分熟稔的罗斯柴尔德商行顺理成章地成了威廉向丹麦提供贷款的经纪人。在布达拉斯的布置下，一个名叫洛文兹的汉堡籍犹太银行家开始与丹麦政府接触。洛文兹先到哥本哈根跑了一趟，告诉丹麦国王，德国有一位非常富有的银行家，叫罗斯柴尔德，愿意向丹麦贷款，这位银行家对丹麦王室怀有十分友好的感情，如果这次贷款做成功的话，将来贷款的数额将更大，条件将更优惠。

老罗斯柴尔德身上有一种哲学家与企业家混合的气质。由于长期从事古币买卖，他具备了丰富的历史知识，常与隔离区里的拉比讨论中世纪的典故。在与丹麦国王会面时，老罗斯柴尔德显得既阔气又有品位。他先与国王大谈丹麦与德国的历史、文化、绘画和建筑，显出很有教养的样子，在博得国王的欢心后，才摆出了贷款条件，并与国王半真半假地讨价还价一番，然后就与丹麦财政大臣签了协议。从此，罗斯柴尔德崭露头角，登上历史舞台，直到后来成为金融主宰，大抵可以从这一天开始算起。从这一天开始，罗斯柴尔德家族加速了他们追逐财富的脚步，其家族的名字也开始为世界所铭记。

上面的故事启发我们：想要快速积累财富，就要和有影响力的成功人士多多结交，让他们在资源整合的道路上助你一臂之力。交朋友时，我们要善于考虑并选择比你更优秀的人，因为将来，我们或许能从他们那里获得更多帮助。不少人总是乐于与比自己差的人交际，因为这样能产生优越感。可是从不如自己的人身上，显然是学不到什么的。结交比自己优秀的朋友，能促使我们更加成熟。

学先进，走正道

日本江户时代政治家西乡隆盛有一个政治观点是，要在了解本国实际的基础上，广泛吸收其他各国的先进制度。

18世纪中期，日本的将军们逐渐奉行锁国政策，不与西方国家进行贸易往来，甚至一度以战争的形式拒绝和打击靠近日本海岸的外国船只。这种政策自然越来越引起美国、英国、俄国等的不满。随着荷兰在东亚的势力不断削弱，欧美国家的贸易要求显出咄咄逼人的态势，日本幕府面临着巨大的压力。19世纪以后，中英鸦片战争使得日本幕府的一些政要和具有远见的日本学者逐渐意识到闭关的不妥，他们开始提出日本需要借用欧洲人的先进技术和强大武器来武装自己，使日本彻底从西方人势焰渐盛的威胁中解脱出来。

在这期间，日本出现了许多兴国图强的思想主张，其中较有代表性的便是由思想家福泽谕吉提出的"和魂洋才"。顾名思义，"和魂"指大和民族的精神，而"洋才"便是指西洋的科技。"和魂洋才"，即鼓励日本国民学习西方文化，同时保留日本传统文化，这主要体现在社会和军事上。如社会方面，有很多学者都学习西方文化，梳西式发型，但在服装上仍坚持穿日本传统服饰。军事方面，日本军进行西式军事训练，但装备仍然保留武士配刀。"和魂洋才"是对明治时代以来"西洋文化优越，日本文化落后"论点的反驳。

西乡隆盛有感于当时形势，对开眼看世界并效法西方持十分赞同的态度，但他又强调，要想"广采各国制度以进开明"，首先要"知吾国之本体，振风教，后徐酌彼之长"，意思就是要先了解本国国情，在学习别人的同时更要保持自我，然后逐渐超越，这样才能实现真正的自强自立。否则，一味仿效他国，只会导致"国体衰颓，风教萎靡"，最终使自己陷入被动、受制于人的境地。

这其中也蕴含着现代企业的经营智慧，即经营者要善于广采他人之长，在谋定立足之后，转而追求自我的发展，先依附他人生存下来，等到有了足够的资本再坚持走自己的道路，赢得长足的发展。

跟随别人的步调，纵然能带来辉煌的业绩，但那是二手经营，而非真正的经营，这样最终将导致企业陷入窘境。所以，企业求存起初可以从模仿开始，但最终目的是"穿别人的鞋走出自己的路"。李宁公司采用的正是这种经营策略。

李宁公司很早就提出"一切皆有可能"这句口号，它是李宁品牌在过去18年不断积累和完善的结晶，如今李宁公司已经逐步积淀出它独有的品牌内涵。纵观"李宁"的发展之路，不难发现它的成功在很大程度上是对耐克的成功模仿。

首先，李宁公司的市场定位与耐克非常类似。从2003年底开始，"李宁"将品牌推广的中心转向耐克和阿迪达斯占据的高端市场，随后展开了一系列赞助国际体育赛事和明星代言的市场推广活动：与NBA、ATP等达成合作伙伴关系，与奥尼尔、达蒙·琼斯等NBA明星及法国、西班牙、苏丹等多国奥运代表队签订了品牌代言人合约。

其次，"李宁"采用了耐克等同类世界品牌的"轻资产运营"模式。

最后，在品牌推广上，"李宁"也积极向耐克这些国际大品牌靠拢。从1996年亚特兰大奥运会到2000年悉尼奥运会，李宁的运动装一直是中国运动员的标准装备。李宁公司还常年赞助中国乒乓球队、体操队、射击队、跳水队甚至个别省的体育队。2004年9月，李宁品牌伴随着西班牙篮球队扬威雅典奥运会，借势推出专业篮球鞋 Free Jumper 系列，成为国内第一个进军专业篮球市场的品牌。李宁公司不断加大体育营销的力度和规模，进一步加快品牌的国际化进程。

在企业发展初期，"穿别人的鞋"是一条明智而简洁的路，但这并非企业常青之道，因为它充其量只是穿了别人的鞋在走路，而永续发展要求企业不仅要穿别人的鞋，更要走出自己的路。

善用比自己强的人

根据著名的奥格尔维定律："每个人都雇用比我们自己更强的人，我们就能成为巨人公司，如果你所用的人都比你差，那么他们就只能做出比你更差的事情。"如今，企业间的竞争已不再局限于资金和产品的竞争，而逐渐倾向于人才的竞争，拥有大批的优秀人才是企业实力的象征。

企业的生存、发展离不开人才，一个成功的企业家要善于寻找比自己更强的人才来为自己服务。汉高祖刘邦在取得天下之后说的那番话就道出了管理者最重要的责任是善于用人，而不是和下属比谁更能耐。福特公司就是因为犯了这个毛病才白白损失了一员不可多得的大将，给了对手重振雄风的机会。

艾柯卡是亨利·福特的手下，有一次，100多个美国银行家和股票分析家聚会，艾柯卡的发言受到了参会者的一致好评，没想到，这让福特发怒了，因为他认为艾柯卡抢了他这位上司的风头。福特事后对艾柯卡说："你跟太多的人讲了太多的话，他们还以为你是福特公司的主事者，这种情况让我太难受了。"

这之后，福特毫不理会艾柯卡的意见，而作出不再把小汽车推向市场的决定，结果使得公司急剧亏损。然而，他对此不仅没有作出任何的解释，而且当一个记者向他采访这件事时，他也只是淡淡地回答了一句话："我们确实碰上了一大堆麻烦。"

为了把艾柯卡踢出去，福特的手段是一个接着一个，先是到处散播谣言说艾柯卡早已和黑手党搅在一起了，后来发展到在董事会上直截了当地告诉艾柯卡："我想你可以离开了。"就这样，功勋卓著的艾柯卡被福特无情地解雇了。

紧接着，美国《底特律自由报》同时刊出了两个大标题："克莱斯勒遭到空前的严重亏损"和"李·艾柯卡加盟克莱斯勒"。两条新闻的同时出现，似乎预示了某种关系。其实，克莱斯勒公司已经迅速出击，早将李·艾柯卡请了过来，对其委以总裁重任。艾柯卡接管克莱斯勒公司的时候，该公司已经面临倒闭的危机，两年之间，公司亏损已达17亿美元。艾柯卡想尽了各种办法应对公司一个又一个的危机。

到1983年春，克莱斯勒公司已经可以发行新股票了。本来计划出售1250万股，但是谁也没有料到，最终的发行量超过一倍。买股票的人多得排队等候，2600万股在一小时内就全部卖光了，其总市值高达432亿美元，这是美国历史上位居第三的股票上市额。这一年，克莱斯勒公司获得925亿美元的实际利润，创公司历史新高。1984年，克莱斯勒公司扭亏为盈，净利润达到24亿美元，同时也成为福特公司的一个强劲对手。艾柯卡一时间成为美国人心目中的英雄。

卡内基虽然被称为"钢铁大王"，但他实际上是一个对冶金技术一窍不通的门外汉，他的成功完全是因为他卓越的识人和用人才能——总能找到精通冶金工业技术、擅长发明创造的人才为他服务，比如说任用齐瓦勃。齐瓦勃是一名很优秀的人才，他本来只是卡内基钢铁公司下属的布拉德钢铁厂的一名工程师。后来，当卡内基知道齐瓦勃有超人的工作热情和杰出的管理才能后，马上就提拔他当上了布拉德钢铁厂的厂长。

在厂长的位置上，齐瓦勃充分发挥出了自己的才干，带领布拉德钢铁厂走向了辉煌，以至于卡内基凭借布拉德钢铁厂的业绩而放言："什么时候我想占领市场，什么时候市场就是我的，因为我能造出又便宜又好的钢材。"

几年后，表现出众的齐瓦勃又被任命为卡内基钢铁公司的董事长，成了卡内基钢铁公司的灵魂人物。就在齐瓦勃担任董事长的第七年，当时控制着美国铁路命脉的大财阀摩根提出要与卡内基联合经营钢铁，并放出风声说，如果卡内基拒绝，他就找当时位居美国钢铁业第二位的贝斯列赫姆钢铁公司合作。

面对这样的压力，卡内基要求齐瓦勃按一份清单上的条件去与摩根谈联合事宜。齐瓦勃看过清单后，果断地对卡内基说："按这些条件去谈，摩根肯定乐于接受，但你将损失一大笔钱，看来你对这件事没我调查得详细。"经过齐瓦勃的分析，卡内基承认自己高估了摩根，于是全权委托齐瓦勃与摩根谈判。事实证明，这次的谈判，卡内基确实有绝对的优势。

20世纪初，卡内基钢铁公司已经成为当时世界上最大的钢铁企业。卡内基是公司最大的股东，但他并不担任董事长、总经理之类的职务。他要做的就是发现并任用一批懂技术、懂管理的杰出人才为他工作。

海纳百川，有容乃大，妒才是管理者的一个大忌。那些总是害怕下属超越自己的领导者是很难变得更强大的，因为他缺少比自己有谋略的人的协助，而仅靠一个人的能力和智慧是不可能将企业做大做强的。管理者的职责是招募到比自己更强的人，并鼓励他们发挥出最大的能力为自己服务，这本身就已经证明了你的本事。

找对人，放对位，做对事

对于一个企业管理者来说，有效的管理就是"找对人，放对位，做对事"，即通过人力资源的有效安排，将员工的长处转化为价值，从而为企业创造最大效益。

松下幸之助有一句广为人知的口号——"在出产品之前出人才"。早在二战前，松下就曾对见习员工的培养发了专门通告，在竞争激烈时，松下更不忘发出"关于员工教育个人须知"的通告，把培养员工真正作为企业的一项任务。松下公司的用人原则是：量才录用，人尽其才。对可以信赖的人，哪怕他资历很浅，经验不足，也会把其安排到重要岗位上，让他在生产实践中得到成长。公司还常对一些有潜质的员工委以看似不能胜任的重任，用压力和紧迫感加速他们成才。

被誉为日本重建大王的坪内寿夫，在用人上可谓别具一格。他从不轻易授权，一旦委任，则全权交付，使其能发挥最大能量。他将员工素质分为上、中、下，其构成比率为3∶4∶3，而教育的重点就放在最下等的三成。坪内寿夫从不放弃任何员工，而是教育他们、重视他们，鼓励他们发挥所能，他相信只要肯做，任何一个人都可以做到自己认为根本办不到的事，这也就是要先建立信心。或许教育这些素质偏差的员工要花费很多时间，但这种时间的运用并不是浪费，而是造就许多人更健全的人生观。

管理者在人员使用方面，常常会为如何令精英人才最大限度地发挥作用而烦恼。解决它的最好办法，就是将表现优异的精英人才提拔上来，把他安排到重要的工作岗位上，这不仅使员工的自尊心得到满足，最大限度地调动他的工作积极性，企业也会因为人才的合理安置而获得更大的收益。

作为杜邦公司总裁，皮埃尔·杜邦二世是一个善于发现千里马的人，他非常明智地将约翰·拉斯科布网罗进杜邦的人才宝库，并且为其提供充分发挥其才能的机会，使其一直心甘情愿地追随着皮埃尔，为杜邦公司的发展立下了汗马功劳。

拉斯科布是法兰西人，他长得矮矮胖胖，看上去毫无过人之处。一次偶然的机会，皮埃尔·杜邦结识了他，通过交谈，发现他头脑清楚，思维敏捷，分析问题有条不紊，而且能说会道，很适合做公关工作，于是皮埃尔请拉斯科布担任自己的私人秘书。

在工作中拉斯科布显示出财政问题处理方面的出众才能，皮埃尔马上用其所长，提升他为得克萨斯州有轨电车轨道公司的财务主管，不久又将之晋升为杜邦公司的财务主管。当杜邦公司买下通用公司后，拉斯科布随着皮埃尔来到通用汽车公司，在董事会执行委员会工作，并任该公司的财务委员会主席。

至此，他的才华彻底展现出来，拉斯科布成了美国证券市场上的风云人物。拉斯科布协助皮埃尔创建了杜邦证券经营公司、通用汽车承兑公司，为杜邦进军金融界，进一步向金融寡头发展立了大功。后来他还担任皮埃尔银行家信托公司、克蒂斯航空公司以及密苏里太平洋铁路公司的董事。美国某著名财经杂志将拉斯科布称为"杜邦公司的金融天才"。这一切，很大程度上归功于皮埃尔·杜邦对人才的善知善用，即发现了对的人才，并将他放在了正确的位置，使他做了正确的决策。

具备能审视人才的眼光，需要管理者持一颗公正平等的心，用不带偏见的眼光去看人，还需要有极强的分析能力，能够从一些不起眼的小事甚至几句交谈中看出对方的潜质，并迅速做出判断，看他是否能为自己所用。当然，管理者还要有过人的肚量，敢于重用比自己强的人。

企业里如果出现表现卓越的人才，应立刻将其提拔到合适的岗位上，善加运用，因为一刻的踌躇就会损失一刻利益，因猜忌而把人才视为平庸者看待，企业将由停滞不前而最终走向下坡路。

在发现卓越人才后，应注意以下几点。

1. 倾听他的观点和建议。此举会大大增加他对管理者的信任，以及对企业的归宿感，使他感觉到自己确实很受重视。为了有所表现，他必更乐于创新。

2. 适度的赞美。在他有了出色的成绩时，应马上加以称赞和鼓励。如果表现出冷漠，有时会使敏感的他以为是嫉妒他。否则，他宁愿把创造性的建议藏起来，待有机会即另谋高就。

3. 交给他有挑战性的工作。卓越人才做事有点儿天马行空，但又有意料之外的成功。如果给了他富有挑战性的工作，他一定会因感到被看重而满怀工作激情。一方面管理者考验了人才的实力，另一方面得到了他的感激。

4. 帮助他学习。管理者不能将卓越人才的工作编排得密密麻麻，使他根本没有时间学习新事物。卓越人才并不表示万能，他也有不懂得的事物。管理者要尽力帮助他学习，掌握更多的技能，这样才能在以后为企业带来更好的效益。

先做傍家，再做赢家

日常生活中人们常说"傍大树""抱粗腿"之类，体现的就是一种借势思维。所谓借势思维就是作为弱者或者作为后来者，为了实现自己的目标，而借助强者或先来者的一种思维方式，简单点讲就是"站在巨人的肩膀上"，通俗点说就是："只要是快车，不妨搭一程。"

借势思维强调的是，作为弱者，寻找比自己更强大的一方，借助他们的实力与势力，使得自己也能够摆脱弱小的地位，得到别人的关注与尊重，并实现作为弱小者无法实现的目标；作为强者，寻找自己的合作伙伴，互相借势，从而形成强强联合的局面，实现自己独自无法实现的目标。

弱者运用借势思维，可以快速摆脱弱势地位；强者学会借势则能有效地整合资源，实现强强联合，提高资源利用率。企业家要善于运用借势思维，无论在战略决策上，还是在营销执行方面，借势都是最大化地利用资源，以有限的投入，获得超值的回报。

联想是中国计算机行业的翘楚，其领导者地位已很难撼动，探究联想发展的历程，不难发现，联想在发展的各个阶段，都运用了借势思维。一个中国科学院计算机研究所下属的小公司，成长为一个跨国集团,其成长的足迹，可概括为借势一小步，成功一大步。当然，近几年，联想最引人注目的借势行动是搭奥运会的顺风车和收购 IBM 的 PC 业务。

联想创立以来，借过中国科学院计算机所的势，借过商务贸易的势，甚至借过国际竞争对手的势。2008 年 8 月，中国主办第 28 届国际奥林匹克运动会，这场全球最大规模的体育赛举世瞩目。按照惯例，TOP 计划（The Olympic Program 的缩写，译为奥林匹克全球合作伙伴计划）可容纳的企业只有 10 家左右。经过细致的战略谋划，联想于 2004 年 3 月 26 日正式签约国际奥运委会，成为 TOP 合作伙伴，从而与可口可乐、斯沃琪钟表、通用汽车、松下电器、麦当劳、VISA、恒康人寿、斯伦贝谢等国际巨头并列为国际奥委会的全球合作伙伴。联想的奥运战略是典型的借势思维的表现。

根据国际奥委会的规定，其合作伙伴在全球范围内享有奥林匹克市场开发权，同时是奥运会、奥运会组委会、国际奥委会以及 200 多个国家和地区奥委会和奥运会代表团的官方赞助商。除此以外，从 2005 年 1 月 1 日起，大到联想发布会和零售店面，小到联想售出的机器和员工使用的名片，联想都可以打上奥运会标志，却无须追加广告投入。

因此，联想成为奥林匹克全球合作伙伴，意味着这家刚刚开始国际化的中国企业一下子可以获得全球各国奥运组委会以及各国人民的信赖。这是联想进行全球宣传、品牌提升以及财富增长的绝佳机会——至少在品牌宣传声势上要压倒对手。2005 年，联想花 12.5 亿美元收购了 IBM 在全球范围内的 PC 业务，这场借势收购策略在世界范围内引起了广泛讨论。

联想借势奥运，搭奥运的顺风车，使其品牌营销迅速国际化，而它收购 IBM 的 PC 业务，则是借势 IBM 的营销渠道和技术实力，使其全球竞争力得以提高。对于试图走出国门，实现国际化的中国企业而言，这是一个标准范本，其娴熟的借势思维技巧，明确的战略定位都值得学习。

其实借势奥运这一手段，国内外各种企业手段迭出，令人眼花缭乱。1968 年，当时还默默无闻的精工表取代了"欧米茄"，成为东京奥运会的计时器。精工表奥运借势成功后，迅速成为世界顶级表品牌的代名词。2008 年，搜狐作为北京奥运会赞助商，和新浪、网易、腾讯等互联网公司争论不休，其核心问题就在于谁是借势奥运的合法者，这也充分反映出向奥运借势的重要性。

在 2002 年盐湖城冬奥运会上，百威啤酒制造商 AB 酿酒公司以 5000 万美金巨资买下了"奥林匹克"字样和五环标识的使用权。而令 AB 公司没有想到的是，它的竞争对手，一家小酿酒公司却仅仅在自己的货车上刷上了"2002 年冬奥会非官方啤酒"字样，就大大削弱了 AB 公司营销效果。这家小公司就是采取了逆向借势的策略，成功地以小投入，获得了大回报。

Google（谷歌）则更绝，它从来没有赞助过奥运会，但是一有重大赛事，它就马上改变自己的标识设计，打起奥运会的"擦边球"。悉尼奥运会期间，Google 让自己的标识多了一个举着火炬的袋鼠；2006 年都灵冬奥会期间，Google 的标识上又多了一个滑雪的卡通人。一点儿小小的创意，就使无数人误以为 Google 是奥运会的赞助商。

可见，要在原有领域内有所突破，才可以实现从行业"傍家"到赢家的转变。联想、搜狐、精工表、Google 等试图通过借势奥运来提高自身品牌的号召力，都是借形势之势，只有善于借势者，才能成功。

学习世界首富的思考模式，实现财富倍增

日本江户时代著名政治家西乡隆盛说，要想成为大人物，首先要有成为大人物的意愿，此即"成其人之念"的内涵。生活或者是大胆的冒险，或者是平淡无奇，都取决于人的自我定位。纵使你的想法看上去自不量力，也要在心中立下一个"大目标"，并向着这个目标努力。

当然，有了想法未必能成功，但没有想法的人肯定不会成功。在大处着眼，从小处着手，才可能获得成功。

在威斯敏斯特大教堂的墓碑林中，一块墓碑上刻着这样的话：

"当我年轻的时候，我的想象力从不受限，我梦想改变这个世界。

"当我成年以后，我发现我不能改变这个世界，我将目光缩短了些，决定只改变我的国家。

"当我进入暮年以后，我发现我不能改变我的国家，我的最后愿望仅仅是改变一下我的家庭。但是，这也不可能。

"当我躺在床上、行将就木时，我突然意识到：如果一开始我仅仅去改变我自己，然后作为一个榜样，我可能改变我的家庭；在家人的帮助和鼓励下，我也许能为国家做一些事情。

"然后，谁知道呢？我甚至可能改变这个世界。"

许多世界名人看到这篇碑文时都感慨不已。当年轻的曼德拉看到这篇碑文之后，顿时有醍醐灌顶之感，觉得从中找到了改变南非甚至整个世界的金钥匙。回到南非后，这个原本赞同以暴抗暴来填平种族歧视鸿沟的黑人青年，改变了自己的思想和处世风格。他从改变自己、改变自己的家庭和亲朋好友着手，历经几十年，终于改变了他的国家。

想法是一切成功的起源，是一把雕刻刀，握紧它，人可以塑造出理想中的自己。世界上最大的未开发资源不是南极洲或者非洲沙漠，而是我们自己的大脑。西乡隆盛就是立足于自己的想法，经过了几十年的历练，形成了开阔的思路和"想法能够改变一切"的积极心态。

有了想法，并且有了将想法付诸行动的意志，我们才能够走向成功：没有机遇，我们可以趁势制造机遇；没有财富，我们可以寻找合作伙伴；没有人脉，努力之后也能建立属于自己的关系网……

如果你是个业务员，赚1万美元容易，还是10万美元容易？答案是10万美元。因为如果你的目标是赚1万美元，那么你大多只能糊口。然而，这并不是你真正的目标。你该仔细想想你的专长和嗜好，寻找你的财富轨迹。有崇高的目标，然后为这些目标付诸行动，你才能获得你想要的成功和财富。

找个身边的成功者做榜样。一个人仅仅依赖于自己的知识、经验、资金和资源的致富过程将是漫长而缓慢的。通常是自己的资源被耗尽也无法开启财富之门，还会因此丧失继续追求成功的信心。我们应该学习身边的榜样，学习他们的做事方法。当然以他人为榜样，并不是完全照搬他们的模式，而是让他们给我们指明方向。"世界上没有最好的，只有适合自己的才是最好的。"这是所有成功者的共识，只有认识到这点，才能充分发挥自己的创富潜能。

真正的成功者，大多都具备三项特性。

1. 有长期的目标和计划。
2. 相信延迟的回报，也就是推迟享受快乐原则。
3. 以有利于自己的发展运用复利的力量。

成功者的思考方式总是看着前方，运用自己的头脑思考自己未来的生存之路。

要成功，就要跟成功者在一起

我们知道，在竞技运动中，想要提升自己的实力和水平，人们往往会选择与优秀的选手站在一起。因为只有这样，我们的能力才会不断提高，取得飞速进步。不过，机会不是等来的，成功者不会随时出现在我们面前，所以，我们需要为自己创造机会。

彼得出生于波兰，自小在贫民窟长大，生活极为贫困。他只读过6年书就辍学了，很小就开始做杂工、当报童。这样一个穷孩子似乎没有任何成功的希望，机遇与幸运对他来说实在太遥远了。然而，13岁那年，他偶然间读到《全美名人传记大成》，随后突发奇想要和那些名人取得联系。他采取最简单的方法：写信。在每一封信中，他都提出一两个能激起收信人兴趣的问题。他的方法非常有效，很多名人都回信给他。

此外，只要他知道有名人来自己所在的城市参加活动，他无论如何都要进入那个场合，与所仰慕的名人见上一面。见到名人时，他通常只简单地说几句话，便礼貌地离开，不多打扰。就这样，他认识了各个领域的很多名人，其中还包括后来当选美国总统的加菲尔德将军。后来，彼得创办了《家庭妇女》杂志，凭借多年与名人的交往，他邀请他们为杂志撰稿，被他邀请的名人也很乐意执笔，杂志因此非常畅销，发行量很大。彼得自己也因此摆脱了贫困的生活，并在出版界名声大噪。

其实，彼得是个善于为自己创造机会的人，他用最简单的方式与成功人士交往，并且保持良好的互动，累积彼此的信任，最后才能在适当的时机创造并把握成功的机会，成就人人称羡的事业。

有时候，人们会抱怨仅靠自己的能力无法成就大业，事实上，原因不外乎是他们没有和成功者在一起。当你与成功人士相处时，你会从他们的身上感受到创业的热情，学习他们果断的执行能力，以至于你想不成功都不行。当然，成功并非一蹴而就，它需要一步一步为自己铺路。首先，我们要与成功者一起工作；其次，当我们成功时，就一定要与更成功的人展开合作；最后，当你到达某一个事业高峰时，就应该找成功者来协助你工作。

人与人的相处都有一个磁场，和成功者在一起，你自然就会被他们积极向上的魅力所感染，从而激发自己进步。"股神"巴菲特、微软创始人之一保罗·艾伦是比尔·盖茨最好的合作伙伴，看看他们在各自领域里的成就和积累的财富，你或许就知道，与成功者同行，是多么重要且势在必行的一件事了。对此，比尔·盖茨解释道："决定你一生命运的，是你结交的朋友。与那些优秀的人接触，你会受到良好的影响；与品格高尚的人生活在一起，你会感到自己也在其中得到了升华，自己的心灵也被他们照亮；'和豺狼生活在一起'，你也将学会嚎叫。"

有句话是这样的："你是谁不重要，重要的是你和谁在一起。"能够和成功者并肩前行是一件非常幸运的事情，这就要求我们要学会为自己创造机会，具备良好的素质。

人们常说，成功者与普通人最主要的区别是，他们认识的朋友大多也是成功人士。在这个高价值的人脉圈里，他们互相搭线，彼此形成了一个广泛的人际关系网，一旦谁需要帮助，大家都能伸出援手，让你获得无限助力。跟比自己优秀的人士在一起，不但可以使你事业发展的门路越来越广，还能让你在短时间内积累到有价值的资源。所以，趁早打进成功人士的圈子，你的才华才会用武之地。

与其自己做广告，不如别人来捧场

2005年3月开始，蒙牛酸酸乳"超级女声"全国大赛启动，在全国掀起了前所未有的热潮,在广州、长沙、成都、杭州、郑州五大赛区共吸引了15万的报名者参加,更获得了超过2000万观众持续关注。

赞助商蒙牛集团购买2005年"超级女声"节目冠名权的费用是1400万元,蒙牛集团为此展开了全面营销活动,他们选择长沙、郑州、杭州、成都和广州这5个赛区,分别辐射蒙牛的西南、华中、华东、华南四大销售区域。蒙牛通过"超级女声"的超级影响力成功把消费者吸引过来,使"蒙牛酸酸乳"通过这个节目深入人心。蒙牛集团利用湖南卫视的媒体效应,以相对低的成本投入,获得了巨大收益,参与"超女"活动后,蒙牛酸酸乳业绩2005年比2004年增长257%。

"超级女声"这一活动,至少涉及5个利益相关者:湖南卫视、蒙牛集团、天娱传媒、参赛者和观众。湖南卫视利用蒙牛集团、天娱传媒和参赛者的投入制作"超级女声"节目,然后以零价格卖给观众,同时又利用节目广告收取巨额的广告费,并从中国移动和中国联通的相关短信收益中获得分成。湖南卫视用别人的钱(对它自己而言几乎是零成本)生产"超级女声"节目,并以零价格销售给目标观众,自己却从第三方赚取了巨额利润。湖南卫视因为播出超级女声所赢得的品牌效应,提升了包括整个湖南卫视白天时段的广告报价收益,湖南卫视无疑还是得益者。

"超级女声"这一节目使湖南卫视和蒙牛集团获得了巨大收益,这一经典的营销方案,是中国当代企业营销史上的完美案例。为什么湖南卫视和蒙牛集团能以少投入,获得高回报呢?为什么有的企业少收或不收顾客的钱,还能赚钱?是什么造就了企业以低于成本的价格甚至零价格销售照样赢利的奇迹?

显然,这是一个让企业家兴奋莫名又倍感困惑的问题。北京大学光华管理学院王建国教授在其独创的1P理论中,对此问题进行了详细阐释。他认为,"超级女声"中湖南卫视之所以能获得巨大利润,蒙牛集团之所以能以低投入获得高产出,其根本原因就在于让第三方买单,进而降低了成本,赢得了收益和口碑,这种营销模式体现的是一种网状思维。

王建国教授提出的1P理论是相对于传统的4P理论而言的。4P理论由美国营销专家尼尔·博登提出,即产品(Product)、价格(Price)、渠道(Place)、促销(Promotion)。这种理论要求企业的市场营销人员综合运用并优化组合4P因素,以实现其营销目标。

在这种理论指导下,生产者之间通过大量的营销投入来获得收益。但是在激烈竞争的买方市场中,产品的同质化越来越严重,消费者得到的产品信息越来越多,购买决策越来越理性,价格逐渐成为企业竞争的关键问题。生产者之间的白热化竞争，形成多投入、少回报的局面，企业如何摆脱营销成本不断增大，企业利润越来越薄，企业生存越来越困难的困扰？而1P理论恰恰解决的就是这样一个营销难题。

1P理论的P指的是价格。我们以"超级女声"案例来解释1P理论。在这个案例中，湖南卫视生产的产品是"超级女声"这一节目，生产这个节目需要投入成本，但是湖南卫视以零价格把这个产品销售给观众，如果它要赢利，就必须开拓其他利润源，这就是广告费和赞助费。而赞助商为什么愿意给湖南卫视赞助呢？因为通过湖南卫视的宣传效应，可以刺激产品销售。那么显然，湖南卫视在自己生产的产品上搭载了第三方企业的信息，由于第三方为其买单，因而能以零价格出售产品仍然获利。

毫无疑问，企业要借鉴和运用这种理论，关键是要找到第三方，所谓第三方就是利益相关者，湖南卫视通过宣传，能提高蒙牛的品牌号召力，促进产品的销量，此时，蒙牛就是湖南卫视的利益相关者。透过这个事件我们能看出，寻找利益相关者，并让其为自己的产品买单，关键在于你能提供什么样的服务，你对第三方顾客能带来什么样的价值。如果蒙牛将投入在"超级女声"中的费用花在常规营销方面，显然不可能起到如此大的促销效果，这就说明，湖南卫视为蒙牛提供了特别的价值，这种价值是常规营销无法获得的。

因此，1P理论的营销模式，实际上充分运用了资源整合效应，打破行业界限，从而使"超级女声"活动中的所有参与者都以最低的投入获得了最大的收益。这种营销模式节省了第三方企业花在产品、分销和促销上的成本；并由第三方来买单，从而降低了企业的成本，增强了企业的竞争力。当然，企业必须明确一点，第三方不会平白无故地支付费用，关键在于企业能否为第三方创造价值或节省成本。

一个企业花别人的钱为自己生产产品，然后部分免费或全部免费送给目标顾客，再从第三方收钱作为收益和利润，这在传统营销的思维模式里几乎是不可思议的事情，但在网络经济时代，依靠别人为自己捧场的事例天天上映。因此，引入第三方利益相关者，互利合作，降低成本，实现多赢也是企业是实现利益最大化的一个有效方法。

花花轿儿人抬人

工作中，有些人为了崭露头角，往往不惜贬低和诋毁别人，因为他们害怕别人超过自己，进而影响自己的利益。这样的态度使他们无法与周围的亲人、朋友、同事、合作伙伴等建立良好的工作关系，不但损害了群体积极创新的良好氛围，而且影响了组织的整体工作效率和效益。这种"独食主义"者最终损害的还是自己。

"独食主义"者所崇尚的是单赢，即在相互竞争中，只有一方可以取得胜利，这是一种狭隘而短浅的看法。成功的人往往最能了解集思广益的合作威力，知道如何借助别人的力量。这就如同不同植物生长在一起，根部会相互缠绕，土质会因此改善，比单独生长更为茂盛；两块砖头所能承受的力量大于各自单独承受力的总和。每个人的能力都是有限的，善于与人合作的人能够弥补自己能力的不足，最终达到自己的目标。许多自然现象也揭示：全体大于部分的总和。

世上没有"全能"的人，一个人的能力是有限的，只有善于与人合作，才能弥补自己能力的不足，达到自己原本达不到的目的。真正的合作共赢，是能够取得成功的最佳方法，因此欲成大事者，都应通过合作的方式完善自己。切忌不要独断专行，追求单赢，否则即使会成功也只是短暂而浅薄的。

清末巨商胡雪岩是个没有多少墨水的"文盲"，但他从生活经验中总结出了一套哲学，归纳起来就是"花花轿子人抬人"。胡雪岩善于洞察人的心理，把士、农、工、商等阶层的人都聚拢起来，以自己的钱庄优势，与这些人协同作业。因为他擅长交际，所以别人总为他的行为所打动，对他产生信任。他与漕帮合作，及时完成了粮食上缴的任务。与王有龄合作，王有龄有了钱在官场上混，胡雪岩也有了机会在商场上发达。如此种种的互惠合作，使胡雪岩这样一个小学徒变成了一个巨商。

同样大的一块蛋糕，分的人越多，每个人分到口的就越少。如果斤斤计较，我们就会走向"单赢"的恶性循环，去争抢食物。但是如果我们联手制作蛋糕，那么，只要蛋糕能不断地往大处做，我们就不会为眼下分到的蛋糕大小而倍感不平了。因为我们知道，蛋糕在不断做大，眼下少一点儿，以后随时可以弥补回来。而且，只要联合起来，把蛋糕做大了，就不用发愁能否分到蛋糕。

所以"君子尊而泽人"，要"众乐乐"，不论拥有如何完美的名气、节操，也无论拥有多么巨大的财富，都不要一个人自己独占，必须分一些给旁人或者以此来造福他人，只有如此，才不会引起他人的怨恨，招来麻烦和灾害。从胡雪岩的例子可以看出，当你的人生有特别表现而受到别人肯定时，千万要记住：别"吃独食"，别做"独行侠"，否则这份荣耀会给你带来障碍。

荀子说："人，力不若牛，走不若马，而牛马为所用，何也？曰：人能群，彼不能群也。"既然与人交往是人的一种本能，与人合作又是快乐的源泉，那我们就应把它融于生活，建立良好的社会关系，在合作中体味成功的快乐，展现良好的品格，而不是只为眼前的一点儿小利争得你死我活。

　　要让你的荣耀发挥更大的作用，让周围的人都受到惠泽，从中受益，这样，你的荣耀大家会更容易接受。生活中，自私的人往往会收到更多的自私，而与人分享的人却能获得更多的分享，处尊位时要造福于人，学会与人分享，自己也将品尝到更多，收获到更多。

　　因此，想要具有双赢思维，我们就应该克服匮乏心理，保持一定的心灵余裕。用双赢的思维合作，相信世界上有丰富的资源，人人得以分享利用，会为我们提供更广阔的空间。

　　要想双赢就要拥有一颗利人利己的豁达之心，首先，我们要检讨自己的品格，列出自己的性格缺陷，找到双赢的障碍，加以克服。其次，选择一项有益改善的人际关系，设身处地从对方立场出发为对方着想，然后和对方约定一个时间，深度交谈，敞开心扉，打开彼此的心结。要注意的是，这个约会不要太刻意，只要顺其自然地将对方的心打开就可以了。最后，对别人的美德进行赞美，并效法。

第十一章

做大事要拿大资源

联合虾米，吃掉大鱼

说到广州融捷投资管理集团有限公司董事长吕向阳，就不得不提到比亚迪股份有限公司董事长王传福。他们俩既是表兄弟，同时也是合作伙伴，即吕向阳是王传福比亚迪公司的第二大股东。

当人们津津乐道于"打仗亲兄弟"时，吕向阳给出了不同的答案："虽然是表兄弟，我也投资了比亚迪，但我看中的还是传福的秉性脾气，我相信由他统领比亚迪，肯定没有问题，如果换作别人，资金上我肯定会支持一下，但不会盘得这么大。"

事实上也是如此，比亚迪从做锂电池起家，发展到汽车行业的新贵，王传福的个人魅力与影响不可谓不深刻，而这也正是吕向阳投资产业极为看重的一点：选项目就是找对人。

深受徽商传统影响的吕向阳认为，人的因素在企业的发展中起着决定性的作用。小企业会因为有杰出的人物而发展壮大，而大企业也会因为领导者的堕落而销声匿迹。在他16岁进入中国人民银行安徽分行工作开始，他始终以这种"看人观"来结交朋友，这也为他日后的成功积淀了丰厚的人脉基础。

2002年，中国的金融证券市场正酝酿着新一轮的发展高潮，使证券投资蕴藏着十分诱人的获利机会。这一时期，中国投资者，包括海外的金融大鳄纷纷抢滩金融市场，希望能在这一波的行情中获得高额回报。吕向阳也捕捉到了这一机会。与别的投资人选大公司、大项目的方式不同，吕向阳这一次依旧循着找项目就是找对人的理念，与新疆的一家证券公司频繁接触，最终敲定了合作事宜，融捷集团也由此全面进入了证券投资领域。

对于合作伙伴的要求实际上体现出对于自身的定位，在吕向阳初涉房地产业时，他就对外宣布了自己的"三不政策"：不拖货款，不做烂楼，不吃独食。"我需要找值得信赖的人，而我也必须成为一个值得别人信赖的人，做到这一点，别人才可以放下顾虑，全心全意和你合作。"

融捷集团与深圳国际机场联合开发的深圳美万嘉国际装饰材料城，无疑是吕向阳这一商业投资信条的完美体现。这座装饰材料城是深圳西部物流中心的重要组成部分，当时与吕向阳一起争夺合作机会的还有广东、福建众多的行家里手，但是深圳国际机场经过前期考察发现，这些企业的资金大多是短期融资而得，存在着较大的风险，而吕向阳却专门为此次合作准备了充裕的资金。这表明吕向阳是真心希望与深圳国际机场合作，来拓展自己的投资领域。

事实上，在融捷集团最初的发展中，吕向阳放弃了能迅速赢利的项目，重要的原因是合作伙伴无法达到他的要求，这也让底下的员工有不少怨言，毕竟，从某种角度来说，这的确让企业的发展速度降低了许多。

"但是这么多年发展下来，融捷上下的认识基本上统一了，这让我轻松了不少，其实，在做与不做之间，很难抉择，那是一个很耗人的过程。能源、金融和房产都有这样的问题，但不管怎样，基本方向和原则是不会变的，要是变了，我就断送了融捷的前程。"在吕向阳看来，找对人，什么都会变得简单，因为合作不会有障碍。企业规范首先是人的规范，融捷能保持着良好的发展势头，也得益于这一点。

吕向阳说："不要总以为合作伙伴小，实力就差，只要做起来了，就会带来意想不到的收获。找一个可以信任的人比找一家大公司更实际，人选对了，即使项目出了问题，也可以及时解决。然后坚持下去，就一定会成功。"单只虾米看起来虽然不起眼，可一旦它们联合起来，也能形成一股令大鱼望而生畏的气势和力量。

先建立关系，再做生意

在《可怕的温州人》一书中，著者有这样的一段描述："靠着温州人的关系网，初来乍到的人不用怎么费劲便可以谋生，加工皮包、皮鞋或者在亲戚朋友的餐馆里做工。温州人在巴黎能买到一种中文电话卡，把信息源源不断地从巴黎传递到温州。"

温商是浙商的缩影，他们身上的秉性也是浙商的特点，这种秉性就是抱团以及互助精神。抱团自古以来就是浙江商人的传统。他们重乡谊，重亲情，"一个和尚挑水吃，两个和尚缺水吃，三个和尚没水吃"的现象，在他们身上很少存在，而唇齿相依更能形容在外打拼的浙商的关系。

2009年，当40万浙江人扎根四川的时候，当地人发出这样的惊叹：浙江人又要把四川的市场搞得风生水起了。据当地政府说，在四川做生意的浙江人主要集中在中心城市，在眼镜、服装、汽配等行业处于垄断地位。而经营这三个行业的浙江人，又大多来自同一个地方。他们不是自己的亲戚就是自己的朋友，即使是关系相对疏远的远亲，也有可能做到一起做一笔生意，或者直接合伙经营。

"出来打拼，真的感觉不容易，所以能带多少就带多少，不管是亲戚还是朋友。"

说这话的就是扎根四川的40万浙江商人中的普通一员。他做的是汽配生意，在他所在的那个汽配中心，共有六七十个来自老家的老乡。这些老乡的生意，与他有着紧密的联系。

由于他是家乡第一个在成都创业成功的人的缘故，自己就成了家乡人的一个标杆。为了带动更多的人致富，他把能带的人几乎都带了出来：弟弟、外甥、外甥女。而这些人在自己发展壮大后，又学着他的样子把自己的亲戚、朋友带了出来。

与竞争相比，浙江人大概更喜欢合作，尤其是跟自己的家里人。相熟的人扎堆在一起，说一样的话，吃一样的饭，有消息就在第一时间传到每个人的耳朵里。其实，他们不是不竞争，而是抱团在一起竞争。不然就不会有南京的"温州村"和北京的"浙江村"。一个人是一粒沙，一群人就是一个拳，而把很多个拳头聚拢在一起，就成了这个百年商帮勇往直前的原动力。

有人曾说过："如果两个四川人坐在一起，他们会悠闲地聊一些家常。如果两个浙江人坐在一起，他们会分秒必争地谈生意。要么谈如何把握市场，要么谈如何不被市场淘汰。"

许多生意就是这么聊出来的。如果浙商喜欢离群寡居，他们会在变幻莫测的市场中捕捉到最利于自己的信息吗？结果就很难预料了。

在浙江人的头脑里，生意并不只是钱。他们在自己的生意做大后，将三亲六戚招来，建立的不仅仅是这个村那个村，实际上在规划自己的"领地"，这个领地会随着亲戚朋友的增多而不断延伸，关系越广，生意自然越好做。

这不禁令人想起百年前那群摇着拨浪鼓的卖货郎，离开家乡的时候，他们不是形单影只，而是成群结队，簇拥而行。单打独斗的孤胆英雄不是这个群体推崇的，他们宁愿最开始贫穷不堪，但只要大家在一起，薪火就会相传。

那首他们出门便会唱起的民谣大概已经没人会唱了，但每当他们的后人出门在外，聚拢在一起的时候，一样的乡语，鱼水的乡情，就组成了一首绵延不断的民谣，在浙商群体里流传。而"有钱大家赚，信息共分享"，或许就是它最直白的体现。

直中难取胜，则在曲中求

《扬雄传》中说道："君子得时则大行，不得时则龙蛇。一曲一直，一伸一屈。如危行，伸也。言孙，即屈也。此诗畏高行之见伤，必言孙以自屈，龙蛇之道也。"意思是说，君子得到适合的时势就大展拳脚，得不到适合的时势就像龙蛇一样盘曲着，比喻能屈能伸才是真君子，为了保护实力最终实现自己的理想，要做到既能在春风得意时按照自己的目标不懈努力，更能在时运不济时忍得一时。

君子就是那些能够忍受物欲、权势、贫穷和曲折的人，该进则进，该退则退，把握好分寸，如此可以有所作为。人活着总是积极向上的，希望能够有所成。成功的道路更是荆棘密布，为了在这样的路上走得更远，需要的不仅仅是斗志，更是一种能屈能伸的勇气，一种可以忍受所有苦难的执着。能屈能伸是成功者必须具备的品质，既是一种坚忍，也是一种对梦想的执着。

历史上能成大事者，大多都是能屈能伸的高手。勾践卧薪尝胆、隐忍多年，战败吴国以后他勇于带领自己的家眷大臣到吴国为奴，并且极力讨好吴王和吴国的权臣，这就是"能屈"到了极点。等到被放还越国之后却依然能够保有称霸的雄心壮志，没有在为奴的三年中将一腔意气消磨殆尽，而是能够十年休养生息养精蓄锐，之后一举踏平吴国，不仅一雪前耻，更成为春秋五霸之一，这就是"能伸"到了极点。

如果说人是一条鱼的话，那么社会就是一缸水。如果我们是一条热带鱼，那么就必须学着降低自己的体温，而不是指望水来升温。

物竞天择，适者生存，有生存才能谋发展，而要生存就必须适应这个社会。世上存在强弱之分是普遍的，不要把暂时的弱势当成问题。在面对无法改变的不公和不幸的厄运时，懂得妥协的人不会事事要求别人按自己的意愿行事，他会适当地忍一忍，适时地让一步，因为他知道，这个世界并非只为自己而存在，每个人都有自己的意志，都有自己的喜好，互谅互让，才能共生共存。

张之洞与李鸿章早有嫌隙，二人在政见上多有不同，张之洞看不惯李鸿章一味地对外求和的为政策略，更看不起李鸿章不顾全大局，始终维护自己淮军的局部利益的做法。但他同时也明白，李鸿章始终不服自己，多次在人前贬抑自己好大喜功。

他认为李鸿章毕竟位高权重，自己如果一味地同他僵持下去，两个人之间就会由嫌隙转化为比较大的矛盾，那样将对自己的前程极为不利。

于是他决定在不牵扯重大问题的前提下，对李鸿章虚与委蛇，尽量不冒然得罪他。所以他在李鸿章母亲八十寿辰时送去过寿文，李鸿章本人七十寿辰时，他更是三天三夜几乎没有睡觉，写了一篇洋洋洒洒的寿文送给李鸿章。在寿文中，张之洞极尽能事地推崇李鸿章，赞扬李鸿章文武兼备，统领千军万马，还赞美李鸿章德高望重、勤于国事，美好的品性深得天下人的敬佩。这篇约5000字的寿文成为李鸿章所收到的寿文中的压卷之作，琉璃厂书商将其以单行本付刻，一时洛阳纸贵。

张之洞深谙妥协之道，他不仅善于委曲求全，还深刻理解了"小不忍则乱大谋"的道理。所以他常常为了达到自己的目的，不逞一时之强，而是委屈自己适应现实的需要，等到为自己积累了坚实的基础之后，再充分发挥自己的才能，来实现自己的理想，从而达到建功立业的目的。

晚清名臣胡林翼说："能忍人所不能忍，乃能为人之所不能为。"能够忍，就有充分的时间、足够的弹性让自己调整步伐、修正策略。有原则地妥协一下，是为了在需要的时候不妥协。

要生存就要适应，只有适应才能谋求进一步的发展。当身处一个陌生、被动的环境中，而环境本身往往又是不容易被改变的，这时正确的做法就是适应环境，在适应中改变自己、提升自己。

所谓妥协，也就是两害相权取其轻，就是以一定的让步换取自己想得到的东西。懂得妥协的人不会一味强求利益的最大化，他会秉承"将欲取之必先与之"的原则，在"以和为贵"的理念指导下，得到自己应得的利益。也许在某一时某一事上他是吃亏的，但长远地看，这种原则和理念会让他真正实现利益的最大化。

当然，妥协总是需要付出一定代价的，这种代价有时是脸面上的，有时是物质上的，但这种代价不可能是无偿的。如果得不偿失，是没有人会去妥协的，其中主要还是因为这种妥协能够得到更多的利益。人不会只图虚名，只有具备能在小处妥协、包容的心态，才能在大处取胜。

名气一响，生意就会热闹

整合需要的是资源、是人气，没有这些东西，再有能力的人也无计可施。做生意做重要的就是要把名气打响，当大家都知道你的产品后，便会纷纷找上门来。名气一做大,财富自然而然就会涌来。

现如今,很多企业都把广告作为打响自己品牌名气的一大利器,他们制作出精心别致、风趣幽默的广告,目的就是让顾客先爱上广告,然后再通过广告效应,扩大名气。很多人会对这则广告留有深刻的印象:

一个年轻的女孩着一袭黑裙心事重重走在街上,广告画面上给出了女孩略显孤独和寂寞的背影。女孩在经过路边的首饰店橱窗时,忍不住停下来观望。

橱窗里摆放有一顶漂亮的白色礼帽。女孩看到自己的身影映在橱窗玻璃上,踮踮脚,礼帽刚好戴在橱窗上的身影上。于是女孩开始情不自禁地站在橱窗前利用橱窗玻璃的反映认真地比画起来。另外,橱窗里展示的还有一条美丽项链,女孩"试完"礼帽后就开始旁若无人地"试戴"这条项链。

首饰店里的人员看到女孩试戴的样子,发出会心的微笑。这种微笑充满欣赏和善意。女孩也用微笑回应她们,并从口袋拿出一块巧克力,掰下一块放在嘴里,闭上眼睛尽情地享受,幸福美好的感觉似乎扑面而来。广告宣传语"德芙巧克力,此刻尽丝滑"的声音悠然飘来。

这是德芙巧克力的一则电视广告。广告的画面完全给人一种美的感受。这位女孩作为广告主角,不仅年轻漂亮,而且气质优雅。橱窗里的礼帽洁白无瑕,项链光彩夺目。女孩试戴这些商品,使整个广告画面富有美感,令人心旷神怡。

年轻的女孩是这则广告诉求的对象。诉求主题是:橱窗里的礼帽、项链也许价格太贵,我们也许承受不起,但我同样拥有梦想的权利,想象拥有它们的感觉;也许我们虽然暂时还不能去拥有梦想的东西,但内心并不缺失快乐的满足,一块巧克力就能满足内心小小的渴求。

广告中的女孩是我们身边很多人的化身,所以广告一经播出,立即引起巨大反响。这则广告在很多观众心中引起强烈共鸣,激发了观众对快乐和幸福生活的向往,让观众先爱上广告,再爱上德芙,使得德芙巧克力销量陡增。这则广告是当年最受欢迎的广告之一。

营销界流传这样一句话:"想推销商品而不做广告,犹如在黑暗中向情人递送秋波。"幽默的语言道出了激烈的市场竞争中广告的重要性。如果说营销是一个作战部队,那么广告就是先锋部队,一个营销战略的应用,关键在于广告的推广力度有多大,广告在整个营销中有不可替代的作用。

但是,随着广告的日益泛滥,要想引起消费者的注意,首先要使你的广告让消费者感觉耳目一新,甚至引起心理上的共鸣。在如今这个已经被广告包围的世界中,广告需要以不一样的风格引起关注。许多知名品牌都是依据这种策略获得了成功。

著名运动品牌阿迪达斯为运动经典系列（Adidas Original）发布广告。公司认为找一个拥有广泛知名度的代言人，固然可以让品牌变得更为大众所知，但是这样也会使品牌变得大众化，丧失了个性。因此公司决定寻找对大众来说相对比较陌生，但是却更具个性的广告模特。

Adidas Original classic&clean系列产品的色彩并不丰富，样式也非常简单。阿迪达斯找到一些有同样气质的人来表现，而且抓住了他们的神态和个人风格。虽然他们只是一些普通人，这则广告并没有邀请大牌明星参与，广告风格样式和画面都不奢华，但是这个系列的广告因其不拘传统的创意吸引了不少注意力，广告宣传获得了成功。

要想制作出让顾客喜爱的广告，离不开对广告受众心理的理解和把握。尤其在营销以消费者为中心，传播以受众为导向的今天，企业如果对广告受众的心理和影响广告受众心理的各种因素一无所知，将无法使其产品发挥应有的市场效应。所以，管理者在策划一个广告时，首先要根据受众心理来给广告主题定位。广告主题定位的实质内容是研究广告应该向受众"说什么"。管理者作为广告的发布者，应该分析其产品最能满足消费者需求的是哪方面，进一步分析这种产品还有其他的什么属性，消费者最关心的是什么，能够牵动受众心灵，找到广告心理诉求点，确定出能够产生最佳宣传效果的广告主题。

广告的目的是促进销售，从而扩大名气，即为企业的经济效益服务。不能促进经济效益提升的广告一定不是好广告。与之相对应的是，一条好的广告不仅能让顾客记住产品，也能与顾客心灵契合，产生某种共鸣。让顾客先爱上广告，再爱上企业的产品和服务，从而使企业获得品牌和经济效益双丰收。

"狐假虎威"能成事

在狐假虎威这个寓言故事里，狐狸正是借助了老虎的威风，才会大摇大摆地走在森林里，让路上所有的动物都望而生畏。从这个故事里我们知道，当自己的力量不足时，找一棵有力的大树做靠山是一种事半功倍的办法。人生路上充满艰辛坎坷，单枪匹马常常会显得势单力薄，应对考验就会时常生出有心无力的无奈，何况处于劣势的弱者。因此，善于发现并依靠一棵能够遮风避雨的"大树"，找到稳固的靠山，进可攻，退可守，实现目标也就容易得多。

李鸿章早年屡试不第，"书剑飘零旧酒徒"，他一度郁闷失意，然而幸运的他遇到了一棵大树——湘系首脑曾国藩，从此他的宦海生涯翻开了新的一页。

李鸿章拜访曾国藩，牵线搭桥的是其兄李瀚章，李瀚章是曾国藩的心腹，当时随曾国藩在安徽围剿太平军。有了这层关系，曾国藩把李鸿章留在幕府，"初掌书记，继司批稿奏稿"。李鸿章素有才气，善于握管行文，批阅公文、起草书牍、奏折甚为得体，深受曾国藩的赏识。

有一次曾国藩想要弹劾安徽巡抚翁同书，因为他在处理江北练首苗沛霖事件中决定不当，后来定远失守时又弃城逃跑，未尽封疆大吏守土之责。曾国藩愤而弹劾，让一个幕僚拟稿，总是拟不好，亲自拟稿还是拟不妥当，觉得无法说服皇帝。因为翁同书的父亲翁心存是皇帝的老师，弟弟是状元翁同龢。翁氏一家在皇帝面前正是圣眷正隆的时候，而且翁门弟子遍布朝野。

怎样措辞才能让皇帝下决心破除情面，依法严办，又能使朝中大臣无法利用皇帝对翁氏的好感来说情呢？

最后，李鸿章巧妙地为曾国藩解决了问题。奏稿写完后，不但文意极其周密，而且有一段刚正的警句，说："臣职分在，例应纠参，不敢因翁同书之门第鼎盛，瞻顾迁就。"这一写，不但皇帝无法徇情，朝中大臣也无法袒护了。曾国藩不禁击节赞赏，就此入奏，朝廷将翁同书革职，发配新疆。

通过这件事，曾国藩更觉李鸿章此才可用。不久，在曾国藩大力推荐下，李鸿章出任江苏巡抚等职，踏上了一条崭新的人生道路。

烈日当空，为自己找到一棵乘凉之树，可以避免很多不必要的烦恼与阻碍。当然，如果你本身天资过人，勤奋有加，那你可以不必依靠他人，靠自己的努力来获得成功。倘若你自认本领不强，同时也想减少挫折，那不妨找棵大树来作为支撑，即向"狐假虎威"里的狐狸学习，将老虎的势直接拿过来壮大自己。

第十二章

小成功靠个人，大成功靠团队

没有私"我"，只有"我们"

世界上很多看似毫无关联的事情，其实都是相互联系的，在一个团队或组织中，这种联系尤为明显。如果我们把自己和团队割裂开来，抱着"各人自扫门前雪，莫管他人瓦上霜"的狭隘心胸为人处世，必然会在这个竞争的社会被淘汰出局。

在信息化时代来临的今天，个人英雄主义高唱凯歌的时期已经一去不复返了，没有人能够不借助别人的力量而独自成功。我们只有通过合作，将自己融入团队，才能在竞争中取得优势。正如通用电器公司前 CEO 杰克·韦尔奇所说："在一个公司或一个办公室里，几乎没有一件工作是个人能独立完成的，大多数人只是在高度分工中担任部分工作。只有依靠部门中全体员工的互相合作、互补不足，工作才能顺利进行，我们才能成就一番事业。"

事实上，合作是一个资源共享、取长补短的过程。它让每个人都从"我"变成了"我们"，通过互助实现双赢，这就是合作产生的 $1+1>2$ 的倍增效果。

一天，两个饥饿的人遇到了一位长者，他们分别从长者手里接过一根鱼竿和一篓鲜活硕大的鱼后，就分道扬镳了。得到鱼的人原地用干柴搭起篝火煮起了鱼，他狼吞虎咽，还没有品出鲜鱼的肉香就把鱼吃完了，接着又把汤全部喝光，不久，他便饿死在空空的鱼篓旁。另一个人则继续忍饥挨饿，他提着渔竿一步步艰难地向海边走去。快要到达海边时，他也因为几天没吃东西奄奄一息，最后只能眼巴巴地带着无尽的遗憾撒手人寰。

后来，又有两个饥饿的人，他们同样得到了长者赐予的一根鱼竿和一篓鱼。只是，他们并没有像前两个人那样各奔东西，而是商定共同去寻找大海。他俩每次饿了都只煮一条鱼，经过一路遥远的跋涉，最终来到了海边。在这里，两人开始了以捕鱼为生的日子，几年后，他们都过上了幸福、安康的生活。

故事中，两个自私自利、各行其是的人最终都没有达成自己的目标，而后来两个相互合作的人，则产生了双赢的结果。可见，发扬团队精神的目的在于提高团队的工作业绩，使团队业绩由各部分组成大于各部分之和，通过合作铸就成功。

　　无论社会还是企业，每一个团队都是由无数个个体组成的整体，这个整体的每个人都应该具备"求同存异"的想法。"同"是指每个人的目标是一致的，"异"是指每个人的性格特点和工作风格不同，思维习惯存在差异。因此，当我们具有良好的协作精神，充分发挥团队成员之间优势互补的作用，那么它整合后产生的战斗力是惊人的，甚至是可怕的。

　　2006年1月29日，活塞队让"81分先生"科比率领的湖人队俯首称臣。其实，湖人队的球员实力个个都比活塞队强，尽管科比也在这场比赛中得分很高，但以团队精神著称的活塞队依靠团队合作，还是战胜了篮球巨星。活塞队球员汉密尔顿赛后表示："我们拥有五名球星，如果我们总让一个人投篮的话，他的场均分也不过只有30多分。但是，我们坚信自己最终追求的是什么，我们要的是总冠军。"想要拿总冠军的团队就不能有个人英雄主义思想，而必须树立团队合作精神。

　　与湖人队相似，很多企业也存在"个人英雄"的现象。它们往往将企业的发展系于老板或管理者个人身上，这不是企业的常青之道。纵观世界著名企业，麦当劳、肯德基、可口可乐、百事可乐、宝马、奔驰、大众等，它们的成功正是发挥了每个人的优势，形成强大的团队战斗力，才能做得更强、更久、更大。

　　佛教创始人释迦牟尼曾问他的弟子："一滴水怎样才能不干涸？"弟子们面面相觑，无人回答。释迦牟尼说："把它放到大海里去。"一个人再完美，也就是一滴水，一个优秀的团队才能形成大海。团队合作的成效，比单打独斗要强得多，大家朝同一方向努力，没有什么是不能完成的。企业管理专家阿瑟·卡维特·罗伯特斯就说过："优异的成绩都是通过一场相互配合的接力赛取得的，而不是一个简单的竞争过程。团队成员必须关注整个团队的利益，而不是自己的，要善于传出接力棒，而不是单枪匹马独自完成整场比赛。"

真正的决策来自众人的智慧

　　合作可以凝聚团队中每一个成员的力量，发挥团队的整体威力，从而使整体大于各部分之和产生1+1＞2的倍增效果。一个人的才能和力量总是有限的，唯有合作，才能最省时省力、最高效地完成一项复杂的工作。不过，不是所有的合作都能达到

1+1＞2 的效果。

法国一位工程师就设计了这样一个引人深思的拉绳试验。他把试验者分成一人组、二人组、三人组和八人组，并且要求各组用尽全力拉绳，同时用灵敏度很高的测力器分别测量其拉力。实验前，人们普遍认为，几个人拉同一根绳的合力等于每个人各拉一根绳的拉力之和，然而，结果却让人大吃一惊。

二人组的拉力只是单独拉绳时二人拉力总和的 95%；三人组的拉力只是单独拉绳时三人合力的 75%；八人组的拉力只是单独拉绳时八人拉力总和的 49%。很明显，"拉绳试验"出现了 1+1＜2 的情况，即有人没有竭尽全力。在集体合作的项目里，只有每个成员都最大限度地发挥自己的潜力，并在共同目标的基础上协调一致，才能发挥整体的威力，产生整体大于各部分之和的协同效应。

20 世纪 60 年代中期，日本经济飞速发展，一举成为世界经济大国，竞争力在世界名列前茅。为探求日本经济迅速提升的秘密，以美国为首的西方国家对日本企业展开了深入的研究。结果发现，如果让日本最优秀的员工与欧美最优秀的员工进行一比一的对抗赛，日本的员工多半甘拜下风；但如果以班组和部门为单位进行比赛，日本总是会占上风。

原来，欧美的企业是由少数人来主导的，工作由上级以命令的形式发布的。在个人主义盛行、鼓励个人奋斗的欧美社会，组织内经常会发生内耗，形不成 1+1＞2 的团队竞争力。而在日本的企业中，员工有着强烈的归属感，故而工作勤奋认真，将全身心都投入企业中，而企业则能充分发挥全体员工的智慧，注意调动每一位员工的能动性，培养协作精神，结成坚强的团队，从而产生了巨大的竞争力。

大雁是鸟类的一种，当人们从社会学的角度对大雁进行研究时发现，它们具有很强的团体意识。每只大雁都会在飞行中拍动翅膀，为跟随其后的同伴创造有利的上升气流。这种团队合作的成果，使雁群的飞行效率增加了 70%，而大雁以这种形式飞行，要比单独飞行多飞出 12% 的距离。

大雁的合作精神主要体现在这几个方面，首先，它们会共同"拍动翅膀"。

其次，所有的大雁都愿意接受团体的飞行队形，而且都在实际飞行中协助队形的建立，如果有一只大雁落在队形外面，它很快就会感觉自己越来越落后，由于害怕落单，它便会立即回到雁群的队伍中。

再次，大雁的领导工作是由群体共同分担的，虽然有一只比较大胆的大雁会负责整队，但是当这只带头雁疲倦时，便会自动后退到队伍之中，由另一只大雁接替"领导"的位置。

又次，位于队形后边的大雁会不断发出鸣叫，以给前方的伙伴打气鼓励。

最后，无论群体遭遇的情况是好是坏，同伴们总会相互帮忙。如果一只大雁生病或者被猎人击伤，雁群中就会有两只大雁脱离队形，靠近这只遇到困难的同伴，协助它降落在地面上，直到这只大雁能够重回群体，或是直至不幸死亡后，它们才会离开。

通过大雁的合作行为，我们能得到这样的启示，与拥有相同目标的伙伴同行，就能更快、更容易地到达目的地，集大家的智慧和力量就能比较容易地实现目标。在团队的实际管理中，我们决不能固执己见、独断专行，而应该学会与团队中的每一个人共享领导权，听取众人的智慧和意见。

一般来说，在企业内部规模相对比较简单的情况下，领导者单凭自己的经验和商业直觉可以替公司做出重大判断和决策。但是，随着公司规模的扩展，只靠一个人的智慧和经验来为公司未来的发展"掌舵"，这种独断专行的管理方法，是完全不适用的。在一个团队里，领导者应该善于倾听大家的意见，集思广益，并对其建议进行认真的分析和思考，取其精华，去其糟粕，最终得出符合公司发展前景的合理结论。

美国通用电器是世界上最大的电气设备制造企业，从一家曾经濒临破产的企业发展到至今业务遍及世界100多个国家的著名跨国企业，通用的秘诀，就是在员工之间实行了"毫无保留地发表意见"这一公司文化。提到自己在通用的工作经历，前公司CEO韦尔奇说："CEO的任务，应该对他手下的成长感到自豪。企业的副总应当对他的领域负起责任，而不是等CEO向他发号施令。如果所有的想法都来自CEO，CEO告诉每一个人如何做每一件事的话，这样的企业就很难长远发展。企业的成功需要集思广益，所有的人都要有激情。"

通过集思广益，员工的工作积极性大大提高，并同时带动了工作效率的提升。在互相讨论和交流的过程中，员工之间的信任感不断增加，创新思维也得到了充分发展。一部发动机的生产周期从30周缩短到仅仅需要4周。通过集中大家的意见，公司很快便找到了自身发展的方向和目标。

对此，杰克·韦尔奇的经验是："我在通用的时候，我们的销售达到1300多亿美元，我们制作发动机，制作电影，生产医疗设备，制造塑料产品，等等。大家想一想，在这么多的领域，如果让我来告诉大家怎么做发动机，怎么做塑料产品，怎么制作电影，做出来的肯定是特别糟糕的电影。所以，一定要调动所有人的积极性来促进新思想的出现和创造力的出现。"

分工协作，内化最大的优势

有一则寓言这样说：

一天，蚂蚁驻地遭到了蟒蛇的攻击和破坏。蚁王在卫士的护卫下来到宫殿外，只见一条巨蟒盘在峭壁上，正用又长又硬的尾巴用力地拍打峭壁上的蚂蚁，来不及躲闪的蚂蚁无一例外丢掉了性命。

正当蚁王一筹莫展、无计可施时，军师把所有在外劳作的数亿只蚂蚁召集起来，指挥蚂蚁立刻爬上周围的大树，并让它们抱成团从树上倾泻下来，砸在巨蟒身上，转眼之间，巨蟒已被蚂蚁完全裹住，变成了一条"黑蟒"。它不停地摆动身子，试图逃跑，但没过多久，它的动作就慢下来了，直到完全不能动弹。因为数亿只蚂蚁在撕咬它，使它浑身鲜血淋漓，蟒蛇最终因失血过多而死亡。

一条巨蟒，足够蚂蚁们一年的口粮了。蚁王命令蚂蚁们把巨蟒扛回宫殿，在军师的指挥下，数亿只蚂蚁一齐来扛巨蟒。它们毫不费力地把巨蟒扛起来了。然而，巨蟒却没有前移，虽然每一只蚂蚁都很卖力，但这数亿只蚂蚁的行动却不协调，它们前进的方向并不一致，有的蚂蚁向左走，有的蚂蚁向右走，有的向前走，有的则向后退，结果，表面上看到巨蟒的身体在挪动，实际上却只是原地"摆动"。

于是军师爬上大树，大声地对扛巨蟒的蚂蚁们说："大家记住，你们的目标是一致的，那就是把巨蟒扛回家。"统一了大家的目标，军师又找来全国嗓门儿最高的100只蚂蚁，让它们站成一排，整齐地挥动小旗，统一指挥前进的方向。

这一招立即见效，蚂蚁们很快将巨蟒拖成一条直线，蚂蚁们也站在一条直线上。然后，指挥者们让最前面的蚂蚁起步，后面的依次跟上，蚂蚁们迈着整齐的步伐前进，很快将巨蟒抬回了宫殿。

蚂蚁凭什么能够战胜凶猛强大的巨蟒，并将重量数百倍、数千倍，乃至数万倍于自己的巨蟒搬回家？它们靠的是团结和分工协作。因为每个个体都尽力朝一个方向努力，所以便产生了$1+1>2$的效果。我们很多人在工作中要么不团结，要么当滥竽充数的南郭先生，要么就是个人努力偏离团队方向，造成了$1+1<2$的低效忙碌。这个瓶颈必须克服才能将集体的力量发挥到最大，才能忙到实处，才能最大限度地节约自己的精力和资源。

一位老板曾这样抱怨说："我的思路已经到位，关键是下面的员工跟不上。总部制定了策略、计划，总是不能在分公司得到有效执行，分公司总认为总部的方案不好，叫他们自己出方案，他们又做不出来，即使做出来，也没有任何专业性，让你没办法批准。刚开始我以为是我们做计划的方式有问题，后来采取了参考下面计划的民主做法，还是不行。整个公司的效率非常低，真是头痛，基本上所有分公司都是这样。"

这位老板的苦恼反映了员工对待执行的普遍现象：一个任务布置下去之后，员工并没有真正地去执行，或者在执行的过程中并没有去解决真正要解决的问题，而是带着一大堆问题和抱怨。这样执行起来自然会大打折扣，结果"瞎忙"一通，什么问题也没有解决。

分工协作要求一个团队要有完整的执行体系。作为员工，对于执行，我们需要激情，一接到任务就想着怎么样去完成它，而不是去考虑这个任务的可行性，这才是企业最需要的员工。如果首先是充满怀疑，不管怀疑大小，团体的目标都是无法实现的。

在团队中树立有效标杆

榜样的力量无穷大，从榜样身上，我们能汲取到智慧和能量，找到前进的方向。因此，在一个团队里，利用榜样激励他人，无疑是一个有效的激励方法。一般来说，团队的领导者就是这个团队的标杆，他既要具备勇气、诚实、随和、不自私自利、可靠等个人品格特点，同时又要坚持道义的正确性，在重要事情上倾注大量的时间和精力，以身作则。

在第一次世界大战期间，麦克阿瑟将军的一位指挥官米诺赫尔说："我怕总有一天我们会失去他，因为在战况最危急的时候，士兵们会发现他就在他们身边。在每次前进的时候，他总是带着军帽，手拿着马鞭，和先头部队在一起。他是激励士气的最大资源，他这个师都忠于他。"这就难怪只有38岁，麦克阿瑟就升到准将。麦克阿瑟的精神是富有领袖气质的领导人的楷模。

榜样能给人巨大的影响，富有领袖气质的领导人都明白这个道理。美国前副总统林伯特·H.汉弗莱说："我们不应该一个人前进，而要吸引别人跟我们一起前进。这个试验人人都必须做。"这就是说，以身作则可以成为富有领袖气质的领导者的一股强大的力量。与你并肩前进的人总是比跟在你后面走的人更努力，也走得更远。诺贝尔和平奖获得者阿尔贝特·施韦泽说："在工作中榜样并不是什么主要的事情，但那是唯一的事情。"富有领袖气质的领导人认为，伟大的梦想并非单靠一位领导人就能独立实现的。

"领导"是一项群策群力的共同努力。领导楷模会赢得同人们的全力支持与协助。富有领袖气质的领导人一定能以身作则，透过能创造"进步"与"冲劲"的简单日常行动，先树立典范并带头实践，通过奉献热忱，以及以身作则的实践力来领导群雄。这样的领导人很清楚自己的领导原则，固守自己的信念。此外，他们有流利的口才，以阐述共同的价值观。光是这样还不够，行为、言辞更重要，而且要前后一致，一以贯之。这样，富有领袖气质的领导人真正成了下属的榜样。

春秋时期，齐、晋两国陈兵于谷。战争开始时，齐军势强，齐侯扬言要等消灭了晋军以后再回来吃早饭。此时，处于劣势的晋国军队的将领们（军队领导）认识到一旦主将退却，战争的失败是必然的。于是众将不顾受伤严重，互相勉励，同仇敌忾。

晋军将领郤克被箭所伤，鲜血直流到战靴，即便如此，他仍奋力擂战鼓不停。张侯被箭伤及肘部，鲜血染红了战车的车轮，他却忍受着极大的疼痛坚持着。郑丘缓坚决地表示一旦有危险，要推着战车往前冲，将领们就这样以准备牺牲的精神，在战斗中奋勇搏击，激励了全军的将士，使晋军最终取得了彻底胜利。最后，晋军兴高采烈地围绕着华柱山奔跑了三圈以示祝贺胜利。由于将领们的率先垂范，在战斗实践中自我激励，顽强坚持，感召了全体战士，使晋军在处于劣势的情况下大获全胜。

"以人为镜，可以明得失"，榜样既是镜子也是旗帜，它能使我们从中看到自己的不足，加以改进，也能为我们树立一个目标，让我们在前进的道路上变得更有锐气和信心。

不遗余力做一名"好听众"

美国演讲大师戴尔·卡耐基曾经讲过这样一个故事：有一次，他在纽约出版商格利伯的宴会上遇见一位著名植物学家。卡耐基从未和这位植物学家谈过话，只是觉得他很有人格魅力。整场宴会里，卡耐基都只是坐在椅子上，静静地倾听他讲那些枯燥的植物学知识。当植物学家听说卡耐基有一个小型室内花园时，他还非常殷勤地告诉卡耐基如何管理花圃，让花草长得更旺盛。

宴会上有十几位客人，唯有卡耐基和植物学家谈了数小时之久。后来，植物学家跟宴会的主人说，卡耐基是一个"最会交流的人""最富有趣味的谈话家"。事实上，卡耐基从头至尾不过是点点头，几乎没有说什么话，但对植物学家来说，能耐心地倾听自己说话，就是一种最高的尊重和恭维。

通过倾听他人，我们可以获得大量的信息，深入了解对方的需求，准确把握事实的真相，洞察对方的真实意图。希腊先哲说："上天赐予我们一个舌头、两只耳朵，就是希望我们从别人那里听到的话，是我们说出去的两倍。"这句话就是要求我们应该学会多听少说，因为倾听是沟通的基础。

然而，我们中的大多数人不善于倾听，或者说没有耐心倾听别人的意见。他们只想着自己的目标，花很多时间去考虑如何对和他们讲话的人做出反应，如何在交谈中胜对手一筹。

王明是某集团的主管，每次开完会，他都会说："有任何问题和疑虑吗？"不等三分钟，他立马接着说："好，我希望所有人都能按照我们的目标，用最大的激情投入工作。"其实，王明这样的行为会让所有员工认为，他不会在乎自己说什么，与其让自己的意见成为领导的耳旁风，还不如什么都不说，以免尴尬。这种情况导致的结局是，大家工作的热情度大打折扣，因为大家找不到一种参与感。

在团队中，倾听是最直接、有效和常见的沟通途径。认真倾听每个人的想法，我们就能理解他人的观点，消除彼此间观点中存在的分歧，从而建立信任，增强团队凝聚力。杰出的领导者都是一名"好听众"，他们会在与别人的交谈中了解实情，探究可能发生的事情。阐明自己的观点能帮我们找到解决问题的新方法。可见，与别人交流看法和提高生产力之间的联系是显而易见的。

倾听是为了发现问题，从而解决问题，提高工作质量。长期的工作使员工们或多或少积累一些不满的情绪，如果他们能通过一个渠道发泄出来，就能感到心情畅快，提高工作积极性。

然而，学会倾听不是一朝一夕就能完成的，它是每日必不可少的"功课"，需要长时间的锻炼和学习。当我们倾听他人时，首先应该保持良好的精神状态，这样，对方才会觉得自己是被重视和在意的，才会畅所欲言表达自己的意见。其次，倾听时，我们可以适当地运用一些面部表情和肢体语言，如微笑、点头等，表示你很在意对方表达的意见，让他觉得自己的话是有价值的，使他受到鼓舞。倾听时，我们也可以适时地提出自己的疑问或见解，便于交谈双方及时沟通。

当然，倾听不代表一味地"认同"。倾听过程中，我们应该站在对方的角度，设身处地去理解问题，并且将自己的观点传达给对方，这样才能建立一个彼此信任的环境，从而达成最终的共识和目标。

沟通中，我们多少都会遇到意见分歧的时候，这时，我们不应该与他人争论，试图把自己的观点强加给对方，而应该学会接纳不同的声音，做到求同存异。正如美国伟大的科学家、政治家富兰克林所说："你与人争执、辩驳、冲突，有时候会赢，但那是一个空洞的胜利，因为你不可能赢得对方的好感。"交流时保持适当的沉默，不贸然打断对方的话，也是一种有效的表达。

一个善于倾听的人，除了要善于接纳别人的意见外，还应该选择性地保留自己的观点，并在合适的时机提出来。当我们养成主动倾听的习惯，慢慢地你就会发现，原来倾听并非难事。它是帮我们建立起团队凝聚力和信任感，消除大家的猜测与误解，提高团队战斗力的有力"武器"。

学会欣赏，让每个人感到被重视

人们喜欢被取悦，而不是被激怒；喜欢听到褒奖，而不是被对方恶言攻击；乐意被喜爱，而不是被憎恨。因此，仔细观察，我们就能投其所好，避其所恶。许多事业上卓有成就的人成功的原因是他懂得驭人之术。而其中最重要的一点，也即最有效的一点就是：让别人感到自己很重要。因为每个人都想获得来自他人的尊重，得到别人的重视。那么，你就不妨满足他这个需要。

卡耐基在纽约的一家邮局寄信，发现那位管挂号信的职员对自己的工作很不耐烦。于是他暗暗地对自己说："卡耐基，你要使这位仁兄高兴起来，要他马上喜欢你。"同时，他又提醒自己：要他马上喜欢我，必须说些关于他的好听的话。而他，有什么值得我欣赏的呢？非常幸运，他很快就找到了。

轮到他称卡耐基的信件时，卡耐基看着他，很诚恳地对他说："你的头发太漂亮了。"

他抬起头来，有点儿惊讶，脸上露出无法掩饰的微笑。他谦虚地说："哪里，不如从前了。"卡耐基对他说："这是真的，简直像是年轻人的头发一样！"他高兴极了。于是，他们愉快地谈了起来。当卡耐基离开时，他对卡耐基说的最后一句话是："许多人都问我究竟用了什么秘方，其实它是天生的。"卡耐基想：这位朋友当天走起路来一定飘飘欲仙，晚上他一定会跟太太详细地叙说这件事，同时还会对着镜子仔细端详一番。

罗斯福也是一位懂得使别人感到自己很重要的人。只要是去过牡蛎湾拜访过罗斯福的人，无不为他那博大精深的学识所折服。不管对方从事多么重要或卑微的工作，也不管对方有着怎样显赫或低下的地位，罗斯福和他们的谈话总能进行得非常顺利。

也许你会感到十分地疑惑，其实不难理解，每当他要接见某人时，他都会利用前一天晚上的时间仔细研读对方的个人资料，以充分了解对方的兴趣所在，从而投其所好。

贵为总统尚且如此，凡人为何不肯承认别人的重要？所以，要使别人喜欢你，原则上是要拿对方感兴趣之事当话题，让他感觉到自己的重要。在满足别人的重要感之后，很多事情都迎刃而解了。

那在什么时候才能让对方感受到他的重要？答案是：随时随地都可以。

譬如，你在饭店点的是鱼香肉丝，可是，服务员端来的是回锅肉，你就说："太麻烦您了，我点的是鱼香肉丝。"她一定会这么回答："不，不麻烦。"而且会愉快地把你点的菜端来，因为你已经表现出了对她的尊敬和重视。

一些客气的话实际上就表达了你对别人的重视，"谢谢你""请问""麻烦你"，诸如此类的细微礼貌，可以很容易就让对方感到自己被尊重、被重视。

用真诚的心去感激别人，就会拉近心与心的距离，形成一个良好的人际关系。在通常情况下，人们内心所想的东西，即使不用嘴说出来，不用笔写出来，也会被对方觉察体会出来。假如你对对方有厌恶之情，尽管你没有说出来，但是由于你这种心理的支配，你多少会露出一些"蛛丝马迹"，被对方捕捉住，或被对方体察出来，不久，他对你也会产生坏印象的。这跟照镜子是一样的道理，你对它皱眉头它也对你皱眉头，你对它露出笑脸，它也还你一张同样的笑脸。同样的，如果我们怀着一颗真诚的心去感激对方，对方也会同样从内心感激你，用心回报你。

要做到学会欣赏和尊重他人，我们可以遵从以下几点提示。

1. 称赞对方希望被称赞的事物

人类都有优秀的部分，以及希望被他人认定为优秀的部分。若优秀的部分被他人赞赏，着实能让人高兴，但是，若称赞对方希望被称赞的部分，必然能更令对方高兴。

2. 偶尔的佯装实属必要

这样做并非教我们使用卑鄙谄媚的手段去称颂他人。我们当然不必连对方的缺点、坏事都加以称赞，也不应该称赞。不过，如果不能对对方的缺点及肤浅幼稚的虚荣心佯装不知，那么我们又如何能与对方维持好关系呢？

3. 背地里称赞最令人高兴

为了使对方高兴，我们可以在褒奖上略施技巧，那就是在背地里夸赞对方。当然，如果只是在背地里称赞对方而他却一无所知，那就不能得到最好的称赞效果。

我们应该想办法将自己的夸赞通过巧妙的方式准确地传达到对方的耳朵里。慎选传达讯息的人最重要，我们挑选的人最好是通过传递这一讯息也能获益的人。如果选准了这样的人，那么他不仅会准确地传达我们的讯息，而且有可能锦上添花，更增效果。

在一个团队里，我们只有学会欣赏对方、赞美对方，才能获得一个和谐、融洽的工作环境，每个人才能全身心地积极投入到工作当中，发挥团队的威力，提高工作效率。

敢于放权，让权力互相制衡

一个人纵然全身是铁，也打不了几颗铁钉。无论生活还是工作，我们需要处理的事情太多，如果将时间平均分配给每一件事情，那么很可能什么事情都做不好。其实，并不是每件事都要亲自去做才能达到我们心中的目标，学会区分必须做的事和应该做的事，学会放权和委托别人，做事才会更高效。

每个人的精力都是有限的，做事首先要考虑自己的职责范围，该我们做的事要努力去做，不该我们做的事就不要管。如果你是领导，就要善于授权，下属有权处理而且有能力处理好的事，一律交给下属去办，你只负责听取他们处理结果的汇报。

《孙子兵法·九变篇》中说："凡用兵之法，将受命于君，合军聚众……途有所不由，军有所不击，城有所不攻，地有所不争，君命有所不受。"意思就是指，将领率兵作战时，有决定和处置的权力，并非一切都要请示国君。君主放权给将士，并赋予其灵活应变的处决权，能够保证将士在危急关头赢得战机。

"将在外，君令有所不受"的观念与西方"权变管理"的理念是相通的。权变管理的核心思想是"没有绝对最好的东西，一切随条件而定"，世界上没有一种管理方法是放之四海而皆准的，管理者要做的是依据具体情况采取具体措施。

聪明的老板一定要敢于放权——既然将权力下放给了员工，就要对员工充分信任，让员工在其职权范围之内，拥有足够的自主权,这样才能充分发挥其主观能动性。美国通用电气公司总裁杰克·韦尔奇把放权看作管理者的必修之课。杰克·韦尔奇的放权之道是："你必须松手放开他们。"他认为，掐着员工的脖子是无法将工作热情和自信注入他们心中的。你必须松手放开他们，给他们赢得胜利的机会，让他们从自己所扮演的角色中获得自信。当一个员工知道自己想要什么的时候，没有任何人能够挡住他前进的道路。

尽量少做闲事，只做必须做的事，是所有高效人士的习惯。生活、工作中最重要的是要懂得，什么事情是可做可不做的，什么是必须做的。必须做的要放到前面，可做可不做的事情就不要去做。

事必躬亲者花 1 小时可产生 1 单位的成果，而适当放权，只抓大事、要事者，每投入 1 小时便可产生 10 倍、50 倍，甚至 100 倍的成果。成功的前提是做事要有卓越的思想和计划，不应把自己的宝贵精力耗费在琐碎的小事上。一个成功者是一个制造机器的人，而不是将自己视为机器的一部分。

根据美的集团前任董事长何享健的观点，一个企业希望有效地实施放权，就要先找到放任与信任之间的险要地带。早在 1996 年，何享健就开始投入信息系统的建设，这个信息系统为美的提供了一个数字化系统，能实时地反映出组织的运行状态，发现隐患，以便及时调整和控制。

但是，何享健并不完全依赖信息系统，他自己还有另一个多年经营养成的习惯，就是定期到国内国外的市场去考察。虽然不直接插手一线的经营，但如果在市场考察时发现一些异常信息，他回来就会安排相关高层领导一起研讨，布置课题，寻找答案。

这说明，在美的放权制度中，最核心、最重要的决策还是留在集团总部，因此，何享健需要总部始终保持头脑清醒。随着美的业务规模的不断扩大，事业部总经理手里的资金审批权也不断放开，但是，在一些不属于事业部权限的方面，再小他也不能擅自决定。

比如，美的的投资由集团统一管理，事业部的任何重大投资项目都要向集团申报。同时，美的的战略决策也分三个层面：集团负责最高层的集团战略，比如，美的未来 5 ~ 10 年的业务发展方向，是否专注于做家电，还是去发展其他的产业等；二级平台负责企业战略，在产业层面如何竞争，比如，制冷集团会考虑如何在未来提高冰洗产品的竞争力；三级单位负责竞争战略，例如具体产品的竞争策略、市场定价等。

何享健一直保持"兼听则明"的态度，既充分放权，又让权力之间相互制衡。唐太宗曾问大臣魏徵："君主怎样叫明，怎样叫暗？"魏徵答："兼听则明，偏信则暗。"何享健认为，企业管理也要做到"兼听则明，偏信则暗"。管理者既要当教练，又要做裁判。既要充分放权，给年轻人施展才华的舞台，又要"兼听则明"，对各项议题进行判断。所以，放权是有约束地放，不是放任自流，否则将适得其反，只会前功尽弃。

合理授权，把目标交给每一个人

领导者在给下属分配任务的同时，应当授予充分的职权，让他们在一定限度内能够自由地处理事务，让他们在擅长的领域发挥自己的特长。

1981年，杰克·韦尔奇出任通用电气公司总裁。当时，美国管理界普遍存在着这样一种共识：领导者的工作不是监督下属认真工作，就是到处举办公司会议，在低层和高层管理者之间建立信息通道，以确认公司的各个部门和环节运行正常。

杰克·韦尔奇对这种观念深恶痛绝，上任伊始，他就开始驳斥这种传统的认识。他认为，采取这种方式的领导者都是些官僚管理者，思想陈旧、传统。过多的管理只会导致懈怠、拖拉的官僚习气，会把一家朝气蓬勃的公司弄得死气沉沉。而对于这样因循守旧的做法，杰克·韦尔奇历来都是采取抵制的态度。

通用电气公司是一家多元化公司，拥有众多的事业部，员工成千上万。如何有效地管理这些员工，使他们的生产效率最大限度地提高，是杰克·韦尔奇一直苦苦思索的问题。经过实践，他总结出"管理越少，公司情况越好"这样一个在他看来最正确，而且一定会有效果的结论。因此，他坚持用这种思想来管理通用公司。通用电气用持续增长的业绩证明，他的这种思想是正确的、伟大的。

但是，并不是每一个企业管理者都能够像韦尔奇那样具有管理智慧。现实生活中很多公司常发生下列状况：当搬到一间新的大楼时，公司为了安全起见，要求每个人佩戴公司的标志，然后在下达的任务通知书中详细而又冗长地讲述一大堆规定。这些公司似乎相信只要立下各种规范和条例，就可使最笨的人也不犯错，同时使所有人都有所遵循。但在员工看来，公司似乎把他们当成低能儿或准囚犯，任何员工在这些规定面前都会生出厌烦情绪，从而把这些规定抛之脑后。

比尔·盖茨从来不这样做，他非常愿意给予员工充分的空间，发挥他们的最大作用和潜能。他管理的一个独到之处是合理授权，他说："我采取的领导方式就是：放任，不用任何规章去束缚员工，让他们在无拘无束的信任氛围中，发挥每个人的创意和潜能。"他喜欢把复杂的事情简单化，因为他相信自己的员工都很聪明，他很信任员工，让员工自行决策，如果有员工不守法，他会单独针对这个员工作出处理，而不是对所有员工都求全责备。

比尔·盖茨的做法与微软特殊的历史、文化有关。早期的微软主要由软件开发人员组成，强调独立性和思想性，因此，微软的特点是"赋予每个人最大的发展机会"。微软在人才引进时标准很高，因此微软员工素质都非常高，员工在自主状态下彼此激发，使得整个团体的表现都极其出色。微软的员工有权对他们进行的工作做任何决定，因此他们的决策和行动非常迅速，工作非常有效率。信任员工，让他们放手去做，这也是微软始终保持成功的原因之一。

由此可见，信任你的员工并合理授权，企业的业绩才会蒸蒸日上。这也是管理者的一种高情商智慧，即敢于信任你的部属，真正做到"疑人不用，用人不疑"。如果你想你的下属能拼尽全力地去完成你交代的任务，那么就请把你的猜疑之心收起来。

海生公司隶属于一家民营集团公司。由于集团公司业务经营规模的扩大，从2002年开始，集团公司老板决定把海生公司交给新聘请的总经理和他的经营管理层全权负责。授权过后，公司老板很少过问海生企业的日常经营事务。但是，集团公司老板既没有对经营管理层的经营目标作任何明确要求，也没有要求企业的经营管理层定期向集团公司汇报经营情况，只是非正式承诺，假如企业赢利了将给企业的经营管理层一些奖励，但是具体的奖励金额和奖励办法并没有确定下来。

这是一种典型的"撒手授权"。这种授权必然引发企业运营混乱。海生企业由于没有制定完善的规章制度，企业总经理全权负责采购、生产、销售、财务。经过两年的经营，到2004年底，集团公司老板发现，由于没有具体的监督监控制度，海生企业的生产管理一片混乱，账务不清，在生产中经常出现次品率过高、用错料、员工生产纪律松散等现象，甚至在采购中出现一些业务员私拿回扣、加工费不入账、收取外企业委托等问题。

同时，因为财务混乱，老板和企业经营管理层之间对企业是否赢利也纠缠不清，老板认为这两年公司投入了几千万元，但是没有得到回报，所以属于企业经营管理不善，不能给予奖励。而企业经营管理层则认为老板失信于自己，因为这两年企业已经减亏增赢了。他们认为老板应该履行当初的承诺，兑现奖励。双方一度为奖金问题暗中较劲。

面对企业管理中存在的诸多问题，老板决定将企业的经营管理权全部收回，重新由自己来负责企业的经营管理。然而结果却是，企业原有的经营管理层认为自己的付出付之东流，没有回报，工作激情受挫，工作情绪陷入低谷。另外，他们觉得老板收回经营权是对自己的不信任和不尊重，内心顿生负面情绪。有的人甚至利用自己培养的亲信，在员工中有意散布一些对企业不利的消息，使得企业有如一盘散沙，经营陷入困境。

真正的授权是指"放手但不放弃，支持但不放纵，指导但不干预"。监督监控其实是对授权的度的平衡与把握，在给予足够权力的基础上，强调责任，将监督、监控做到位，授权的效果才会实现最大化。

千斤重担人人挑，个个头上有指标

著名企业家李践提出，企业要给每个员工配一把"砍刀"。根据他的理解，企业要节约成本，管理者手中不仅要有"刀"，员工也应该手中有"刀"，这样才能真正为企业"砍"掉成本，创造利润。

在这里，员工身上的"砍刀"就是他们头上的"指标"，要求每个人配把"刀"，是因为没有企业家敢保证，企业里的每一位员工都能为自己创造价值，每个人都在工作时间做他们自己的工作。

美国人力资源协会做过一个统计，在一个三人组成的团队里，只有一个人能创造价值，有一个人不创造任何价值，而另外一个人则是创造负价值。这就是说，在这三个员工里，有两个都是没用的。正如我国的那句老话："一个和尚挑水吃，两个和尚抬水吃，三个和尚没水吃。"

有一个故事是这样的，一辆车上坡，前面有三个人同时拉车，但是怎么也拉不上来，为什么呢？车上的东西其实并不多。原来，在这三个人同时拉车的时候，中间的人是使劲往前拉，左边的人是使劲往左边拉，而右边的人则使劲往右边拉。这就让他们的合作不但没有发挥出应有的效果，反而阻碍了前进的道路。

让我们来算这样一笔账，假如一个员工的工资是1000元，我们可以把这1000元看作这名员工的成本。然而，员工拿到的工资是1000元，而企业实际付给员工的钱是多少呢？有的管理者说，加上保险、养老金什么的也就是2000元左右，其实错了，据美国人力资源协会统计的数字，企业要为一个员工支付5000元。因为从员工进入企业，他就要进行培训、考核、管理，等等，要对他进行多方面的消耗，因此，一个员工的成本根本就不只是他工资收入的那一小部分，当员工加入企业这个团队以后，为他支出的各种成本就接踵而来。

另外，企业还有一个为员工支付的最大风险成本，就是三个员工里面只有一个员工是创造价值的，两外两个员工没有创造价值。如果员工不断地给企业创造负价值，那么，企业就会不断地亏损，最终导致企业的商业损失、品牌损失、客户流失等问题，这些风险都是企业需要注意的。

但是，企业不能盲目"砍"员工，不能看见哪个员工不顺眼就"砍掉"，看见哪个员工碍事就"砍掉",企业"砍人"应该让员工心服口服,这样,留下来的员工才能稳定工作。成功的大企业通常在人力资源上的原则是:人人头上有指标,千斤重担众人挑。聪明的领导者会在每个员工的头上悬一把"刀",只要员工有所懈怠,不需要领导拿刀亲自"砍",员工头上的"刀"就会自动将员工"砍掉"。

企业除了在每个员工的头上悬一把"刀"外,也要懂得给每个员工配一把"砍刀"。当员工的收入增多后,企业的亏损加剧,但这时员工就只会关心销售,关系自己的收入,不关心企业的经营成本,这就说明企业的管理是存在问题的。

对于销售团队的管理,大多数企业都是用收入乘以百分比,然后等于他的佣金。但是你想过没,收入是什么?这个收入只能证明企业有多少资金进来,却不能证明企业的利润有多少。所以就会发生这样的现象:员工会得到收入,但是对于企业来说,却是在亏损。因为员工的收入不是按成本来算的,是按收入算的,这样,企业都忽略了成本的管理,更别指望员工会在乎企业的成本。日积月累,就导致了员工只关心销售和自己的收入,花大价钱请客户,随便利用企业的资源,将企业的财务当作免费资源,因而肆意挥霍。

因此,很多企业采取了更为高明的策略来计算员工的工资,他们不再用收入来计算员工的工资,而改为用毛利润计算。这个毛利润就是收入减去成本后的利润,然后用毛利润乘以员工的提成比例,最后算出员工的工资。这样一个细小的变化,却可以为企业节省巨额的浪费和不必要开销。

通过这种工资计算方法,使得员工开始关心企业的成本,由于受到利益的驱动,员工都自发地为企业节省成本,也就是我们常说的"节省成本,人人有责"。以前企业是用收入给员工计算工资,这就使企业不得不经常降低价格。但是以利润计算工资后,单件产品价格的提高就成了影响员工工资高低的重要因素。

第十三章

小成绩凭智，大整合靠德

赢得所有人的信赖，是最有力量的整合

诚信是一个人立身处世的根本，它体现了对人的尊敬，更重要的是它是维系这个世界运行的最基本的规则之一。在与人交往的过程中，如果你想让对方信服，最好的办法是以诚信打动他，而非以武力征服他。

古语有云："德为人所得，亦为万物各得其所欲。"德是一种觉悟，是一种理念，也是一种境界。你要积极从事光彩的事业，以义制利，通过高尚的修养，以人人尊敬、人人信赖的仁爱和信义去取得广泛的支持和宏大的业绩，这样的业绩才会江山不倒，基业常青。

俗话说："一分恭敬，一分功德。"凡成就大事者，必有高尚的道德修养。开平市政协常委、励精企业有限公司董事长周杰男的创业之路颇具传奇。他23岁到香港成为一名服装学徒工，40岁出头就在香港服装界被尊称为"爷"。周杰男的创业之路印证了这句话："小胜靠智，大胜靠德。"

1940年，周杰男出生于开平市百合镇茅溪村委会福星里的一个华侨家庭，他的祖父辈在香港谋生。1963年，23岁的周杰男前往香港，进入一家毛织厂当学徒工。他天生聪颖，而且虚心学习，别人一个月才掌握的技术，他仅用十多天就能学会，连老板都对他刮目相看，悉心将织毛衣的技术传授给他。很快，周杰男学会了编织毛衣的一系列技术。

同年年底，周杰男征得老板的同意，用平时节衣缩食积攒下来的500元港币购买了自己的第一台织衣机，在家里替老板加工毛衣，当他又积攒到500元港币时，买了第二台织衣机……5年里，周杰男拥有了30多台织衣机，并换了一个大的工作间，有了自己的工厂。1975年，他通过借贷和分期付款的方式，从西德购进了10台先进的电脑织衣机，大大提高了市场竞争能力。此后，周杰男又通过合作和独资等方式,创办了多家大型公司,在加拿大、意大利等地拓展海外业务,并形成多元化发展,将自己的事业带入国际化的发展轨道。

凭着智慧、勤奋和进取心,周杰男的事业像滚雪球一样越滚越大,他也由一个初出道的毛织学徒,成长为大企业的负责人。

当谈到自己的处世哲学时,周杰男这样回答:勤恳、忠诚、与人为善。他在生意场上的诚信使他赢得了客户的绝对信任,为他带来了不少生意。

1983年,美国某大型百货公司向周杰男的公司订购了一批价值六七十万美元的毛纺品。产品生产出来后,美国客商非常满意,然而周杰男检验出那批货还有细微的质量问题,立即停止发货。这一举动令客商非常惊讶,因为他们正等着货品出售。周杰男主动向他保证,一个月内重新做出一批品质优良的货品,不会耽误发货时间。最后,周杰男在承诺时限内重新赶制了一批质量过硬的毛纺品,该客商非常满意。从此,该客商每年都跟周杰男做一亿港元以上的生意,直到他退休,两人仍以好朋友的身份每年见面。这件事令周杰男在香港商界的威望大增,尽管当时他才40岁出头,但行内人士都尊称他为"爷",因为他忠诚守信,光明磊落,说话算话。

人们从内心里喜欢说话算话的人,因为他们讲信用,说到做到。诚信是我们在社会上赖以生存的基础,一个不讲诚信的人,是不会被他人所认可的。所以,诚信是我们人生当中一笔无形的财富,一个坚持诚信为本的人,必能在事业上获得无限助力。

人因信而立,做人应诚信对人,诚信对己。信是一轮万众瞩目的圆月,唯有与莽莽苍穹对视,才能沉淀出对待生命的真正态度;信是高山之巅的纯净水源,能够洗尽铅华,洗尽躁动,洗尽虚伪,留下启悟心灵的真谛。

大胜靠德,业绩与德行的修养成正比。我们想在事业上取得更大的成功,就一定要注重自己的道德修养。德是一种境界,是一种追求,也是一种力量,一种震慑邪恶、净化环境、吸引财富的力量,道德的力量可以使人事业顺利,无往而不胜。

遇事可以不信,但不必排斥

俗话说:"宰相肚里能撑船。"这指的是,求才不易,容才更难。领导者应当有容才的胸怀、气魄和度量,应当容下各种人才,做到大度能容难容之士,海量能纳难纳之言。领导者在容人方面应该做到以下几点。

第一，能容忍曾经反对过自己的人。大凡有作为的领导者，对于曾经反对过自己的人，都是不记小仇而重视其才能的。

第二，容有缺点的人。领导者要有容人之量，必须能容有缺点的人才。因为人才虽有其长，也必有其短，而且常是优点越突出，缺点也越明显。比如有的人恃才自傲，有的人不拘小节，有的人不注重人际关系，有的人有奇习怪癖，因此，领导者对人才要用其所长，就应该在许多方面容忍他的缺点。

第三，能容不同意见者。作为团队的领军人物，要善于分析自己的不足，善于接纳他人的智慧。因为作为领导者，必须知道，一个人的智慧是有限的，而只有能容不同的意见者，才能做到认识全面、理解全面，也就是通常所说的"兼听则明，偏听则暗"，要善于倾听持不同意见者的声音。

洛克菲勒曾在评价自己的班底时得意扬扬地说："我的班子由两种人组成，一种是有才干的朋友，另一种是有才干的敌人，敌人是过去的，而今天已经是朋友了。他们绝非乌合之众，庸碌之辈，他们全能独当一面。我无须面面俱到，我要做的只是统管全局，确定战略，他们每个人都是天才。我想，这就是美孚公司获得成功的原因。"这同样也是洛克菲勒家族获得成功的原则。

第四，敢容超过自己者。事业的发展，不是武大郎开店，找比自己更低的人。一个企业要发展，就应该招到贤良之才，作为一个成功的领导者，就应敢容超过自己者。有的人对比自己弱的人还能奖掖，对和自己旗鼓相当，甚至可能超过自己的人就不敢奖掖，生怕动摇了自己的权威宝座。欧阳修明明知道苏轼将会超过自己，却大力奖掖，心甘情愿地"让他出人头地"，这种容才之量令人肃然起敬。

容人必须信人，容而不信，就成了"虚容"，是一种虚伪的权术，最终必为他人所识破。而一旦识破，必然会人心离散，甚至众叛亲离。而如果能做到宽容而又信任，则情况就会大不一样。因为，信任可以产生一系列重要的心理效应。它可以增强人的安全感，增强自信心，产生期待感，满足人的心理需要，强化下属的主动性和创造性。

不管从事什么行业，创造一种使下属最有效工作的环境是非常有必要的，如果你在管理中损害他们的自由和自发感，而只让他们关心细节，那是不够的，你必须彻底理解他们，给予他们自己需要的东西，才能使他们做出更大的贡献。

观察一下那些离开你的公司而在别的企业里获得成功的人，你会觉得很可能他们离开并不只是因为报酬太低，他们需要的是发扬自己风格的机会，他们需要认同、信任、尊重和赞赏，一个企业的领导人如果这样做了，十有八九他们就不会离开了。

作为领导者，在利益、思想、方法方面，难免会与下属发生这样或那样的矛盾或冲突，其原因也是多种多样，不一而足的。

作为一名领导，如何处理好与下属的关系，让他们成为自己事业、工作上的好助手，而不是绊脚石，需要掌握一定的方法和原则。

最重要的是学会团结下属，在前进的道路上同舟共济，一条心去克服所遇到的困难。如果忽视团结的重要，不去努力建立好与下属的各种关系，不注意下属对你自身发展的影响，你很可能会吃苦果，你的下属也会炒你的鱿鱼。

作为一名领导，下属对你的议论会通过各种各样的途径传到你的耳朵里，你当然不喜欢这些议论，认为这是对你的贬低，甚至是诋毁。但若想要让你的下属少说一些你的坏话，你就需要从自身做起。

有一些下属的心胸比较狭窄，遇事总爱斤斤计较，嘀嘀咕咕。你只要一冒犯他，他立刻就会对你心存不满。你的行为如果让他受点气，他也会记在心头，三天三夜睡不好觉。对于这种人，我们要学会忍让，尽量不去触犯他。在分配工作任务时，不要面对面直接分配给他，最好集体一块儿分配，让他明白分配任务的公平性、合理性，使他的心理能得以平衡，不会因为任务的轻重不一而生出意见来。

但是，一旦下属的行为确实触犯了部门的利益，你就要按原则办事，和他诚恳地讲清道理，说明缘由，该怎么处理就怎么处理，千万不能姑息迁就。

当然，下属可能会大为不满，心存怨恨。这就需要你去做细致深入的说服安慰工作。如果他一味地不讲道理，不给你面子，你可以客气地停止对他的劝说工作，把精力转移到自己的工作上，不去理他。部门的发展是首要的，切不可让一条鱼腥了整锅的汤。

笑着听反对的声音

无论是在工作中还是在生活中，如果有人责骂你，你的心中一定会觉得不舒服，甚至会怨恨对方。其实，责骂并不是我们想象中那样总是带给我们伤痛，相反，它也可以如同一首赞美诗，带给我们愉悦的心情，也能给予我们更多。其实，大多数人对我们的责骂同时也带着对我们的期望。

如果没有一番内心上的刺激，我们往往会变得懈怠，容易随波逐流。只有在经受了心灵上的打击之后，我们才会奋起直追，超越原来的自己。

约翰做服务生的时候，经常被老板毛利先生责骂，开始他心里很不舒服，常常

第十三章
小成绩凭智，大整合靠德

会暗地里抱怨，可是时间长了，他发现自己每次挨了责骂后都会得到一些启示，学会一些事情。后来，每次遇见毛利先生，约翰不会像其他怕麻烦的服务生一样逃之夭夭，他把握机会，立刻趋身向前，向毛利先生打招呼："早安！请问我有什么地方需要改进？"这时，毛利先生便会给他指出许多需要注意的地方。约翰在聆听后，马上遵照他的指示改正缺点。

约翰就这样每天主动又虚心地向毛利请教，一直持续了两年。有一天，毛利先生对他说："我长期观察，发现你工作相当勤勉，值得鼓励，所以明天开始由你担任经理。"接下来，约翰便晋升为经理，在待遇方面也提高了很多。

当我们被人指责或训诲，尤其是被自己的上级指责或训诲时，我们不但要认真地听，而且在听完之后，要面带微笑。如果你由于在众人面前被责骂而感到非常丢脸，并因此而怨恨的话，那就大错特错了，你要换个积极的角度来思考，认为他是在培养自己、教育自己、帮助自己。有反对声音的地方，便是进步发生的地方。

生活中，每个人都会受到别人的种种侵扰和伤害。比如，你被上司无端责怪、被好友冤枉、被陌生的人污蔑，等等。当这些有意无意的伤害对你造成影响，让你克制不住生气、愤怒时，你要明白，心中郁结这一股怒气，最后受到最大伤害的还是你自己。

有位智者说，大街上有人骂他，他连头都不回，因为他根本不想知道骂他的人是谁。人生如此短暂而宝贵，要做的事情太多，何必为这种令人不愉快的事情浪费时间呢？这位智者的确修炼得颇有涵养了，知道什么事情值得做，什么事情不值得做，知道什么事情应该认真，什么事情可以不屑一顾。要真正做到这一点是很不容易的，需要经过长期的磨炼。如果我们能够明确哪些事情可以不认真，可以敷衍了事，我们就能腾出时间和精力，全力以赴认真地去做该做的事，我们成功的机会和希望就会大大增加。

世上有很多事情，今天你认为受到了天大的侮辱和困难，转眼过去发现根本算不了什么。曾经有一位著名女演员，失恋后，怨恨和报复心使她的面孔变得僵硬而多皱，她去找一位最有名的化妆师为她美容。这位化妆师深知她的心理状态，中肯地告诉她："你如果不消除心中的怨和恨，我敢说全世界任何美容师也无法美化你的容貌。"心理学家研究证实，报复心理非常有碍健康，高血压、心脏病、胃溃疡等疾病就是长期积怨和过度紧张造成的。

在日常生活中，我们经常会遇到有人冒犯自己，这时，一定得保持头脑冷静，或者置之不理，或者宽宏大量，一笑了之。如果有人"动了你的奶酪"，你不假思索就火冒三丈，恨不得将这个家伙痛打一顿，这只是"匹夫之勇"。而真英雄会忍气吞声，这并非因为怯懦，而是不得已而为之。在忍耐中奋发，积蓄力量，终有一天，你会走出忍耐，走向成功。

智慧的人懂得时常反省，能够察纳雅言，兼收并蓄。他们懂得反对的声音更有建设性，也明白谦卑并不磨灭自己的伟大。而不可一世的人往往固执己见，听不进任何批判，也就不会有进步，故步自封，无异于自我贬值。

要学习圣人，必须先有圣人的自我批评精神。孔子曰："躬自厚而薄责于人，则远怨矣。"意思是，多批评自己，少责怪别人，就不会招人怨恨。这实际就是我们常说的"严于律己，宽以待人"。凡事多作自我批评，这既是古时儒者反躬自省的功夫，也是我们今天仍然需要倡导的为人修养。

我们要提高修养应该先具备三种心态，即乐观的心态、好胜心以及谦卑的心，其中最重要的心态是谦卑。权力与权威容易使人骄矜自大，或以高傲姿态面对众人，一个听不进意见的领导者所带领的团队，是一个没有进步空间和凝聚力的团队。如果领导者能意识到自己有今天的成就都是依靠整个团队的努力，便能打造出一个合作的团队，并引导其走向长远的成功。

礼让变通，才能和谐双赢

人往往是自私的，而且大都有这样的通病：见不得别人好，总想去破坏，经常不公平地对待其他人。所有的这些褊狭的行为，最终往往会自食其果。因为自己怎样对待别人，别人也会怎样对待自己，最后"报应"便降临到自己身上。如果一个人能摒弃这种私心，推己及人，善于站在别人的立场上考虑问题，身边就会聚集更多的人，人们也更加愿意同他结交，其事业和人生也会越来越顺利。设身处地地站在他人的角度想问题，学会礼让变通，这是一个人获取成功的关键。

"礼"是为人做事的规则。每个人在做人与做事的方法上都应该有准则，而这个准则是原则性的东西，是对人们道德上的指引，这种原则性的东西带有束缚的作用。世界上的每一件事都有它自身的规律，只要按照原则性办事，按照规矩做事，对于事情的正常进行才会有保证，才能赢得别人的信任。

有"礼"之人让世间万物"各得其所欲"，中国人做事讲究"己所不欲勿施于人"，无论是为官者还是做生意的朋友，都应该学会以"礼"的态度去体会他人的情绪和想法，理解他人的立场和感受，并站在他人的角度去思考和处理问题。用自己的心推及别人，自己希望怎样生活，就应该想到别人也会希望怎样生活；自己不愿意别人怎样对自己，就不要那样对待别人；自己所不愿承受的，就不要强加在别人头上。

三国时期，曹操和袁绍在官渡打仗。当时曹军远不如袁军强大，但袁绍刚愎自用，不纳忠言，一再错失战机；曹操则富有谋略，善于用兵。结果，战事以曹操的胜利而告终。

打败袁绍后，曹军将士在袁军的帐篷里搜到了一些信件，全是曹操手下的文臣武将与袁绍暗中勾结、示好献媚的信。有人建议，把这些写信的人全都抓起来杀掉。可是，曹操不同意这样做。他说："当初袁绍的力量十分强大，连我自己都感到难以自保，又怎么能责怪这些人呢？假如我站在他们的位置，当时也会这么做。"于是，曹操下令把信件全部烧掉，对写信的人一概不予追究。那些原本惶恐不安的人，一下子把心全放到肚子里了，从此对曹操更加忠心耿耿、鼎力相助。

曹操这种变通的为人处世态度，使他赢得了更多的人心，愿意投奔他并甘心为他效力的人越来越多。这样，曹操的力量便越来越大，手下谋臣将士如云，他借此很快打败了那些割据一方的诸侯，统一了中国北方。

人是感性动物，对待事物、处理事情往往根据看到的表象，依照自己的价值观和思维模式来判断和处理问题，因此对待别人与要求自己就有了双重标准。由此产生的冲突可想而知。而想要让更多的人聚集在自己身边，就必须学会以礼待人，用双赢的思维进行合作。

孟子曰："仁者爱人，有礼者敬人。爱人者，人恒爱之；敬人者，人恒敬之。"荀子也曾经说过："仁义礼善之于人也，辟之若货财粟米之于家也。"而唐代贤相张九龄也称："人之所以为贵，以其有信有礼。"可见自古以来，我国的先贤都非常注重"礼"。礼仪不仅能让一个人显得高尚而有涵养，而且对于身处社会各个阶层的人来说，都非常有用。孔子认为对于一般人来说，"不学礼，无以立"，而对统治者来说，"上好礼，则民莫敢不敬"。

晏子是战国时期齐国的卿。有一回，晏子和一些大臣一起陪齐景公饮酒。齐景公最爱喝酒，他一喝酒便忘乎所以，甚至喝得酩酊大醉，几天不醒。这时，正喝在兴头上的景公便说："寡人今天愿与各位爱卿开怀畅饮，请不必拘泥礼节。"

晏子一听很是忧虑，便严肃地对景公说："君王这话不对。臣子们本来就不希望君王讲礼法。本来力气大的人可以称为兄长，胆量大的人可以杀掉他的官长和国君，只因为畏惧礼法才不敢这么做。如果臣下都随心所欲，只凭力气和胆量行事，就会天天换君主，那您将在哪里立足呢？"人之所以比其他动物高贵，就是因为人能用礼法来约束自己，所以不能不讲礼节。

景公觉得很扫兴，便不理晏子。过了一会儿，景公有事出去，除了晏子安坐不动之外，其他大臣都站起身来相送。等景公办完事回来时，晏子也不起身相迎。景公招呼大家一齐举杯，晏子却不管三七二十一，先把酒喝了。

景公见晏子这样不拘礼法，气得脸色铁青，瞪着晏子说："你刚才还大讲特讲礼法是如何重要，而你自己却一点儿都不讲礼法。"晏子连忙离开席位，叩头谢罪，说："臣不敢无礼，请大王息怒。我只不过是想把不讲礼节的实际状况做给大王看看。大王如果不要礼节，就是这个样子。"景公恍然大悟，说："这的确是寡人的过错。请先生入席，我愿意听从您的教诲。"

晏子通过不守礼法的行为，告诉齐景公"礼"对于一个国家的重要性。正是因为礼法的存在，人们才能告别野蛮的生活状态，在礼法的约束下和平共处，共建繁荣。

你给予他人足够的尊敬，他人也会尊敬你，行走于天地之间也可减少人际摩擦，诸多干戈也能化为玉帛，社会也会因此祥和。足见"礼"之于人的重要性，不可掉以轻心。孔子说："非礼勿视，非礼勿听，非礼勿言，非礼勿动。"如果一个人不懂礼，必会给社会带来不良后果，行走于世也会处处碰壁，寸步难行。倘若人人都讲礼，便会像孟子所说的那样：敬人者，人恒敬之。一旦你拥有了一颗利人利己的豁达之心，那么，双赢的局面自然就会形成。

利他是整合的应有姿态

在传统的思维方式中，人们所遵循的游戏规则往往是能够让自己获胜而不管他人如何。在这种观念的支配下，竞争双方为了争取胜利，投入大量的人力、物力来对付对方，但这样的结果常常是两败俱伤，谁也没有得利。因此，改变传统的输赢观念，树立全新的共赢观念是一个人在现代社会生存与发展的必备素质。

一个精明的荷兰花草商人，千里迢迢从遥远的非洲引进了一种名贵的花卉，培育在自己的花圃里，准备花开时卖个好价钱。对这种名贵花卉，商人爱护备至，许多亲朋好友向他索要，一向慷慨大方的他却连一粒种子也舍不得给。他计划繁育三年，等拥有上万株后再开始出售。

第一年的春天，他的花开了，花圃里万紫千红，这种名贵的花开得尤其漂亮，就像一缕缕明媚的阳光。第二年的春天，这种名贵的花已繁育出五六千株，但他发现，今年的花没有去年开得好，花朵略小不说，还有一点点的杂色。到了第三年的春天，名贵的花已经繁育出了上万株，但令人沮丧的是，那些花朵变得更小，花色完全没有了它在非洲时的雍容和高贵。当然，他也没能靠这些花赚上一大笔。

难道这些花退化了吗？可非洲人大面积、年复一年地种植这种花，并没有退化呀。他百思不解，便去请教一位植物学家。植物学家拄着拐杖来到他的花圃看了看，问他："你这花圃隔壁是什么？"

他说："隔壁是别人的花圃。"

植物学家又问他："他们种植的也是这种花吗？"

他摇摇头说："这种花在全荷兰，甚至整个欧洲也只有我一个人有。"

植物学家沉吟了半天说："我知道原因了。"

商人问植物学家该怎么办，植物学家说："谁能阻挡风传授花粉呢？要想使你的名贵之花不失本色，只有一种方法，那就是让你邻居的花圃里也都种上你的这种花。"商人听植物学家的建议将自己的花种分给了邻居。次年春天花开的时候，商人和邻居的花圃几乎成了这种名贵之花的海洋——花朵硕大，花色典雅，朵朵流光溢彩，雍容华贵。这些花一上市便被抢购一空，商人和他的邻居都发了大财。

共赢是一种有远见的和谐发展，改变了单赢的格局，既利人，又利己；既合作，又竞争；既相互比赛，又相互激励。共赢让自己与分享者都得到更多的利益，更有利于彼此的长远发展。真正的成功并非压倒别人，而是追求对各方都有利的结果，经由互相合作和互相交流，使独立难成的事得以实现，这便是富足心态的自然结果。

治国如此，为人亦是同样的道理。拥有不如共有，就财富而言，不善于分享会让人变成守财奴，让钱变成腐蚀意志的鸦片，一切只向利益看，人就会被金钱奴役。不懂得分享的人是贫瘠的，真正的财富不是独揽，是分享。

生命中可以与人分享的东西有很多，包括金钱、知识、快乐、信念、食物……只要你愿意，一切都可以与他人分享。赠人玫瑰，手留余香，把手中的好事抛出去就可以变成整个天下的好事。

生活中，自私的人往往会收到更多的自私，而与人分享的人能获得更多的慷慨回报。好比你有五个苹果，独自品尝便只能尝到同一种味道，如果将其中四个苹果分给别人，别人再以香蕉、橘子、杧果、草莓作为回赠，那么，你就能尝到五种水果的味道，这就是分享的快乐与满足。

俗话说好心有好报，前世种善因，今生收善果。为别人的利益着想，慷慨施舍，我们自己也将从中受惠。把自己的热心与人分享，就会收获到更多的热心；把自己的乐趣与人分享，就会品尝到更大的乐趣。

当我们左手付出爱时，便能从右手收获爱。分享只会让人更加富有。分享可以加深友谊，增长知识，可以在交流中增加技能，使家庭幸福，爱情升华，事业顺遂，让我们既成功又快乐。

与人分享首先要做到有效沟通，不管是开心的事还是烦恼的事，都要多和身边的亲人和朋友交流。倘若什么都放在心底，在与人交往的过程中就很容易产生误会，从而加深人与人之间的隔阂。

其次，要与人分享生活中的快乐与忧愁。正如将一院菊香变作一村菊香，把快乐与人共享，就会产生数不清的快乐。把忧愁与人共享，则能更快拉近彼此的距离，而且，多一个人就多一份驱散忧愁的力量。

不过，分享也需要正确选择对象和方式，我们可以参考以下几点建议。

1. 绝不同喜欢将一切占为己有的人分享。事后把分享的成果据为己有的人，不值得与之共享。

2. 对于非团体性而纯粹个体性的竞争，分享会影响自己的竞争成绩，可以暂时不分享。

3. 对他人有利，对自己无害的可以分享。比如，在全国性的比赛中，你的竞争对手来自全国各地，把好的学习或提升方法告诉同伴，只会促使大家一同进步，而不会改变自己比赛的结果。

4. 追求团体目标的过程中，分享十分重要。

以关爱和诚实之心对待合作伙伴

人大多数从一出生开始就被教导一定要做个有关爱之心和诚实的人，然而随着年龄的增长，人们变得世俗、市侩，谎言和欺骗开始作为一种保护色，成为人们面对世界的面具，"诚实"作为维护整个社会正常秩序的重要因素的地位遭到了广泛的忽视。

事实上，也许有些时候利害关系可以取代诚实、正直而成为人们最重要的考虑因素，但是无论古今，诚实都是为人处世必不可少的一项品德，如果失去了，这个世界将变得不可想象。以诚为本，才能得到别人的信任，内心不真诚的人就算能欺骗一时，终究也必将暴露其真面目，从而失去信用这一成功的资本。而坦诚做人、诚信做事却可以给人留下诚实信用的印象，更容易获得他人的支持，因为这样更容易让人接纳，能交到更多的朋友，生活的路也会越走越宽。

也许乍看起来以诚待人似乎不如略施小计谋取利益来得实惠，但是事实证明，胸怀坦荡、真诚不欺且怀有关爱之心的人往往才是笑到最后的大赢家。华人首富李嘉诚说："我做生意一直抱定一个信念，就是不投机取巧，而是以诚待人。"

李嘉诚17岁开始创业，当时，有一家贸易公司订购了一批玩具输往外国。当货物已装船付运，可以向对方收取货款的时候，忽然，贸易公司的负责人来电通知，外国买家因财政问题，无法收货，但贸易公司愿意赔偿损失。李嘉诚认为，这批玩具设计独特，很有市场卖点，不愁顾客，损失有限，就不必赔偿了。后来李嘉诚开始转营塑料花，也没有把这件事放在心上。

有一天，一位美国人突然找到他，说经某贸易公司的负责人推荐，认为长江厂是全香港规模最大的塑料花厂，这令他一时语塞，因为当时他的厂房并不大。后来他才知道，从前那个贸易公司的负责人认识这位美国人，并告诉他李嘉诚是完全值得信任的生意伙伴，希望他们能够合作。

这位外商希望能在长江工厂大量订货。但是为确证李嘉诚的供货能力，外商提出要由有雄厚实力的厂家做担保。李嘉诚白手起家，没有社会背景，他跑了几天，磨破了嘴皮子，也没人愿意为他做担保，最后，李嘉诚只得对外商如实相告。

李嘉诚的诚实感动了对方，外商对他说："从你的坦诚可以看出，你是一位诚实君子。诚信乃做人之道，亦是经营之本，不必用其他厂商作保了，现在我们就签合约吧。"没想到李嘉诚却拒绝了对方的好意，他对外商说："先生，能受到如此信任，我不胜荣幸。可是，因为资金有限得很，一时无法完成您这么多的订货，所以，我还是很遗憾不能与您签约。"

李嘉诚的实话实说使外商内心大受震动，他没想到，在利欲熏心的香港商界，竟然还有这样一位"出淤泥而不染"的诚实商人，于是，外商决定，即使冒再大的风险，他也要与这位具有罕见诚实品德的人合作一回。李嘉诚值得他破例，他对李嘉诚说："你是一位令人尊敬的可信赖之人。为此，我预付货款，以便为你扩大生产提供资金。"

这位美国人最后下了6个月的订单，更成为长江塑胶厂的永久客户。他们所需的塑料花后来全部由长江厂供应，这使得李嘉诚的塑料业务发展一日千里。李嘉诚当时没有因为对方的失信而要求对方赔偿。因为他想以此使彼此信任，为将来的发展提供机遇。对每个想持久经营企业的人而言，诚信不仅是道德行为，而且是企业长远的大利益。所以企业要建立重视诚信经营的企业文化。

人都有一些所谓的劣根性，在经营过程中难免变得势利。但是切记不要完全势利化，要知道欺诈在带来短期效益的同时，会让你蒙受更多的长远损失。

以诚心和关爱之心打动合作伙伴，我们可以分几步来做。

首先，遇事要冷静，方寸乱了，失败就不远了。

其次，冷静下来后要善于寻找突破口，避开直接利益，另觅出路。环顾四周，一张照片、一张纸都可能会透露对方的信息。将这些信息整合后，返回家中，做新一轮谈判的准备。

最后，把客户变成朋友，因为朋友之间不讲利益，打造双赢。

人若无法对自己诚实，就无法了解自己内心真正的需要，也无从得知如何才能利己。同理，对人没有诚信，就谈不上利人，缺乏诚信的基石，"利人利己"就变成了空洞的口号。

舍弃贪婪，化无私为大私

在每个人体内，甚至在我们所做的每件事情中，都有两种不同的思考存在。一种是自私、势利，只为自己的利益斤斤计较；另一种则是无私、利人，会为他人着想、希望别人得到好处。我们想要成功，就得放弃自私、势利的思考方式，做到无私、利人。只有你帮助他人、懂得为他人着想，其他人才会在你遇到困难时主动伸出援助之手。

有这么一句话："修业无果、诸事难成、无心思过，伐功而骄慢生，皆因自爱起，故不可偏私爱己也。"修行没有成果，事业无成，而且不知悔改，这些都是人之不幸，其起因便是过分爱己。这句话给了我们很好的警示，做人若能不偏爱自己，常思己过，不自负不傲慢，就能在实现理想的道路上更近一步。要摆脱不幸，就要克服与生俱来的自私、势利的人性。比如在做每件事情前，只会问"我可以得到什么好处"，那将失去他人的信任，更谈不上做出一番宏大的事业。

不管逆境还是顺境，不管失败还是成功，唯把贯彻正道视作人生最大的快乐和幸福，并认为若不达到此种境界，心志就必然动摇。

不能看淡自己的得失，就容易为私心、私欲所动。私欲若是得不到满足，就会产生痛苦，进而在无尽的苦恼中迷失自己原本的目标。

日本企业家稻盛和夫早年经营京瓷公司时，也曾为私心、私欲所困扰，及至读到西乡遗训，便如当头棒喝，从此不再将一己之私放在心上。稻盛先生遵照西乡遗训，坚定了他的"无私"经营信念。后来他设立"京都赏",创办"盛和塾",更成为实践"无私"理念的典范。

稻盛和夫先生常说,"螃蟹只会比照自己壳的大小挖洞"。企业家只有不断向"无私"的境界迈进,"心底无私天地宽",才能把企业做大、做强、做长久。稻盛创建的两家世界500强企业就是"无私"的产物,特别是稻盛在创建日本第二电信时,目的只有一个,就是"降低国民的通信费用",口号只有八个字:动机至善,私心了无。而正是这种高度的"无私",使得他很快就在完全陌生的领域获得了不可思议的巨大成功。

稻盛和夫把"无私"看成一切组织领导者应当具备的基本素质,他自己就将之贯彻于创建企业的方方面面,并最终在让国民获得利益的前提下实现了企业的成功。

"无私"就是"无我",将一切与"我"有关的东西都抛开。上至国家,下至企业,哪怕一个小机构、小组织的存亡,都与领导者是否"无私"息息相关。

贪婪会使简单的问题变得复杂,无私才能导向真正的成功。"无私"在许多精明人眼里是大愚,但正是凭借这样的"大愚",无数成功者才成就了丰功伟业。"无私"是人类最伟大的智慧,如果每个人都能不带私心处世,不以私心损人,那么世界就会变得很美好。

善念召唤幸运,矛盾可以通过多种途径来解决,暴力、冲突或者善意修好,都是可以选择的。同样的事情,结果的好坏更多取决于我们的态度。幸福还是不幸,成功还是失败,目光短浅,只争一时之利,还是抛弃私心,以他人利益为优先考虑问题,都取决于我们自己。

固执于自私自利的心态,最终所得会与最初意愿南辕北辙,而无私的人反而会得到更多。无私的境界并非空喊口号,而是实实在在、可以践行的一种理想。放弃私利,放弃复杂的想法,更透彻地分析问题、解决问题;坚持无私的理念,以理解、宽和、谦逊的态度待人,加上不懈的努力,人生就可以达到充实饱满的状态,我们就会在贡献中明了自己的价值所在。

《易经》说,地势坤,君子以厚德载物。一个人在做人做事方面应该顺应自然,胸怀博大,宽以待人。因为心胸开阔、宽容待人能得到别人的尊重和爱戴,别人也就会努力工作,尽心为你效劳。有德之人更能明白别人所追求的利益,并能尽力给予最大的满足。人之生于世,一为名,二为利,三为尊重。纵观历史,有大成就的人必然有德行而能令人为其舍命效劳。

德是一种境界,也是一种力量、一种格局,是一种震慑邪恶、净化环境、吸引财源的动力。德能使人内功强劲，实力倍增，所以，人生的成就往往是与德行的修养成正比的。我们要想取得事业上更大的成功，就必须注意自己的德行修养，必须把自己的德行修养做扎实。

在当今竞争如此激烈的社会中，我们靠什么才能站稳脚跟并做大做强呢？一言以蔽之：用德行处世，才能成为大将之才。

以退为进是一步绝妙好棋

做人做事不要事事、处处争强好胜，不要遇事就和人硬碰，应该明白"退一步海阔天空"的道理。处处和人硬来，双方最终都有可能头破血流，懂得退让并非示弱的行为，而是智慧的表现。

退可改变现况、转危为安。退，是一种战术，也是一种战略，更是高标准做事的必然要求。机遇意味着进取、扩充、膨胀，机遇的方向似乎总是向上、向前或向外。总之，机遇容易给人错觉，以为不断扩展，勇往直前才是机遇。其实，在适当的时候退一下、停一下，暂时变方向为向下、向后或向内，也未尝不是一种机遇。

一个有大智慧的人，不会一味地争强好胜。关键时刻，他们宁可退后一步，做出必要的牺牲来成就自己。退一步海阔天空，凡事不要意气用事。三思而后行，不但是一种自保的方法，也是一种很好的博弈生存策略。"进"固然重要，但"退"有时亦是方略。

适时认输，才能保存实力。当我们明白自己不是对手时，就应该认输。生活中常有竞争和角逐，但深知自己"斗"不过对手，还一味地跟人家"斗"，这又有何益呢？"斗"得愈起劲，只会使自己输得更惨。选择认输，激流勇退，将使我们避开锋芒。以退为进，赢得潜心发展的主动权，将使我们得以冷静下来去认识差距，虚心向对手学习，整合智慧，从而真正打败对手。

宋朝时期，毕再遇率兵和金兵对抗，当发现敌方的力量十分雄厚，不可抵挡时，毕再遇趁夜幕降临，悄悄撤走部队。同时，他安排下属将一只羊吊起来放在鼓前，羊被吊着难受时两条前腿不停地摆动，便会不停敲响战鼓，让金兵误以为对方正在摩拳擦掌，而不是撤兵了。然而，等金兵发现自己受骗时，毕再遇已经带领部队安全回到营地了。可见，在适当的时候，学会"退"不是屈服、软弱，而是非常务实、通权达变的智慧。

纵观世界历史，大凡能成就伟业者，无不是深谙进退规则之人。退而不隐，强而不显，大智慧者往往掌握了进退方圆的秘诀，为众人敬仰。他们能够洞悉别人的意图，审视自己的处境，从而进退自如，将胜券牢牢握于掌心。所谓的"退"不是消极地退，被动地退，而是主动地退，通过退让而寻找进的机会，积累进的力量，"退"一步是为了将来可以"进"十步，后发制人应相机而动，不可拘泥于一法。

人们在生活中每时每刻都面临着选择，进和退、利和弊、远和近、好和坏、得和失是经常挂在人们心头的难题。聪明的人能够以独特的反向思维见人所未见，知人所未知，随机而动，适时进退，总能立于不败之地。

学会与不同性情的人相处

领导者的包容根源于他对人的多样性的认识，对人的个性的尊重，对人的发展的重视，这是一种真正意义上的人本主义。人都是有个性的，重视个性对经营的成功至关重要。

然而，不少领导者对"个性"怀有极大的偏见，他们往往狂妄自大，觉得自己高人一筹，并且认为人天生就是不同的，也不可能平等。所以，他们往往很武断，从不对别人的观点加以考虑，尤其他们还固执地强调员工在工作中的一致性。而事实上，员工们追求的是保持自我，而不是一味地顺从领导者们的意愿。这就引发了在工作中频频出现的对抗及冲突。

与之相反，杰出的领导者非常赏识独树一帜的个性。他们认为人天生是平等的，但又是不同的，而且每个人都会做出各自不同的贡献。在这些领导者看来，每个人都是其周围的人的延续。因此，我们有权利使别人接受我们自己。

对于杰出的领导者来说，这些个体之间的差异不会给他们带来丝毫的威胁。事实上，他们乐于看到下属在工作中表现出非凡的才能及独到的见解。怎样驾驭及充分利用这些差异是对他们领导才能的挑战，这也是他们乐此不疲的事。

杰出的领导者格外地赏识员工的个性。当他的下属在工作中施展自己独特的个性及想法时，他会感到兴奋不已。企业所面临的挑战就是寻求管理及驾驭这些个性的方法。

要做到这一点，领导者首先必须对多样性有广义的了解。他们为多样性下的定义应该远远超越年龄、性别等方面的差异，它还应包括生活方式、宗教信仰、工作习惯及个性等诸方面的差异。

优秀的领导者能够容忍别人的个性，不把别人的个性看作一种威胁。他们知道，当今社会，人们更不愿意放弃自己的个性，一切屈从于机构。因此，对于员工来说，允许他们保留自己的个性是头等重要的。好的领导者能试着去接受员工的想法，站在员工的角度上考虑问题，并且允许具有个性的人发表自己的看法。

2008年3月16日，在"我能创未来——中国青年创业行动"活动中，主持人向在场的马云和俞敏洪提了一个问题：创业路上，有唐僧师徒四人，如果只能从这四个人中挑选出两个人来作为自己的创业成员的话，你会挑选哪两位？

马云选择了沙僧和猪八戒，俞敏洪选了沙僧和孙悟空，忠厚老实的沙僧是他们共同的选择，但是关于另一个人选，两人给出了各自的理由。

说话一向语不惊人死不休的马云是这样回答的："最适合做领袖的当然是唐僧，但创业是孤独寂寞的，要不断温暖自己，用左手温暖右手，还要一路幽默，给自己和团队打气，因此我很希望在创业过程中有猪八戒这样的伙伴。当然，猪八戒做领导是很欠缺的，但大部分的创业团队都需要猪八戒这样的人。"

俞敏洪不赞同马云的选择，他反驳道："猪八戒更适合做一个成员，他是很轻松，但也不坚定，需要领袖带着才能往前走。

"猪八戒既然没信念，哪儿好就会去哪儿，哪儿有好吃的就往哪儿去，很容易在创业过程中发生偏移，有钱了就回老家，没钱也回老家。孙悟空就有信念，知道取经就是使命，不管受到多少委屈都要坚持下去。另外，孙悟空还有忠诚和头脑，能看到别人看不到的机会和磨难。"

讲完了孙悟空的优点，俞敏洪也提到了孙悟空的缺陷："当然，孙悟空也有很多个人的小毛病，会闹情绪、撂挑子，所以需要唐僧在必要时念念紧箍咒。但是，在取经路上，孙悟空所起的作用是至关重要的。如果将西天取经比喻成一次创业过程，孙悟空就是其中不可或缺的创业成员……"

主持人最后给他们打分，俞敏洪得了5分，马云得了3分。理由是：创业要有好的眼光、优秀的组织能力和整合能力，孙悟空无疑能整合猪八戒和沙僧，但猪八戒就不能整合这两人。

俞敏洪组建的新东方团队里有很多"牛人"，他们每一个人都能独当一面。俞敏洪说，新东方最初的创业成员，个个都是"孙悟空"，每个人都很有才华，而且个性都很独立，他就是要选择这帮"孙悟空"般的"牛人"作为创业伙伴，并且真的在一起做成了大事，成就了一个新东方传奇。从这一点来说，选择"孙悟空"做创业队友是一个正确的选择。

但是有利也有弊，具备孙悟空特质的人才一般也具备孙悟空般的牛脾气。他们多是性情中人，从来不掩饰自己的情绪，也不愿迎合他人的想法，打交道都是直来直去，有话直说。因此，有必要形成一种批判和包容相结合的创业文化氛围，批判使他们敢于互相指责，纠正错误；包容使他们在批判之后能够互相谅解，互相合作。这就是与"孙悟空"合作需要注意的。

俞敏洪擅长制造这样的"气场"，因为他本人就很善于与不同性情的人相处，并知道如何整合他们彼此的个性。从某一点来说，俞敏洪的身上有唐僧的影子。唐僧坚忍而正直，领导了3个本事高强的徒弟，这些徒弟在唐僧的领导下，最终取得了真经，完成了任务，修成了正果。

拥有得多，不如计较得少

生活中，一般没人愿意吃亏，不但如此，还想多占便宜，这符合人"利己"的本性，本无可厚非。但从更长远的角度来看，有时候，不愿吃亏反而是一种短视行为，赚了眼前小利，却损失了日后的大利。不要因为吃一点儿亏而斤斤计较，开始时吃点亏，实际是为以后的不吃亏打基础，不计较眼前的得失是为了着眼于更大的目标。

有人问李泽楷："你父亲教给你成功赚钱的秘诀了吗？"李泽楷说，赚钱的方法父亲什么也没有教，他只教了一些自己为人的道理。李嘉诚曾经这样跟李泽楷说："和别人合作，假如自己拿七分合理，八分也可以，那么拿六分就可以了。"

李嘉诚的意思是，吃亏可以争取到更多人与他合作。你想想看，虽然他只拿了六分，但现在多了一百个合作人，他现在能拿多少个六分？假如拿八分的话，一百个人会变成五个人，结果是亏是赚可想而知。李嘉诚一生与很多人进行过长期或短期的合作，分手的时候，他总是愿意自己少分一点儿钱。如果生意做得不理想，他就什么也不要，愿意吃亏。这是种风度、是种气量，也正是这种风度和气量，才使得许多人乐于与他合作，他的生意也才能越做越大。所以，李嘉诚的成功在很大程度上得益于他的恰到好处的处世交友经验。

与其拥有得多，不如学会少计较，此乃智者的智慧。不管你是做老板，还是做合作伙伴，别人跟着你有好日子过、有奔头，他才会一心一意与你合作，跟着你干。有人一旦与朋友分手，就翻脸不认人，不想吃一点亏，这种人是否聪明不敢说，但可以肯定的是，斤斤计较的人，只会让自己的路越走越窄。

让步、吃亏是一种必要的投资，也是朋友交往的必要前提。生活中，人们对处处抢先、占小便宜的人一般没有什么好感。占便宜的人首先在做人上就吃了大亏，因为他已经处处抢先，从来不为别人考虑，眼睛总是盯着他看好的利益，迫不及待地想跳出来占有。他周围的人对他很反感，合作几次就再也不想与他继续合作了。合作伙伴一个个离他而去，那他不是吃了大亏吗？

　　人非圣贤，谁都无法抛开七情六欲，但是，要成就大业，就要胸怀大格局，就得分清轻重缓急，该舍的就得忍痛割爱，该忍的就得从长计议。我国历史上刘邦与项羽在称雄争霸、建立功业上，就表现出了不同的态度，最终也得到了不同的结果。苏东坡在评判楚汉之争时就说，项羽之所以会败，就因为他不能忍、不愿意吃亏，白白浪费自己百战百胜的勇猛；汉高祖刘邦之所以能胜，就在于他能忍，懂得吃亏，养精蓄锐，等待时机，最后取得胜利。

　　老子曾说："只有无争，才能无忧。"利人就会得人，利物就会得物，利天下就能得天下。从来没有听说过独恃私利的人，能得大利的。所以善利万民的人，如同水滋润万物而与万物无争，不求所得。生活中亦可见那些事事斤斤计较，患得患失的人，事事也会强出头，那样只会让自己活得更累罢了，因为当你同别人争名夺利时，你也成了别人的眼中钉、肉中刺，下场自然也好不到哪里去。

　　要想成大事，就必须具备一颗不计得失的心。只有处处多为别人着想，宽容别人，才会得到更多人的理解和支持，才能取得事业上更大的进步。人有一分器量，便有一分气质；人有一分气质，便多一分人缘；多一分人缘，便多一分事业。

　　有豁达胸襟的人，懂得宽容别人，自己也有回旋的余地。在生活中，无论遭遇什么样的人和事，都要给自己和别人留下一分余地，这样，以后的日子才会有更大的空间，出现意外情况时也比较容易转圜。所以曾国藩说，我们要学会留余地，学会宽容地对待自己身边的人和事。

　　在我们的日常生活中，快乐不在于获得的多，而在于计较得少。每天，我们都要处理很多的关系，面对很多的人，如果事事都与人计较，自然不会受人欢迎。但是如果能够在做事时给对方留有余地，表现出宽容和忍让，那么就会有越来越多的朋友。更何况人无完人，如果不懂得宽容和谅解的话，就会很容易误会别人，曲解事件的真相，犯下不可饶恕的错误。

第十四章

贤人推举方显胜,能人帮衬可为王

不拘一格选用人才

一位商界名人曾经说,自己的成功得益于鉴别人才的眼力。这种眼力使得他能把每个职员都安排到恰当的位置上。不仅如此,他还努力使员工们知道他们所担任的位置对于整个事业的重大意义。这种做法的好处是,员工们无须监督,就能把事情办得有条有理、十分妥当。

鉴别人才的眼力并非人人都有,许多事业失败的人都是因为缺乏识别人才的眼力,他们常常把工作分派给不恰当的人去做。而大部分成功者都有一种特长,那就是善于观察别人,并能够吸引一批才识过人的良朋好友来合作,发挥共同的力量。这是成功者最重要的,也是最宝贵的经验。

大凡取得杰出成就的人,都懂得放手使用人才的道理。李嘉诚的用人之道就是发现人才,用人不疑,不给人才束缚,任其自由施展。少年时代,李嘉诚常常听父亲讲战国时孟尝君的故事:"孟尝君能成大事,得客卿之助也。"因为孟尝君能够尊重德才兼备的人才,因此,人才纷纷投奔于他。李嘉诚能成宏业,"客卿"也是功不可没的。他广纳贤才,不在意出身和背景,只要有能力,均奉为上宾。

一个人要成就一番事业,就必须有得力的人才辅佐。李嘉诚曾对记者说:"你们不要老提我,我算什么超人,是大家同心协力的结果。"他身边有300员虎将,其中100个是外国人,200个是年富力强的香港人。20世纪80年代中期,李嘉诚的长实集团的管理层基本上实现了新老交替,各部门负责人大都在30~40岁。其中最引人注目的要数霍建宁。

霍建宁擅长理财,负责长实全部的财务策划。李嘉诚很赏识他的才学,长实的重大投资安排、银行贷款、债券兑换等,都是由霍建宁亲自策划或参与决策。这些项目动辄涉及数十亿资金,赢利或亏损都取决于最终决策。从李嘉诚对霍建宁如此器重和信任来看，一定是赢利多于亏损。霍建宁本人的收入也很可观，他的年薪和董事基金，再加上非经常性收入，如优惠股等，年收入可能在1000万港元以上。1985年李嘉诚委任他为长实董事，两年后又提升他为董事副总经理。此时，霍建宁才35岁，如此年轻就担当香港最大集团的要职，实属罕见。

同样出色的还有一位女将洪小莲。洪小莲年龄不算大，她全面负责楼宇销售时，还不到40岁。在长实上市之初，洪小莲就作为李嘉诚的秘书随其左右，后来又出任长实董事。长江总部虽不到200人，却是个超级商业帝国。每年为它工作与服务的人，数以万计。资产市值在高峰期达2000多亿港元，业务往来跨越大半个地球。日常的大小事务，都要到洪小莲这里汇总。她工作勤奋、务实，颇得李嘉诚赏识。

曾有记者问李嘉诚："你的集团，雇用了不少外国人做副手，你是否想过展现华人经济实力和提高华人社会地位？"李嘉诚回答道："我还没那样想过，我只是想，集团的利益和工作确确实实需要他们。"

李嘉诚说的是实话，他身边的外国人都发挥了实实在在的作用。在20世纪80年代中期，李嘉诚已控有几个老牌英资企业，管理这些企业最有效的办法就是"用洋人管洋人"，这样更利于相互间的沟通。这些老牌英资企业，与欧、美、澳有广泛的关系，长江集团日后必然要走跨国路线，启用洋人做代表，更有利于开拓国际市场与进行海外投资。

李嘉诚成功的一个重要原因就是身边有各种各样的优秀人才，他知人善任，给他们广阔的发展空间。香港的某周刊曾说："如果非要给一些事业上没有李嘉诚成功的富豪挑挑毛病，那就是他们不懂得任用人才。"人才是一个人致富的左膀右臂，为了聚揽人才，著名企业家郭台铭曾专门刊登1000万的广告，他说："人才再贵，也要坚决引进。"

任何人如果想成为企业的领袖，或者想在某项事业上获得巨大的成功，首要的条件就是具有鉴别人才的眼光，不论资排辈、任人唯亲，做到"不拘一格降人才"，识别他人的优点，并利用他们的优点为企业创造价值。

找最合适的人，而不一定要找最成功的人

资源整合有很多种形式，如技术、资金、人才等，其中，人才是一个团队里必不可少的资源，是团队的核心竞争力。然而，每个人都有自己的优势和不足，最成功的人未必就能成为某个岗位的佼佼者，只有最合适的才能称得上是"最好

的人才"。

2007年12月1日，阿里巴巴团队获得"2007年最聚人气团队奖"。马云作为代表上台领奖时说："阿里巴巴可以没有马云，但不能没有这个团队。"提到自己的团队，马云总是很自豪。他表示：创业时期不要找明星团队，不要把一些成功者聚在一起。已经成功的人在一起创业会很难，创业初期要寻找那些没有成功、渴望成功、团结的团队。等到事业做到一定程度的时候，再请一些人才。总而言之，就是组建一个团队要找最合适的人，什么才是"最合适"的人呢？马云有自己的基本要求。

第一，人品要好。这是合作人互相信任、相互合作的前提条件。面对陌生的项目，团队往往会缺少经验，也鲜有精力对每个人进行规范和约束，更多的是一种自发的激情。因此，选择人品好的伙伴可以使企业少走很多弯路。

第二，互补性要强。进行团队选择的时候，必须看清每个人的长处，对于一些小的缺陷要学会包容。选择互补性强的团队并非单指性格上的互补，而是每个人长处的互补，这涉及分工的问题。

第三，要善于沟通。企业是利益的共同体，双方都有责任主动去沟通。有效的沟通是强大执行力的前提，只有把每个人的想法理解到位，才会获得好的执行效果，而理解的前提就是进行有效的沟通。

第四，能共同承担责任。创业的过程是一个不断犯错误、不断学习改进的过程。总结错误是一笔很大的财富，每个人都要为错误承担责任，而不是互相指责。

在提及自己和团队的关系时，马云将朋友的帮助放在了首要位置："我从来就不承认自己是什么知识英雄。阿里巴巴今天的成就是很多朋友的功劳，不是我一个人的；我不过是做了5%的工作，朋友们做了更多默默无闻的工作，他们把我推上前台，我只是他们的代言人，我只是出来练练。"

马云深知一个人能力再强也比不过团队的力量，他说过："少林派很成功，不是因为某一个人很厉害，而是因为整个门派很厉害。"

领导人在选拔或培养人才时，重在把人才放在帮助他寻找与其能力相匹配的最适合的岗位，以便发挥他们的最大价值。物尽其用、人尽其才是每个为官者孜孜以求的，这涉及一个人才岗位价值的最大化问题。不同的岗位有不同的人才需求，不同的人才有不同的岗位适应性。人人都是人才，就看放的是不是地方。

如果我们挑选的人才在才能上与我们相当，那么我们就好像用了两个人。如果我们所挑选的才人，尽管职位在我们之下，才能却超过了我们，那么我们用人的水平可算得上高人一等。让合适的人做合适的事,达到人事相宜,是领导者授权的一项重要原则。人无完人,每个人都有自己的长处和短处,在这个世界上,每个人的能力和每个地方的需要都是不同的,领导者的职责不是寻找完美无缺的人才来任职,而是将合适的人安排到合适的岗位上去。

如果一个人能被委派责任重大的工作,同时又为上司所坚决信赖,那么他往往能够在艰难环境的压迫下和求胜心切的激励下,把工作做得很出色,而且一定会将自己所有的才识、能力施展出来,竭尽全力做到让上司满意。

《三国演义》中的刘备团队一直被认为是管理学中最好的团队,刘备在得到以诸葛亮为首的文官团队倾心辅佐后,选择合适的根据地推行正确的内外政策,不失时机地主动出击,图谋统一天下。不仅联合东吴一举击败了曹操这一最为强大的敌人,还巧妙地抓住各种机遇接连夺取荆州、益州和汉中,迅速建立起了与曹操和孙权形成鼎足之势的军事政治集团。拥有这样的团队,是很多企业家梦寐以求的。

但是,马云认为刘备团队是可遇不可求的,现实中最完美的团队应该是《西游记》中的唐僧团队,他们的成员都有缺点,最后却成功取到了真经。在马云看来,唐僧把去西天取经的终极目标认识得很清楚,具有很强的使命感。他面对各种诱惑,依然保持着清醒的头脑,不该做的事情他不会去做。因而他是一个好领导。

在唐僧的团队里,唐僧知道对孙悟空要管得紧,所以随时会念紧箍咒;猪八戒小毛病多,但不会犯大错,偶尔批评批评就可以;沙僧则需要经常鼓励一番。唐僧看起来是无能的,但他的领导力是很强的。于是,明星团队打造成功。中国的企业家应该向唐僧学习,用人用长处,管人管到位,充分发挥员工的作用。不然只会造就一个明星企业家,而非一个强大的企业系统。

兴趣是最好的老师,也是最佳动力。那些最终获得成功的人多数是对自己所从事的活动无比热爱的人。每个人都希望获得快乐。做自己感兴趣的事、想做的事就能带来快乐。如果公司的领导者懂得利用这一规律,给下属一个展示他们自己才能的舞台,让他们投身于自己热爱的工作,发挥他们的长处,那么,就一定能打造一个优秀的团队。

把优秀人才像水泥一样黏合起来

一堆沙子是松散的,可是它和水泥、石子、水混合后,却比花岗岩还坚硬。有时候,尽管每个人都身怀绝技,但是谁也不能很好地生存下去,原因就是缺少合作。只有在一个统一的平台上，分工协作，才能将各自的优势发挥出来，成就一番事业。

企业要发展，员工的凝聚力非常重要，然而，怎样才能让全体员工众志成城、携手并进呢？中国有一句古话叫"上下同欲者胜"，也就是说只有上下级之间形成共同的理想和追求，才能在不断前进中取得成功。引申到企业管理中就是，企业必须建设一种能够让大家都认可的企业文化来作为共同奋斗的目标，才能最大限度地凝聚人心，使团队在危难关头共渡难关。

共同的价值观念形成了共同的目标和理想，一旦职工把企业看成一个命运共同体，把本职工作看成实现共同目标的重要组成部分，他们就会形成一股强大的向心力。这时，"厂兴我荣，厂衰我耻"成为职工发自内心的真挚感情，"爱厂如家"就会变成他们的实际行动。因此，企业文化就好比一个"凝聚剂"，它是企业发展壮大过程中必不可少的一种工具，能够帮助企业获得长久旺盛的生命力。

企业文化的良好发展能够帮助企业在特殊时期留住优秀人才，从而为企业储蓄大量人力资本。然而创建一种具有核心凝聚力的企业文化并不代表必须得付出高薪酬、高福利，虽然这也能在很大程度上凝聚人心，但却不是凝聚人心的最佳途径。因为真正优秀的人才所追求的并不是高工资或高福利，而是如何将自身的追求融入一个能长远发展的企业中。

具有优质企业文化的企业正是前景广阔的企业，因为它们的价值追求符合顾客的根本利益，符合人类进步的规律。因此，只有那些具有优质文化的企业才会让优秀人才觉得在这里大有用武之地，才能留住他们徘徊的身影。

另外，亲情文化的融入让企业文化建设更有家的感觉。在这种和谐的温暖氛围中，员工的所有工作都似乎是为了建设自己的家园而做出的努力，这就能够最大限度地调动员工的工作积极性，使企业快速走向成功。亲情文化提倡互相支持、提倡客户理念、推行矩阵式管理模式，它要求企业各部门和层次之间要互相配合、资源共享，坚决抵制小团体主义和故步自封的闭塞思想。

亲情文化还提倡平等、信任、欣赏的精神需求，从而在精神上凝聚了员工。我们看到：松下成功了，宝洁成功了，海尔成功了……然而我们是否知道，这些企业成功的背后却都有着一个共同的原因，那就是强大和深入人心的企业文化这一助推器！海尔现象就是一个十分有力的文化制胜的例子，它始终都高扬一面鲜明而又富有特色的文化旗帜。因此，在进行企业文化建设的时候，企业不妨问一问自己的员工：你累不累？你需要什么？我能为你做些什么？要知道，让人感动是激励的最佳境界。

亲情文化的建设有很多方法，来看长庆钻井总公司的一篇报道《小小亲情牌凝聚人心鼓干劲》：

走进 70518 钻井队崭新的驻地餐厅，你会被墙面上一张色彩鲜艳的喷绘图片所吸引，它就是被职工津津乐道的亲情牌。亲情牌是每个职工小家庭的合影照，在附上职工姓名、岗位和家人的爱心寄语后，就构成了井队大家庭的"全家福"。这里有父母、兄弟、姐妹大团圆的温馨，也有三口之家的幸福，更有二人世界的甜蜜，每张照片都有一个感人的故事。

该队党支部书记孙宁平介绍说，70518 队在 2005 年实现了气田 8 开 8 完并创造了 8 项新纪录，职工们付出了艰辛的劳动，功不可没，这与全队职工的亲人大力支持理解和默默奉献密不可分。有了这张亲情牌，职工们每天都能看见自己亲人的面，心中温暖和倍感鼓舞。亲情牌寄托着无限真情，已经成为钻井队凝聚人心的有形载体。

总之，企业文化建设就好比"胶水"，而企业的固定资产、人力资源、管理经营就是一块块美丽但零散的图片，只有用文化这个胶水将企业中众多的优秀资源进行粘贴，才能勾勒出一幅美丽的企业蓝图。

聘用专才，看中他背后的隐形资源

今天，随着社会经济的高速发展，社会分工逐渐细化，在某个领域具有较多专业知识和熟练技能的专业人才，越来越受到社会的重视与认可。每个企业都有专才，看中他们背后隐藏的资源，巧妙地利用每个人各自的特长和技能，是领导者应该考虑的问题。

就拿软件公司来说，其核心力量是就是"技术"，所以，充分发挥员工的效能使技术力量凝聚的更为强大，才是关键所在。这一点，微软公司为我们做出了一个很好的榜样。

构建微软的长期技术发展路线，并且确认公司内部每个行政部门的科研规划是相互补充而不是重叠一样的，这是比尔·盖茨在微软的主要工作。在确定线路之前，比尔·盖茨会召开"头脑风暴"式的讨论会议，让公司每个产品和技术部门向他做技术汇报。做这样的技术汇报，不但能让比尔·盖茨得到一些有价值的信息，同时每个产品和技术部门在准备报告的过程中也都受益匪浅。这点也是比尔·盖茨的目的之一。因为他们为了准备回答比尔·盖茨可能提到的各种问题，会在做汇报前进行彻底的市场调研、技术调研和竞争对手调研等信息准备工作，避免面对面的尴尬。

在微软几乎每个人都知道比尔·盖茨有个习惯，就是每年会抽出两段时间"闭关"独立思考问题，大家称这段时间为"思考周"。不过，在"思考周"开始之前，比尔·盖茨同样会召集各个部门的精英商讨会议，他要求每人都发挥专长为他提供大量的、有价值的阅读材料和技术建议。随后便是比尔·盖茨的独立思考，筛选出合理建议，记下自己的想法，静静地思考，然后才会做出公司长期的技术发展决定。

微软相信"人尽其才"，所以他们设立了"双轨道"发展机制，也就是说，微软允许优秀的员工可以根据自己的意愿，选择是在管理轨道上发展还是在技术轨道上发展。每条轨道给员工提供的机会都是均等的。因此，在微软的一个高级工程师可能比副总裁的资历还要深。这样的"双轨道"机制才能从制度上保证人才发展的多样性，有利于吸引和保留更多的人才到微软。

同时，微软鼓励内部人才的流动和发展，而且各个部门的管理者应该按照人尽其才的原则为每一个人才创造合适的发展空间。各级管理者要本着"人才不属于我的部门，而是属于整个微软公司"的信念，这样他就不会把人才占为己有，而是给人才更广阔的发展空间去完善自己，不管这个空间是由自己的管理机构创造的，还是由其他机构创造的。因为在这样的制度下，优秀的人才才能找到更加适合自己的发展的道路。

这就是比尔·盖茨对人才的管理艺术。作为一名企业家，他成功地将自己的事业推到了世界的顶峰。作为一名管理者，他的管理艺术已经完全渗透到微软中，并对世界其他企业的管理方式做出了成功典范。

给他表现和晋升的机会

对企业来说，人才是企业的资本。将优秀的人才放在合适的位置，不仅能做到人尽其才，还能使企业因为人员的合理调配取得更好的工作成效。很多大企业都不乏善于利用员工对工作的热情，并且适时给予他们训练和晋升，使庸碌之才被造就成才的例子。在日本就有不胜枚举的企业家是因为被领导者适时提拔而跃居重要岗位，然后使自己的才华充分施展出来，把企业推向新的高峰的。

一般来说，获得晋升的人没有不欣喜若狂的。但有许多人常因难以适应突如其来的擢升，感受到无法承担的重大压力。所以，管理者也应先了解被晋升者是否有能力突破承受压力的时期。

为了确认被晋升者的心态，某位心理学家制定了一项心理测验。首先，让两个人共同办理一件事情，在事情完成后，给予其中一个大幅度晋升，而仅给另一个少许的报酬，尽管做同样的工作，却故意出现待遇的差别。

由最初的实验显示，得到晋升的人不但自觉"不踏实、有罪恶感"，而且对于管理者有不良的评价。但是，进一步通过测谎器的实验却发现，得到晋升的人，不仅没有罪恶感，反而有强烈意识愿效力于管理者的心态。

总之，人们虽然在心理上对获得晋升有不平衡的感觉，但实际上会因为自己受到上司较高的肯定而有满足感，甚至对管理者抱有良好的评价。因此，适度的晋升可以得到对方的向心力。给员工一个晋升的机会，不仅能够满足对方的自尊心，同时也能获得对方的尊重和爱戴。

管理者应经常提拔人才，得到利益的人由于找到依靠之处和自我被肯定，就会逐渐发挥潜力，努力效命于知遇者。世界著名的施乐公司每年都保持很高的销售业绩，除了以质取胜之外，很大程度都依赖于他们给员工注入的最佳动力——晋升。

施乐公司晋升的标准是将员工分为三类：其中一类是工作模范，能胜任工作和监督工作。凡是被提升到公司最高层前50个领导岗位上的人都必须完全是工作的典范，积极投入质量管理中去。而要想成为较低层次上的经理，则起码必须能胜任工作。至于需要别人督促工作的那一类员工则根本不可能被提升。这样，表现良好的员工就会感到自己能得到迅速的提拔，于是他们会以更高的热情投入工作中。

谢尔比·卡特就是这样一名员工。他是施乐公司的销售人员，最初是一名推销人员，工作积极肯干并善于动脑筋。他每天不停地在外面奔波销售，他的妻子总是在他的车里放上一大罐柠檬，这样他可以吃上一整天，而不必吃午饭。

卡特以自己的聪明和勤奋为公司销售了大量的产品，于是他得到了逐步提拔，最终被提升为全国销售经理。成为销售经理之后，作为管理者的卡特最喜欢做的事情之一就是将镶在饰板上的长猎刀奖给那些真正表现杰出的员工。这些猎刀代表着一种晋升神话，得到它比得到奖金更有意义。得到奖励的员工会把猎刀挂在办公室的墙上，所以在施乐公司的办公室里常常会看到这些猎刀。

由于晋升的机会把握在自己的手中，所以施乐的员工充满着热情和干劲。即使在街道上散步，他们也会观察两旁的建筑群，思考如何使每一幢建筑里的单位都成为施乐复印机的用户。

就是这样充满趣味的竞争使每一个员工都竭尽全力去为公司打拼，每一个施乐的员工都深爱着自己的公司，公正的晋升制度使他们看到了自己的辛勤付出是值得的，他们认为在这里确实可以实现自己的梦想。

千万不能总让员工原地踏步，特别是对那些能干的员工，而应更信任他们，适时提拔，如果对他们总是半信半疑，不放心，那么给他们的感觉是不信任他们，怀疑他们的能力，那么他们还能尽心竭力地工作吗？

每个人在某个岗位上，都有一个最佳状态时期。有的学者提出了人的能力饱和曲线问题，作为管理者，要经常加强"台阶"考察，研究员工在能力饱和曲线上已经发展到哪个位置了。

一方面，对在现有"台阶"上已经锻炼成熟的员工，要让他们承担难度更大的工作或及时提拔到上级"台阶"上来，为他们提供新的用武之地；对一些特别优秀的员工，要采取"小步快跑"和破格提拔的形式使他们施展才干。

另一方面，经过一段时间的实践后，不适应现有"台阶"锻炼的员工要及时调整到下一级"台阶"去"补课"。如果我们在"台阶"问题上总是分不清谁优秀谁不称职，不能及时提升那些出色的员工，必然埋没甚至摧残人才。如果该提升的没有提升，不该提升的却提升了，那将为企业带来很大的损失。

对于提拔自己的人，几乎没有谁会不怀感激之心，因此，管理者若是能够将一个出色的员工提拔到重要的岗位上，他在自己的自尊心得到满足，体会到自己的重要性的同时，也必会对赏识他的主管心存好感，积极配合主管的工作。这样，人力资源管理必然会进行得很顺利。

因此，管理者一定要关心员工的成长，对他们的工作多鼓励、多支持，并及时给予肯定，使能力突出的人到更合适的位置上大胆发挥自己的长处，从而大大提升人才的使用价值。

不是发现人才，而是建立能出人才的机制

企业管理者对人才的重视与否很大程度上决定了企业发展的现在与将来，因此，管理者要在头脑中树立起正确的人才观，建立能出人才的机制，才能为企业发展提供长久的动力。

建立能出人才的机制，关键在于建立一套完整的管理机制和环境，使每一个员工不是处于被管理的状态，而是处于自动运转的主动状态，激励员工奋发向上、励精图治的精神。

1. 动力机制

动力机制的设置旨在形成员工内在追求的强大动力。动力机制包括利益激励机制和精神激励机制。前者主要包括工资、奖金、晋升等；后者主要包括荣誉、奖励学、信任感等。

2. 压力机制

压力包括竞争的压力和目标责任压力。竞争经常使人面临挑战，使人有一种危机感，这种危机感和压力会产生一种拼搏向上的力量，因而在用人、选人、工资、奖励等管理工作中，应充分发挥优胜劣汰的竞争机制。目标责任制在于使人们有明确的奋斗方向和承担的责任，迫使人们努力去履行自己的职责。

3. 约束机制

制度是一种有形的约束，伦理道德是一种无形的约束。前者是企业的法规，是一种强制约束，后者主要是自我约束和社会舆论约束。

4. 保证机制

主要指法律的保护和社会保障体系的保证。法律保证，主要是指通过法律保证人的基本权利、利益、名誉、人格不受侵害。社会保障体系主要是保证人的基本生活，保证员工在病、老、伤、残及失业的情况下的正常生活。

5. 选择机制

主要是指每一个员工有自由选择职业的权利，有应聘和辞职、选择新职业的权利，以促进人才合理流动。当然，企业也有选人和解聘的权利，这实际上也是一种竞争机制，有利于人才脱颖而出和优化组合，建立企业结构合理、素质优良的人才群体。

6. 环境影响机制

人的积极性、创造性的发挥要受环境的影响。两种环境因素，一是指和谐、友善、融洽的人际关系；二是指工作本身的条件和环境。创造良好的人际关系环境和工作条件及环境，让所有员工在欢畅、快乐的心境中工作和生活，不仅会使工作效率提高，也会促进人们文明程度的提高。

现代企业的性质、规模、环境和企业的组织形式不同，决定了企业的人本管理模式也不是单一的、封闭的、固定不变的，而是一项复杂的、开放的、动态的、多变的系统管理模式。它要求企业管理者结合本企业的具体情况，用系统的、发展的、权变的观点去认识和使用这个模式。

海尔人才管理机制的成功运用是有口皆碑的，即以"识才、出才、用才"三位一体相结合。

1. "人人是人才，赛马不相马。"这是海尔独具一格的识才之道，是由一位名叫张池的普通员工提出来的。张驰认为："传统的相马机制，依赖伯乐，对于千里马来说，命运掌握在别人手里，十分被动；而赛马机制打破了对伯乐的依赖性，改变了千里马的命运。"

海尔提炼了张驰的赛马思想，认为企业不是缺少人才，而是缺少出人才的机制，只要给予员工一定的机会和成长空间，人力就能变人才。因此，海尔不搞"伯乐相马"，只是提供赛马场，所有岗位都可参赛，岗岗是擂台，人人可升迁。

"人人是人才，赛马不相马"，不但可以让有能力的人脱颖而出，承担更重要的责任，还能让管理层认识到自己在开发人力资源方面的重要责任。既然人人是人才，人人能成才，那么如果出不了人才，用不好人才，寻根究源是管理者的责任，管理者必须为缺乏人才承担责任。

2. "先造人才，再造名牌"是海尔的出才理念。海尔集团的用人法则是，有什么样的人才，就有什么样的事业，人才是海尔崛起、成功的基础。建立出才机制是海尔出才之道的精髓。企业经营战略与人力资源开发战略紧密结合是海尔出才之道的具体体现。重视培训是海尔出才之道的基石。

3. "人才是激励出来的"是海尔的用才理念。在海尔，激励是提高员工素质的最有效的手段，因此，海尔要求管理者去研究人才的激励机制，而不是具体的个人。海尔力求建立一套能充分发挥个人潜能的机制，给每个员工提供充分实现自身价值的空间，员工能"翻多大的跟头"，海尔就给他"搭多大的舞台"。

"海豚潜下去越深，跳得也就越高"，沉浮升迁机制是海尔用人育人的一大特色。海尔重视对管理者的市场经验的培养，不管在何种职位，如果缺乏这方面经验，也要拍他下去，到基层去锻炼。

海尔这种识才、出才、用才三位一体的人本管理模式，成就了海尔的享誉国内外的品牌声誉，使海尔在其国际化的道路上越走越远，越走越顺。

放大成绩，缩小错误

如果说管理是一门科学的话，那么学会如何奖励和批判员工就是一门艺术。每个人都希望自己的成绩能得到他人的肯定，学会称赞员工，放大他们的成绩无疑会大大提高员工的积极性和工作热情。当然，工作中出现差错也在所难免，此时，如何运用巧妙的方法提出建设性的批评,也是非常重要的。

对领导者而言,下属首先是个人,是人就有小毛病,可能还会犯点小错误,这都是很正常的。因此,宽容地对待下属和员工,放大他们工作中的成绩,缩小其平时所犯的错误,这是每一个领导应当具备的美德。没有一个下属愿意为斤斤计较、小肚鸡肠、犯一点儿小错就抓住不放,甚至打击报复的领导者卖力。

尽可能原谅下属不经意间的冒犯,这是一种重要的笼络手段。能原谅下属的冒犯,就是对下属人性的把握。那些无关大局之事,不可同下属锱铢必较,当忍则忍,当让则让。要知道,对下属宽容大度,是制造向心效应的一种手段。

战国时期,楚庄王赏赐群臣饮酒。日暮时,正当酒喝得酣畅之际,一阵狂风吹来,灯烛灭了。这时,有一个人因垂涎庄王美姬的美貌,加之饮酒过多,难以自控,便乘黑暗混乱之机,抓住了美姬的衣袖。美姬一惊,左手奋力挣脱,右手趁势抓住了那人帽子上的系缨,并告诉庄王:"刚才烛灭,有人牵拉我的衣襟,我扯断了他头上的系缨,现在还拿着,赶快拿火来看看这个断缨的人。"庄王说:"赏赐大家喝酒,让他们喝酒而失礼,这是我的过错,怎么能为显示女人的贞节而辱没人呢?"于是命令左右的人说:"今天大家和我一起喝酒,如果不扯断系缨,说明他没有尽欢。"群臣一百多人都扯断了帽子上的系缨而热情高昂地饮酒,一直到尽欢而散。过了三年,楚国与晋国打仗,有一个臣子冲在前面,最后打退了敌人,取得了胜利。庄王感到惊奇,忍不住问他:"我平时对你并没有特别的恩惠,你打仗时为何要这样卖力呢?"他回答说:"我就是那天夜里帽子上被扯断了系缨的人。"

从这里,我们不仅看到了楚王的宽宏大度、远见卓识,也可以洞悉他驾驭部下的高超艺术。人性层面有感激之情,我们常说的"滴水之恩,当涌泉相报"就是这个道理。对别人的好,以后都会反馈回来的,楚王了解人性,因此他的部下都归顺于他,一时间威震一方。

很多有大才的人都是不拘小节的,他们不遵循社会上的规则,我行我素,不买领导的账,在领导面前也是腰板儿挺得直直的,偶尔会毫不客气地顶撞。如果领导不能容忍这样的冒犯,那很可惜,他会因此错失某些真正的人才。《孙子兵法》里最高深的计谋要数"攻心"。而要攻心,就非得有一颗有容乃大的心,能原谅下属偶尔的冒犯和小错。

其实,历史上的很多明君都深谙睁一只眼闭一只眼的艺术,在小事情上不妨糊涂一点儿,不要把下属逼得战战兢兢,如履薄冰。多给别人留条路,容忍别人的过错,是一个人心胸宽广的表现,同时也是一种生存的谋略。

明代政治家张居正说:"大德容下,大道容众。"如果能够以此修身待人,那么人生无不坦然,身边自有亲切可信之人。无论是自己完全信任的朋友,还是曾经立场对立的"敌人",只要对方真的拥有才华和能力,就不妨抛开偏见,用宽容之心来一视同仁地对待。宽容具有不可抗拒的功效,它是赢得人气的智慧,也是决定成败的重要砝码。想要为自己留住人才,就要有不拘一格用人才的胸怀和谅解他人的小过失和小缺点的宽容,因为这样才能舍小换大,得到更多人才的大能力和大贡献。

成事在公平,失事在偏私

对于军队而言,赏罚分明可以提升军队战斗力;对于公司而言,赏罚分明可以提升企业的市场竞争力。如果赏罚不明,一切制度都成了虚设。只有赏罚分明,制度才能得到巩固和完善。赏罚分明更要体现公正严明,"赏不服人,罚不甘心者叛;赏及无功,罚及无罪者酷"。

纵观历史,但凡有名的军事家,在治军上都是法纪严明的,诸葛亮便是如此。作为三国时期最为著名的领导者之一,诸葛亮管理所有军政事务,显然,假如没有一些手段,他是办不成事的,而诸葛亮的手段之一就是赏罚分明。对有功者,他施以恩惠,不断激励;对犯错误者他严肃法令,秉公执法。有两件事可以反映诸葛亮的赏罚分明。

其一,诸葛亮首次北伐时,马谡大意失街亭,致使诸葛亮北伐之旅遭到彻底失败。诸葛亮退军后,挥泪斩了马谡。同时,诸葛亮对在街亭之战立有战功的大将王平予以表彰,擢升了他的官职。

其二,作为托孤重臣的李严一直为诸葛亮所器重。但在北伐时,李严并没有按时将粮草提供给前线,反而为了逃避责任在诸葛亮和刘禅之间两头撒谎,诸葛亮不明就里,只得退军。后来诸葛亮了解到了真相,将李严革职查办。

街亭一战,可以说是诸葛亮平生最为狼狈的一次战役。街亭战后,诸葛亮对马谡的罚以及对王平的赏,都充分地体现了诸葛亮恩威并施的不凡智慧,通过他的举措,军纪得到了整肃,士兵的士气也被大大地鼓舞了。

在现代企业管理中,领导者也应该像诸葛亮一样,有奖有罚、恩威并施,这也是对员工很重要的一个激励手段。形象一点儿来说,就是要领导者用好手中的棒棒糖和狼牙棒,要使员工明白,努力工作就能尝到棒棒糖的甜,犯了错误也会感受到狼牙棒的痛。

企业领导者在赏罚分明方面要注意四个问题。

第一，有功必有赏。下属有功劳而不能获得奖赏，他会心生怨气，陷入懈怠。

第二，有过必有罚。有过不罚，等于说企业领导者自动放弃了惩罚机制。

第三，奖罚一定要双管齐下。有赏有罚，赏才能起到激励作用，罚才能发挥警示之功能。

第四，赏罚一定讲求公平，否则会引起员工的抵触心理。

在企业里，领导者只有"赏罚分明"才能不断强化正确的行为、抵制错误的行为。"赏"是对员工正确行为的一种肯定，帮助领导者旗帜鲜明地表明，员工哪种行为是自己所赞同的；"罚"是对员工错误行为的否定，表明哪种行为是被领导者所禁止的。

只有论功行赏、论罪处罚，才是领导留下人才和铲除"蛀虫"的不二法门。对于人才的任用，不论远近亲疏，只论功过是非，对就是对，错就是错，对了要奖励，有错就必须罚，两者清晰明确，如此方可减少团队内的争执，增加整体队伍的凝聚力，有效降低因关系不合而造成的损失，提高办事效率。

这一点我们也可以从一代枭雄曹操身上得到启迪。

曹操以赏罚分明著称，奖励和处罚都很到位。曹操深知重赏能极大地调动下属的积极性，使他们最大限度地为自己效力。因此，对于有功之臣加以重赏，对做了错事的人会给予重罚，就连曹操自己做错了也会主动检讨和受罚。为了有法可依，奖罚分明，他于建安七年至十二年先后颁布了《军谯令》《败军令》《论吏士行能令》《封功臣令》等，并将20多名有功将吏封为列侯，同时对有过者给予惩处。这种恩威并施的奖罚机制为曹操结束三国鼎立的局面奠定了坚实的基础。

赏罚分明也是驭人必不可少的一种手段，如果对为自己做事的人不能实行赏罚分明的策略，则会招致记恨，让小人更加得志，让能者疏远你。

不忍对他人有半点儿苛责，似乎能够显现这个人的仁慈，但也会显得这个人没有原则。特别是作为一个领导者，如果对奖励的人没有足够的奖励，对该惩罚的人不能惩罚，那么他就很难服众。

对有功劳的人不吝惜赏赐，是领导者大度的表现。而对于犯了原则性错误的人，饶恕就等于纵容，会破坏一个团队或圈子的规矩，以至于人人都变得随便，不服从命令。如果一个国家变得如此随便，那么必将是行善者减少，为恶者增多，因为后者知道自己将免于惩罚；如果一个团队不能赏罚分明，人人将不忠于自己的职责，对自己的所得也会有诸多抱怨,这个团队无疑是不团结、不和谐的。

照顾好员工等于兼顾好利益

对于一个企业家来说,赢利是他们追求的目标,然而,在追求利润和效益的同时,也要照顾好员工的利益,让他们感觉到自己被重视、被尊重,以便充分调动他们的积极性,使其为公司创造更高的效益。

早在2000年前中国人就提出了"足寒伤心,民怨伤国"的观点。民怨可伤国,就好像人的脚受了寒,心肺会受损一样,如果一个国家的民怨极大而得不到疏解,那么国家就会产生动乱。这个道理放在现代化企业管理中,即是所谓的"霍桑效应"。

美国芝加哥郊外的霍桑工厂是一个制造电话交换机的工厂。这个工厂建有较完善的娱乐设施、医疗制度和养老金制度等,但员工们仍愤愤不平,生产状况也很不理想。为探求原因,1924年11月,美国国家研究委员会组织了一个由心理学家等各方面专家参与的研究小组,在该工厂开展了一系列的试验研究。这一系列试验研究的中心课题是生产效率与工作物质条件之间的关系。这一系列试验研究中有一个"谈话试验",即用两年多,专家们找工人个别谈话2万余人次,并规定在谈话过程中,要耐心倾听工人们对厂方的各种意见和不满,并做详细记录,对工人的不满意见不准反驳和训斥。

这一"谈话试验"收到了意想不到的效果:霍桑工厂的产量大幅度提高。这是由于工人长期以来对工厂的各种管理制度和方法有诸多不满,无处发泄,"谈话试验"使他们的这些不满都发泄出来,从而感到心情舒畅,干劲倍增。社会心理学家将这种奇妙的现象称为"霍桑效应"。

霍桑试验的初衷是试图通过改善工作条件与环境等外在因素,从而提高劳动生产效率。但是,通过试验,人们发现,影响生产效率的根本因素不是外因,而是内因,即工人自身。因此,要想提高生产效率,就要在激发员工积极性上下功夫,要让员工把心中的不满一吐为快。比如,设立"牢骚室",让人们在宣泄完抱怨和意见后,全身心地投入工作中,从而使工作效率大大提高。

日本的一些企业做得更"贴心",他们在企业中设立"特种员工室"。"特种员工室"设有经理、车间主管、班组长的人偶像及木棒数根,工人对某管理人员不满,可以用木棒打自己所憎恨的人偶像,以泄愤懑。

法国则出现了一个新兴行业——运动消气中心。想出此创意的人大都是学运动心理专业的，他们认为运动可以解决人们的心理问题，尤其是心情积郁等诸多问题。每个运动中心都聘请专业人士做教练，指导人们如何通过喊叫、扭毛巾、打枕头、捶沙发等行为进行发泄。也有的通过心理治疗，先找出"气源"，再用语言开导，并让"受训者"做大运动量的"消气操"。这种"消气操"也是专门为这项运动设计的。

总之，由于种种原因，你的下属可能满怀怨气，那么，身为领导，有必要在恰当的时候让下属消解心中的怨气。至于具体的方法，可以参考下面两种。

1. 主动自责

谁都有犯错的时候，不要以为自己是领导就高高在上，当自己说错话，办错事不妨主动承认自己的错误，只有这样才能让员工消解怨气。

当下属因为你过激的批评而心怀怨气时，能主动找到下属，作真诚的自责，实际上就是传达一种体贴和慰藉，责的是自己，慰的是下属。这有利于在对方本已紧张的心理空间辟出一块"缓冲地带"，让命令得以执行，工作能够顺利地开展下去。

2. 晓以利害

下属与上司的一个不同之处在于，上司除了关心自己的利益之外，更应该关心单位的整体利益，而下属却有权关注自己的切身利益胜过关注整体利益。因此，与下属谈话应该常记住"晓以利害"这一技巧，当他们对某件事有与单位上司不同的想法时，作为上司的你就应该明智地对他们做一番权衡利弊的分析，只有让他们觉得你的决定是真正有利于他们切身利益的时候，他们才会真心地消除不满，转而支持你的工作。

其实，真正适合自己的下属往往都是领导者自己"养"出来的，工作就是生活，生活就是工作，生活与工作水乳交融，领导与下属在工作中要以在一起"生活"而不是在一起"对抗"的态度相处，培养出相互的默契，才能更好地做好工作。正如想吃桃就要先养好桃树，要更好地领导团队，领导者也要"养"好自己的下属，这就要求领导者不仅在职位上适当地提升下属，更要丰富他的经历，提升他的能力，涵养他的精神，关心他的健康。

有人说用人的境界是提升人，如果领导者把下属看作分享自己利润的敌人，用压榨的想法来使用人，想方设法地榨干下属的每一分精力，减少他们应得的待遇和成果，那么也就得不到下属的真心效力，留不住人才。照顾好员工等于兼顾好利益，领导者不能吝啬应该分给下属的成果和荣誉，而应该用宽阔的胸襟和待人如己的诚心来对待他们，这样才更容易达到互利双赢的效果。

让听得见炮声的人来决策

如何提高一个团队的运行效率，任正非曾以他惯用的军事化语言说："要让听得见炮声的人来决策。"即授予一线团队决策权，以"精简不必要的流程，精简不必要的人员"。

任正非乐意重用刚出门校门的学生，因为他们单纯执着、充满激情、不怕吃苦、最肯牺牲，并真诚地相信华为的产品是最好的。在华为的销售人员当中，刚出校门的学生往往比拥有销售经验和丰富人生经历的人做得更成功。"我要保证一线的人永远充满激情和活力！"任正非说。

在一次由纽约飞往洛杉矶的航行中，飞机客舱里的一块镶板松动了。镶板尖锐的突起划破了一位乘客的袜子，他把这件事情告诉空服人员。空服人员手边没有工具，无法马上修理，于是她把这件事情记录下来，等到达目的地时再向联络办公室的人报告。可是联络办公室里除了一部电话和一套对讲系统以外，也没有工具。这时，空服人员已经把问题反映上去，在她看来，自己的工作已经算是完成了。

当天下午，报告被送至"相关"部门。半小时之后，该部门又将报告放在技术部一名办事员的桌上。这名技术员不确定自己能否修复，但他并不担心，因为飞机此刻正翱翔在杜布克市上方约31000英尺的高空中。于是，他在一本皱巴巴的记录单上潦草地记上一笔：在可能的情况下进行修复。可以肯定的是，他一定会修好那个突起，不过是在刮破另外10名乘客的袜子之后。

企业越大，组织机构就越复杂，问题向上反映需要经过层层系统，当领导者做出决策后，往往已经耽误了解决问题的最佳时间。一线员工往往更加了解问题所在，因为他们是真正在执行的人。企业想要确保执行效率，想要第一时间解决问题，不妨多给予一线的人员做决策的权力，让真正接触炮火的人来解决问题。

很多人都知道"八佰伴"这个名字，作为著名的日本连锁企业它曾经盛极一时，光在中国就拥有很多家分店。可是庞大的商业帝国"八佰伴"为什么顷刻间便宣告倒闭了呢？原来，到了后期时，"八佰伴"的创始人禾田一夫把公司的日常事务全都授权给自己的弟弟处理，而自己却天天窝在家里看报告或公文。

他弟弟送来的财务报告每次都做得很好。但事实上，他弟弟背地里做了假账来蒙骗他。最后，八佰伴集团的倒闭，使禾田一夫"从一位拥有四百家跨国百货店和超市集团的总裁,变成了一个穷光蛋"。几年后,禾田一夫接受中央电视台《对话》栏目采访,主持人问他:"您回顾过去得到的教训是什么?"他的回答是:"不要轻信别人的话。一切责任都在于最高责任者。作为公司的最高领导者,你不能说'那些是交给部下管的事情'这些话,责任是无法逃避的。"

后来禾田一夫在回忆八佰伴破产的时候也承认,因为时代的进步需要更多的头脑来武装企业,所以家族式的管理已经不利于企业的发展。禾田一夫让其弟弟禾田晃昌做日本八佰伴的总裁,这本身就是一个典型的失败。在八佰伴的管理体制下,不但下面的人向上级汇报假账,连禾田一夫的弟弟也向禾田一夫汇报假账。

从上面的例子里,我们知道,让一线团队拥有决策权,绝不等于放弃控制和监督。不论是领导者还是员工,绝不能把控制看作消极行为,而是应该正确认清它的积极意义。控制员工和向员工授权,两者密切相连、相辅相成。没有授权,就不能充分发挥员工的主动性;没有对员工的控制,则不能保证员工的主动性一直向着有利于整体目标的正确方向发展。

第十五章

长远投资，培养一棵大树

资源的 98%靠整合

人心是很奇妙的，有句话说"得人心者得天下"，说的就是人心的重要性。近年来，世界各国的大企业都在完善企业自身的聘用机制，以求吸引到更多才华横溢、雄心勃勃的人才。但即便如此，仍有许多人才悄然而去。事实上，企业留人的关键就是留心，只有抓住了员工的心，人才才不至于流失。

人才如果对工作失去了兴趣，单靠金钱是留不住他们的，只有增加员工对工作的满意度、对集体的归属感和提供个人发展的机会才能令他们安心地干下去。因此，现在有很多企业都制定了相应的留住人才的战略，努力提高他们对工作的积极性。

美国波士顿 SHL 集团总裁斯特恩说："此刻，公司回过头来对员工们说，我们将做出让步，向你们提供发展和进步的途径。我们将就地开办课程，使你们能够更加容易地跟上时代的步伐，我们还将提供一些顾问和一系列资料。"

道康宁公司和联信公司正在努力迎合自主型雇员。近年来，这两家公司跳槽的员工多为任职三个月至二年的员工，由此，该公司制定了一项"职业适应"计划，以帮助员工在公司内部寻找机会。道康宁公司总经理贝弗利说："我们的想法是，教会那些甚至是刚进公司的员工如何找到不同的工作职责，这样，他们不必离开公司就能找到更合适的岗位。"

其实，安定人心，让员工爱上自己的企业并不是件困难的事，只要管理者能够采用一些措施，在工作中和生活上营造出公正平等与和谐的环境，使员工能够有一种自我价值得以实现的成就感，员工便会忠实于企业，勤奋地工作，以更大的努力回报企业。

首先，为员工提供更好的待遇，这是企业留人的一种有效方法，这一点，微软公司做得非常成功。对微软公司而言，不论你的经验与资历如何，只要有足够的能力，你就有机会升职加薪。因此，微软公司能网罗到全世界的精英。微软公司的理念就是：网罗天下精英，共创大业。在微软公司工作的压力虽然很大，但是其福利优厚，能使许多员工成为百万富翁，这也是留住人才的方法之一。在相同的条件下微软公司通过内在激励机制，提供更好的待遇与工作环境，吸引了大批最优秀的人才。

其次，让人才拥有发挥自身才华的舞台，让他们扮演公司的主角也是不错的办法。美国有一家顾问公司，其业务主要是信息咨询和规划设计等。因为公司效益不错，三位创立人决定用高薪来引进人才，以扩大公司规模，因为高薪和该公司令人喜悦的发展速度，许多人才被吸引了过来，其中有两位高级咨询顾问都希望在该公司一展身手。可是，三位创立人对高级咨询顾问并没有做出太多的安排，他们把全部精力放在营销工作上，去追求新合同。刚刚进入公司的高级咨询顾问明显地感觉到被冷落了。

这个过程持续了好几个月，公司的动力开始减缓，人们开始对工作不抱什么热情。接着有一些人才开始离去，他们还带走了一些客户。这种情况逐渐多起来了。该公司三位创始人有一天清晨醒来，忽然发现他们那一个美丽的梦破灭了，他们没有中标，当他们回过头来注意公司的时候，发现公司只剩下了一个空壳。最大的客户也跟着咨询顾问走了。

人既是感性的又是理性的，员工既希望能够受到关怀，又希望发挥自己的能力为企业创造点什么，如果这些愿望得不到满足，那么员工便会感觉到失望。或许企业能够支付很高的薪水，但在有些时候，高薪也留不住人，给他们一个可以尽情施展才华的舞台才是明智的解决办法。

每个人都是平等的，即便有高下之分，也是因为品德、能力，而非职位，如果管理者能有发自内心的平等意识，真诚地对待每一个人，那么员工必定会受其感动，全身心地投入工作中去。出色的员工总会在工作过程中产生很多的看法和观点，其中有很大一部分都是对企业有益的建议。因此，身为团队的带头人，要多和企业中的人才交流，了解他们的想法，然后对管理方法做出相应的调整。

最后，管理者提拔人才时，一定要对如何提拔人才进行统筹考虑，因为如果这个问题处理不好，不仅会失去这个人才，还会招致企业其他人的不满，给企业机构带来破坏。

当然，让不同层次的人才得到适合的学习机会也是十分有必要的。不同层次的人才在职责和特长上存在很大差异，有的人适合做高级管理者，有的人适合做基层管理者，有的人是专业人员，但他们都需要不断地学习，给自己充电，以满足自己的进取心，同时也会为企业创造更好的效益。因此，为不同的人才开设不同的培训项目也是留住人才的一条途径。学在这里、用在这里，配以合理的薪酬和职位，人才当然舍不得离开。

一个组织或团队会集了来自五湖四海的人，作为管理者应该想一下：这些性情各异的人为何会聚集在你的周围、听你指挥、为你效劳？俗话说："浇树要浇根，带人要带心。"管理者只有摸清下属的内心愿望和需求，并予以适当的满足，才可能让众人追随你。

谋人缘，结好果

人脉整合是整合中一个关键环节，无论在生意场还是在生活中，好人缘都能让我们获得源源不断的助力。俗话说，一个人的命运，与他所遇到的人和所交的朋友有关。从某种意义上讲，选择朋友就是选择命运。所以，看一个人身边的朋友就知道他是个什么样的人。良好的环境可以促使人获得成功，恶劣的环境会阻挠人的成功。假如一个人想成为一名成功人士，就应该先看看自己周围的朋友是否值得交。

网络信息时代的诞生，打破了人们常规的交往模式，极大限度地缩短了人与人间的距离，给我们带来了强大的人脉资源。如果无暇顾及众多的朋友，可以抽出几分钟的时间发几封电子邮件，既愉悦了身心，还能为你们的友谊保驾护航。再如，建立自己的博客、微博，会集大量志同道合的朋友，进行互动。总之对于网络，如果运用得好，我们便能广结人缘、财源滚滚。

人际交往中，主动与人交往能帮我们赢得他人的注意和好感，从而帮助我们在建立人脉时先人一步。主动不仅是一种行事风格，从思想上讲，更是一种主动谋略。社会是一个以人为主的社会，人的一切活动、交易、成就，都要从人与人的接触中产生。在社会生活中，别人供给我们所需，也肯定我们的贡献。我们认识的人愈多、公共关系愈好，就愈容易成功。

实际上，许多人都囿于个人生活与工作的狭小范围与具体环节的局限，除了自家人和亲戚关系，还有同学、同事、朋友和熟人，都是顺其自然、被动形成的。许多中年人和老年人大多过着两点一线的生活，几十年如一日地在家庭和工作单位之间来往。我们应该有意识地选择和结交朋友，有意识地建立自己的信誉，经营自己的人际关系网络。

对方的态度是自己的镜子。在日常的人际交往中，有时自己感觉"他好像很讨厌我"，其实这正是自己讨厌对方的征兆。抱着"对方愿意接近我，我也愿意和他交谈""对方如果喜欢我，我也喜欢他"的心态，就能比较容易地建立起和谐友好的人际关系。谋人缘，结好果，只要我们积极主动与人交流，主动敞开心扉，我们的人际圈就会不断扩大，回报也会源源不断。

草根也有用处

有这样一个寓言故事：一天，一只小鸟正在河边的树上休息，突然，它发现一只蚂蚁被冲进河中。情急之下，小鸟灵机一动，从树上衔下一片树叶扔给了正在河里挣扎的蚂蚁。蚂蚁好不容易才爬上那片救命树叶，顺着河水，来到了岸边。为了报答小鸟的恩情，蚂蚁感激地说："谢谢你，以后我一定会好好报答你。"小鸟不以为然："算了，就凭你一只芝麻大的小蚂蚁，能帮我什么忙。"然而有一天，蚂蚁还真的帮到了小鸟。

这天，一位猎人正拿着枪瞄准了躺在树上睡大觉的小鸟，说时迟那时快，正当猎人扣动扳机的那一刹那，蚂蚁飞速地爬到猎人的脚上，狠狠地咬了他一口。猎人大叫，惊醒了睡梦中的小鸟，这时，小鸟才明白原来是蚂蚁救了自己一命。

从这个寓言故事启发我们，现在被我们忽略的很多人都有可能在未来的某一天成为我们的贵人。因此，现在即便他是个名副其实的草根，也不要放弃对他施与善行，或许某一天，他就是那个把你从"枪口"下救出的"蚂蚁"。

与人相处时，我们切忌抱以短浅、势利的目光，用身份、地位、职业等来评价对方。《伊索寓言》说："不要瞧不起任何人，因为谁也不是懦弱到连自己受了侮辱也不能报复的。"他人飞黄腾达时，我们要学会祝福，他人一时不顺时，我们也要学会给他们以温暖，而不应该轻视、鄙视，否则，吃大亏的就是我们自己。

然而，人往往就是这样，年纪大了，就倚老卖老，拉不下脸面向年纪比自己小的人请教；财富多了，就不可一世，放不下身段与穷人平易相处；地位高了，就趾高气扬，弯不下腰与下属打成一片……拉不下脸，放不下身，弯不下腰，都是因为看人不均等，让人能直不能屈，久而久之免不了走上自以为是的歧途。

禅师有一位画师朋友，有一天这位画师来到寺里找他，聊天中禅师了解到，画师收了一名徒弟，却不把这位初学作画的学生看在眼里，指导作画也是漫不经心。结果，徒弟被画师的行为激怒，与画师产生了冲突。画师心下烦闷，所以来找禅师解闷。

禅师并没有多说什么，只是问画师："你是学画之人，我想请教你一个问题。"

"禅师请说。"

"你站在山上画一个山下的人和你站在山下画一个山上的人，哪个大，哪个小？"

画师想了想说："自然是一样大小。"

禅师点了点头，只说"这便是了"，便不再言语。

画师不懂，但见禅师没有继续深谈的意思只好作罢。几年过去了，有一天，这位画师拿了一幅画来找禅师。画上画的是山上山下两个人在对画，禅师看了以后说："你明白了？"

画师说："明白了。我那徒弟在我那次找你之后便离开了，这几年他功成名就，小有名气。这画便是他画的。"

禅师的话意在告诉画师，差别待人，必会被别人差别看待。人们常说"彼此尊重，互不轻慢"，其实不过要求我们在与人相处中多几分善意、真诚，想问题时多些换位思考、为他人考虑。

刚开始和一个人接触时，不要带着先入为主的观念，比如"他曾经很不堪""他做人有问题""他就是个穷学生"。被这些没有验证过的论断干扰，会不自觉地把自己放在高人一等的位置上俯视对方。然而，仰视一个人是一件很累的事情，少有人喜欢。

我们和他人打交道时，应该站在平等的高度，以心换心。以心换心不是强颜欢笑、虚情假意地与对方寒暄，也不是面无表情、横眉冷对地应付了事，而是把自己的心拿出来，发自内心地与他人交流沟通。撕掉自己的虚伪面具，改变自己的冷漠态度，拿掉自己的"有色"眼光，从心底善意地去接受他人，用一颗厚道的心，真诚地面对他人。记住，即便是草根也有他的用处，善待身边的每一个人，我们才不至于将来需要他人帮助的时候无人依靠。

善结比自己高明的人

一个人势单力薄，即便再有智慧，也无法靠自己一个人的力量获得成功，这时候借用别人的力量，就可以弥补自己力量的不足。当遇到难以解决的难题甚至危机时，向身边比自己高明的人求助是一个脱离困境的好办法，也许对我们来说费力不讨好的事情，对他们来说不费吹灰之力就能轻松搞定。

与其自己苦苦追寻而不得，不如将视线一转，呼唤你身边的强者。能够合理地将他人之力为己所用，就可以更容易地排除困难，达成自己的目标。

隆庆皇帝临终前任命高拱、张居正、高仪为顾命大臣，隆庆帝驾崩之后，冯保矫遗诏成为司礼监掌印太监，这样，代表司礼监的冯保和代表朝臣的内阁首辅高拱就尖锐地对立起来，于是高拱授意御史言官接连弹劾冯保矫诏欺君。由于皇帝年幼，按照惯例应该会将奏章发还内阁拟旨，这样一来高拱就可以既做原告又做审判长，自然胜券在握。

冯保听说这件事，立刻慌了，他去找到了当时告病在家的张居正，经过一番讨价还价，张居正给冯保出了一个主意，后来，冯保眉开眼笑地离开张府回宫了。回宫以后，冯保赶紧到万历的生母当时的李贵妃面前告高拱的状，他说："高阁老表面上是要对付我，其实是想杀鸡儆猴，在皇上面前立威。"又说："当初大行皇帝驾崩之时，高阁老曾说'十岁孩童，如何做天子！'这分明是没把皇上放在眼里。"

冯保这两句话，轻描淡写地就将高拱对自己的敌对转嫁到了李贵妃和小皇帝身上，李贵妃立时大怒，马上找到陈皇后商议驱逐高拱。在朝会上，尚以为胜券在握的高拱还没明白过来怎么回事儿，就当场接到了陈皇后、李贵妃和小皇帝的联合谕旨，命令他"回籍闲住，不许停留"。就这样，一代政治高手败在了冯保一介太监的手下，高拱去职以后，张居正也顺利地替补上位，当上了内阁首辅。

生活中，有时候难免会遇到很强的对手，或者难以处理的危机。此时，如果选择硬拼，无异于以卵击石。可是又不能坐以待毙，这时就需要学习如何巧妙地将难题抛给别人去处理，轻松地解决自己的困境。张居正教冯保运用了"危在我，而施于人"的诀窍，寥寥数语就使李贵妃和万历从高拱对冯保的步步紧逼中体会到了自身的危机，这样他们自然就会主动替冯保去解决高拱了。

奥地利作家斯蒂芬·茨威格说："一个人的力量是很难应付生活中无边的苦难的。所以，自己需要别人帮助，自己也要帮助别人。"在这个人与人的关系如此密切的时代，没有人能单枪匹马轻易成功，更多的时候成功与否就取决于一个人是否懂得借助别人的智慧来解决难题。

当然，大多数时候，遇到难题不应一味地拒绝回避，而应该抓住机会，想办法去解决它，因为人往往在解决困难的过程中成长得最快，拒绝所有的难题基本上就等于拒绝成长的机会。所以如果问题不是非常难处理，还是应当尽己所能地把事情做好。

第十五章
长远投资，培养一棵大树

当我们陷入困境时，如何借着高人的力量走出低谷，曹操做出了很好的示范。东汉末年军阀混战时，袁绍感到曹操是个强大的敌人，决心进攻曹操的老巢许都。公元200年，袁绍集中了十万精兵，派沮授为监军，从邺城出发进兵黎阳。

沮授说："我们尽管人多，可没像曹军那么勇猛；曹军虽然勇猛，但是粮食没有我们多。所以我们还是坚守在这里，等曹军粮草用完了，他们自然会退兵。"袁绍不听沮授劝告，命令将士继续进军，一直赶到官渡，才扎下营寨。曹操的人马早已回到官渡，布置好阵势，坚守营垒。就这样，双方在官渡相持了一个多月。日子一久，曹军粮食越来越少，兵士疲劳不堪。曹操有点儿支持不住了。

这时候，袁绍方面的军粮却从邺城源源不断地运来。袁绍派大将淳于琼带领一万人马运送军粮，并把大批军粮囤积在离官渡40里的乌巢。袁绍的谋士许攸探听到曹操缺粮的情报，向袁绍献计，劝袁绍派出一小支人马，绕过官渡，偷袭许都。袁绍很冷淡地说："不行，我要先打败曹操。"许攸还想劝他，正好有人从邺城送给袁绍一封信，说许攸家里的人在那里犯法，已经被当地官员逮了起来。袁绍看了信，把许攸狠狠地责骂了一通。许攸又气又恨，想起曹操是他的老朋友，就连夜逃出袁营，投奔曹操去了。曹操听说许攸来投奔他，高兴得来不及穿鞋子，光着脚板跑出来欢迎许攸，说："好啊！您来了，我的大事就有希望了。"

许攸说："我知道您的情况很危急，特地来给您捎个信。现在袁绍有一万多车粮食、军械，全都放在乌巢。淳于琼的防备很松懈。您只要带一支轻骑兵去袭击，把他的粮草全部烧光，不出三天，他就不战自败。"

曹操得到这个重要情报，立刻把荀攸和曹洪找来，吩咐他们守好官渡大营，自己带领五千骑兵，连夜向乌巢进发。他们打着袁军的旗号，沿路遇到袁军的岗哨查问，就说是袁绍派去增援乌巢的。袁军的岗哨没有怀疑，就放他们过去了。曹军到了乌巢，就围住乌巢粮囤，放起一把火，把一万车粮草全烧了。乌巢的守将淳于琼匆忙应战，也被曹军杀了。

正在官渡的袁军将士听说乌巢起火，都惊慌失措。袁绍手下的两员大将张郃、高览带兵投降。曹军乘势猛攻，袁军四下逃散。袁绍和他的儿子袁谭连盔甲也来不及穿戴，带着剩下的800多骑兵向北逃走。经过这场决战，袁绍的主力被消灭。过了两年，袁绍病死。曹操又花7年扫平了袁绍的残余势力，统一了北方。

张居正转嫁矛头，曹操四两拨千斤，这都是善于借用别人帮助的结果。生活中，好的机遇可遇不可求，让别人为你的成功铺路，省时又省力，何乐而不为？

向落魄者伸出援助之手

明代学者苏竣把朋友分为"畏友、密友、昵友、贼友"四类，如此划分便可明白：畏友、密友可以知心、交心，互相帮助并患难与共，是值得深交的；那些互相吹捧、酒肉不分的昵友，口是心非，当面一套，背后一套，有利则来，无利则去；还有可能乘人之危损人利己的贼友，都是无论如何也不能结交的。

一个人不可能永远一帆风顺，走霉运、被打压是难免的。而落难时刻正是对身边人际关系的考验。远离而去的人可能从此成为路人，同情、帮助他渡过难关的人，他可能铭记一辈子。所谓莫逆之交、患难朋友就是这样产生的，这时形成的感情是最有价值、最令人珍视的。

我们熟知的宋江就是个很会接纳潦倒英雄的人物，他的"及时雨"的称号就能说明这点。宋江也正是靠这帮潦倒英雄才成为江湖领袖，把水泊梁山的"革命"事业做起来。宋江身为官吏之时，在江湖上已经有了很大名声，已经具备准领袖的身份。对那些社会底层江湖好汉，没有多少人缘的下层人物，那些潦倒的英雄好汉，宋江也能待之以礼，并且有足够的耐心与这些人交往。"但凡有人来投奔他的，若高若低，无有不纳，便留在庄上馆谷，终日追陪，并无厌倦。若要起身，尽力资助，端的是挥霍，视金似土。"武松病困潦倒在柴进家，为人所厌；李逵那种蛮横粗鲁的作风，恐怕是人见人怕，连利用他的戴宗都有些讨厌他，唯有宋江对他们个个都十分真诚。

现实中，我们虽很难做到像宋江那样仗义，但是面对"潦倒英雄"，还是能做出不少力所能及的"义举"的：不要吝惜蝇头小利，更不要吝惜你的真诚，睁开慧眼去发现那些现在或将来可能对你有帮助的人，即使目前他看上去很落魄，但你的一点儿恩惠将使他铭记终生。对一个身陷困境的人，一点儿小钱的帮助可能会使他抖擞精神，或许还能干一番事业，闯出自己富有的天下。对于一个执迷不悟的浪子，一次促膝交心的帮助可能会使他建立做人的尊严和自信，或许是在悬崖勒马之后奔驰于希望的原野，成为一名勇士。

但是需要注意的是，大凡人不得意时往往自尊心更强，所以与处于"潦倒"状态的人接触时，要时时注意在语言、行为上平等对待他们，不要使其有依附于人或被你施舍的感觉，否则反而适得其反。

结交"潦倒英雄"只需要很少的付出，却可能得到很多的回报，趁自己有能力时，多结交些"潦倒英雄"，以诚相待，待到用人之时自会有别人无可比拟的优势。

人心是很奇妙的，它甚至能成为你人生成败的关键因素。有时候，想要攻取人心其实很简单。首先，对于你的对手，尤其是已经失败、十分落魄的对手做出大度容人的姿态，可以以很小的代价获得人心，大家会认为你既然对于当初你死我活的对手都十分宽厚，那也就一定会以厚道的态度对待他人。

如果所作所为不得人心，只是采用强硬措施来强迫别人服从，那么即使能压制别人一时，也不能长久，如果能够获得人心，那么不需要做什么，别人自然愿意追随。张居正说了："所难者唯在一心。"不过，获得人心真的这么困难吗？其实不一定。能够成为对手的人往往是与我们能力相当的人，掌握互补的资源和信息，即使一时是对手，但是也许以后还能成为利害相连的盟友。如果能够在相互对立的情况下加以关心，体现自己的风度，就可以为以后的联络留下伏笔。

争夺不是目的，达成自己的目标才是真正的成功，所以张居正说："不战而屈之，谋之上也。"能够很好地运用攻心之计，获得人心，那么离成功也就近了一步。现代社会，由于科技的发达，人们的生活速度加快，虽然互相之间的联络日益密切，但往往人情淡薄，用得上就热情如火，用不上就人走茶凉的情形十分普遍。如果能对尚处于不利地位的人伸出援手，往往能收到事半功倍的效果。

制约庸者，重用能人

人才是国家、社会以及一切事业发展的核心要素。而挑选人才的标准是什么？德行重要还是能力重要，这是历来都在探讨的问题。中国古人司马光和曹操在选才用才方面，都有其独到的看法，值得我们借鉴。

司马光曾专门就人才选用进行论述，他认为，才与德是两回事儿，而世俗之人往往分不清，一概而论之曰贤明，于是就看错了人。所谓才，是指聪明、明察、坚强、果敢；所谓德，是指正直、公道、平和待人。才，是德的辅助；德，是才的统帅。云梦地方的竹子，天下都称其刚劲，然而如果不矫正其曲，不配上羽毛箭镞，就不能作为利箭穿透坚物。棠地出产的铜材，天下都称其精利，然而如果不经熔烧铸造，不锻打出锋，就不能作为兵器击穿硬甲。所以，无德之人称之为庸者，德才兼备、德胜过才称之为能人。

有德的人令人尊敬，有才的人使人喜爱，对喜爱的人容易宠信亲近，对尊敬的人容易疏远；察选人才者经常被人的才干所蒙蔽而属于考察他的品德。从古至今，治国、治家者如果能运用才与德这两种不同的标准，知道选择的先后，又何必担心失去人才呢。因此，司马光主张德胜于才。与之矛盾的是，他对任人唯才的曹操却是赞不绝口。

司马光在《资治通鉴》中评价曹操知人善任，明察秋毫，很难被假象迷惑；能够发掘和提拔有特殊才能的人，不论地位多么低下，都按照才能加以任用，使他们充分发挥才智。曹操的用人哲学是："唯才是举，吾得而用之！"他曾说："假如必须使用清廉的人，那齐桓公又怎么能称霸于世！大家要帮助我们推举人才，即使身份卑微，只要有才能就尽管推荐，让我能够任用他们！"

鲁迅评价曹操用人"不忠不孝不要紧，只要有才就可以"。柏杨在《中国人史纲》中也说："曹操是一个力行实践的政治家，他的用人行政，只要求才能，而不过问私生活。"

对应现代企业的发展状况来说，曹操是创业者的代表，所以要讲实干；司马光当时是守业者的代表，所以主张以德服人。这里出现的人才标准上的矛盾，是"创业"与"守成"的形势不同的一种必然结果。通过上面的分析，我们想要说明的是，对于一个刚刚创业的经营者，可能要参考曹操的用人观，唯才是举，开创自己的事业；对于一个守江山的经营者，则更适用司马光的人才观，重视品德，从而让成功更持久。

人才是社会的一种战略性资源，与其他资源不同，人才的得与失往往决定着集体事业的成败。尤其在竞争激烈的商业社会，各大商业集团竞争的关键正是对人才的竞争。如果你在人才资源上胜过对手，又能恰当运用，那么你便可以成为竞争中占据优势的一方，相反，如果你不善于用好手中的人才，那么他们对你事业的打击将会是致命的。

庸者往往具备一定的才能与技艺，应善加利用，将其安排在合适的位置，发挥其所长。在团队当中，年功序列制也罢，实力主义也罢，只要以能力论成败，便一定会出现地位与人格不符的矛盾。本来，对人格与地位的考察应当并行不悖。然而，现实生活中能人甚少，而庸者众多，正是"茫茫人海，适者难觅"。

如果拒用庸者，组织机构就无法建立，工作也无法进行。事实上，虽然庸者人格尚不完善，但既然有才干、有能力，就应予以任用，提供空间以充分发挥其实力。需要注意的是，在任用庸者时应看透他们不成大器的缺点，然后考虑如何在团队内扬其长、避其短，对其进行必要的制约，这是领导者的要务。

领导者最重要的就是善于选人、留人、用人，知人善任、广纳群贤。有德有才的人，是不可多得的管理人才，也是团队的骨干和企业的中坚力量，毫无疑问要用，但这般完美的人才毕竟难求。在企业发展过程中，我们对"庸者"的态度是制约，而不是不用。善于制约"庸者"，不仅在于用其可用之才，同时也在于避免过度排斥庸人，导致他们阻碍甚至破坏团队的事业。

其实，避免庸人坏事的最好方法就是把他用在恰当的地方。从某种程度上，庸人可能是品德一般而才能突出的人，这种人要用，但是给他任务的同时还要加强对他的监督，这样他才可能成为整个集团的左臂右膀。清朝战略家、理学家曾国藩曾表示："人才靠奖励而得，大凡中等之才，将帅鼓励便可成大器，若一味贬斥不用，慢慢就会坠为朽庸。"

大凡成功人士，往往都是善于用人的。但这有个前提，就是要善于识人、笼人。作为一个领导，要懂得如何识人，识人才会有人，要会用人，用人之长，避人之短。要学会制约"庸者"，更应该重用"能人"。

不仅要锦上添花，还要雪中送炭

每个人都有对他人施善的冲动和欲望，在看到需要帮助的人就本能地伸出援手的人，当自己本身遭遇困难时，通常也会适时地得到援助。善行必会衍生出另一个善行，善行终会带来善报。这是这个世上最强劲的连锁反应之一。

《后汉书》中有这样的句子"天下皆知取之为取，而莫知与之为取"，意思是人们都认为只有获取别人的东西才是收获，却不知道给予别人也是一种收获。帮助别人，且不图真正的回报，能让人家多喜欢自己一点点。作为生活中的强者，更应该把善良之心扩大。

战国时，一些国家的重臣喜欢结交和收养各种各样有一定本领的人，做自己的"门客"，齐国的孟尝君便以养士闻名。孟尝君有一个门客叫冯谖。一次，孟尝君想把在薛城的债款收回来，有人推荐冯谖。临走的时候，冯谖问孟尝君："债收了以后，要买点什么回来吗？"孟尝君说："你看我家缺什么就买什么吧。"

冯谖到了薛邑后，见到老百姓的生活十分地穷困，他用收上来的富人家的利钱，置办了几十桌酒席，邀请所有的债户来喝酒，并且通知说："孟尝君知道大家生活困难，这次特意派我来告诉大家，以前的欠债一律作废，利息也不用偿还了，孟尝君叫我把债券也带来了，今天当着大伙的面，我把它烧毁，从今以后，再不催还。"说着，冯谖果真点起一把火，把债券都烧了。债户们看了真是又惊又喜，都万分感激孟尝君的恩德。

孟尝君听到冯谖焚烧债券的消息，不由得火冒三丈。但冯谖却不慌不忙地回答说："您不是叫我买家中没有的东西回来吗，我已经给您买回来了，这就是'义'。焚券义市，这对您收归民心是大有好处的啊！"

多年后，孟尝君因受人谗言，相位不保，只得回到自己的封地薛邑。薛邑的百姓知道孟尝君要回来，纷纷出城迎接，坚决维护他。这次事件后，孟尝君才明白当年冯谖焚券义市是多么明智的选择。

这就叫作"好与者，必多取"。冯谖在孟尝君富贵的时候鼓励他舍弃眼前的小利，多给予，不仅没有损失自己的利益，而且在日后换得了更大的利益。

无独有偶，官商胡雪岩对于花钱也有一套独特的手段。对于手下的人，胡雪岩很舍得花钱。他从来不亏待身边的人，所以每一个跟随他的人都是实心实意的，没有私心。因为关心下人的疾苦，在他们需要的时候总能雪中送炭，所以胡雪岩一直深得人心，为他做事的伙计从来都是从头做到尾，倾注自己的全部力量为胡雪岩效力，即使后来胡雪岩面临各种风波，那些店员也都守在胡雪岩的身边，不曾离去。

可见，"雪中送炭"就是要在对方最需要你的时候伸出援助之手，为他化解危机。锦上添花固然很好，但一次雪中送炭却能让对方铭记在心，难以忘怀。然而，如何向对方雪中送炭，就需要我们深思熟虑了，因此只有投资投得恰到好处，我们付出的感情才能体现出价值。

既帮开门，又给钥匙

人才是企业竞争力的关键，人才与时俱进，企业才能步步为营。所以有句话叫作："小企业做产品，中企业做市场，大企业做人才。"如何让人才增值，为企业创造价值，育才是很重要的一点。

据调查发现，员工更愿意为那些能促进他们成长的公司效力。"留住人才的上策是，尽力在公司里扶植他们，"管理顾问斯温说，"那些最开明的企业在这点上很坦诚。它们会告诉员工，碍于竞争压力，它们无法保证给予他们工作保障，但会设法激励他们、帮助他们成长、奖励他们。这样至少能给他们带来一股工作激情和满足感。"

壳牌集团是世界领先的国际石油企业，位居全球500家最大公司排名前列。壳牌是促进员工发展的典范企业，任何人一旦成为壳牌员工，他从第一天起就必须开始真正地工作、承担责任和执行任务，而不是像很多公司那样前三年都是轮岗锻炼学习。壳牌公司会安排专门人员随时观测他的工作表现，并及时给予建议和辅导，在必要的时候进行适时培训。

壳牌这样做的唯一目的是希望员工在公司确确实实有发展前途，并且能够实现个人的事业目标。壳牌希望每个员工有能力从现在的位置做起，一步一步地向更高、更宽的方向发展，做到经理，甚至董事的位置。壳牌公司有一套成熟的制度来支持员工实现事业发展愿望。只要员工自己有愿望和主动性，他在壳牌公司总能得到提升和发展。壳牌还有一个内部招聘系统，会随时公布公司内部的所有空缺，只要认为自己有时间和精力，每个人都可以去应聘、竞争。

壳牌认为每一个员工都是公司未来的老板，把促进员工的成长作为公司的使命。以分析力、成就力以及关系力三项指标遴选人才，这表明壳牌在招聘员工时就为员工的发展做了周密的考虑。分析能力如何，要看是不是能够举一反三，高瞻远瞩；能不能从各种纷繁信息中抓住最重要的信息。成就力是指员工的意志状态。壳牌需要敢于挑战并满怀激情的人。壳牌认为，成就力是一个人事业追求的前提，首先要有愿望成就一番事业，然后取决于个体的成就能力。关系力不单纯指与人如何相处，更在于能不能与人产生 1+1>2 的效果。壳牌的关系力还指你是不是尊重他人，理解他人，在与人沟通时，是不是能有效地倾听对方的意见。意见不一致时是不是能取得共识。能不能延伸自己的职责，不是越权，而是提供建设性的合作与帮助。

壳牌会针对员工的成长进行动态跟踪。在壳牌人力资源的运作中，绩效评估和提高占据非常重要的位置。绩效评估主要包括工作表现和能力增长。经理会听取员工个人的愿望，对未来发展有何要求，然后一起协商下一年他应该怎样表现，包括能力目标和业务发展目标的增长趋势。各部门每年还要做一个全部门的业绩衡量，在个人完成业务的基础上做员工相互之间的横向比较，帮助他们认识他们在过去一年中到底表现如何。这些分析和比较对员工的成长和发展提供了重要帮助。

正是因为特别注重员工的个人成长，壳牌才得以长期保持领先性。员工的成长为壳牌带来了丰厚的物质回报。它是国际上主要的石油、天然气和石油化工的生产商，在30多个国家的50多个炼油厂中拥有权益，而且是石油化工、公路运输燃料（约5万个加油站遍布全球）、润滑油、航空燃料及液化石油气的主要销售商。同时它还是液化天然气行业的先驱，并在全球各地大型项目的融资、管理和经营方面拥有丰富的经验。该集团2007年销售总收入达3557.82亿美元，利润为313.31亿美元，位列全球500强第三。

如果你想要使公司保持高速发展，促进员工高速发展绝对是一条捷径。英国卡德伯里爵士认为："真正的领导者鼓励下属发挥他们的才能，并且不断进步。失败的管理者不给下属以自己决策的权利，奴役别人，不让别人有出头的机会。这个差别很简单：好的领导者让人成长，坏的领导者阻碍他们的成长；好的领导者服务他们的下属，坏的领导者则奴役他们的下属。"

所以在企业管理中，我们应该既帮他人"开门"，将人才引进门，又要给他们"钥匙"，即对他们进行培训，提高其自身的能力，使员工为企业创造源源不断的价值。

爱人者，人恒爱之

一个人在生活中并不是全能的，对别人总存在一定的需求，因此，你一定要寻找机会满足对方的需求。"源头"多了，"活水"自然取之不尽，用之不竭，以后你需要别人帮忙时就容易多了。

当周围的人遇到困难的时候，要帮助他扬起前进的风帆；当他失去信心时，要鼓励他点燃自信的火焰；当他感到苦恼时，要用体贴去滋润他的心田；当他取得成绩时，要提醒他准备迎接更大的成功。

我们要常怀一颗帮助朋友之心，使周围的人感觉到自己的存在，感到友情的温暖。感情投资是一种责任，更是一种享受。我们对别人好的时候，也是对自己最好的时候。我们要善待自己，更要善待别人，爱人者，人恒爱之。

爱是世界上最知回报的感情。你给出多少，它就回报给你多少。不幸福不是因为我们得到的太少，而是给予的还不够。世界是由许多人组成的一个整体，人与人之间需要尊重和理解。有的人可能因为某种原因会非公平地对待其他人，但这种态度，将会使其最终"自食其果"，因为别人也可能用同样的方式对待他。

随着社会的不断进步和发展，人们的交往越来越密切，人际关系也变得更加复杂。如何面对不断出现的人际摩擦和冲突，成为萦绕人们心头的困惑。

每个人在社会上都不可能是孤立的，人们都愿意建立良好的人际关系。而推己及人、以爱己之心爱人是实现人际关系和睦、融洽的重要前提。那些慷慨付出、不求回报的人，往往容易取得成绩；而那些自私吝啬、斤斤计较的人不仅找不到合作伙伴，甚至可能被孤立。

老子曾说："尽力照顾别人，我自己也就更加充实；尽力给予别人，我自己反而更加丰富。"这就需要至诚，以最完美的德来辅佐这个最崇高的诚，使它感人至深。

他人有恩德于你，虽是一碗饭的施舍也不能忘记；你有恩德于他人，虽是生死之恩也不能企望报答，不能向他人提及。这也就是古代圣人所说的"施恩德于人不望回报，受到他人恩惠千万不能忘记"的道理。

孔子也说："是故以富而能富人者，欲贫不可得也。以贵而能贵人者，欲贱不可得也；以达而能达人者，欲穷不可得也。"意思是说：以自己的富帮助他人富的人，即使想贫穷也不可能；以自己的贵去帮助他人贵的人，想贱也不可能；以自己的达帮助他人达的人，想穷也不可能。

处世为人，之所以提倡谦虚，就是要求谨慎持守道德。舍己为人，亏己利人，薄己厚人，损己益人，抱持着这四项基本观念，人们就会心悦诚服。爱人者，人恒爱之，爱世间者，世人敬之。敬天爱人，是我们这个时代应该提倡的人生哲学，它对人际中的许多矛盾具有调节与化解的作用。"爱人如爱己"的观念不仅适用于普通的人际关系，而且使用于今天的商业竞争。

有很多人都是这样想的，求人是一种短平快的交易，何必花那么多的冤枉心思去搞马拉松式的感情投资呢？这是一种十足的目光短浅。俗话说得好："平时多烧香，急时有人帮。""晴天留人情，雨天好借伞。"真正善于求人的人都有长远的战略眼光，早做准备，未雨绸缪，这样在急时就会得到意想不到的帮助。

有些相互最仇视的对手，往往原先是最亲密的伙伴。为什么走到这一步？往往是忽略了情感投资的结果，甚至已经忘掉了这一点。

很多人都有这种毛病，一旦关系好了，就不再觉得自己有责任去维护它了，往往会忽略双方关系中的一些细节问题。例如该通报的信息不通报，该解释的情况不解释，总认为"反正我们关系好，解释不解释无所谓"，结果日积月累，形成难以化解的问题。而更不利的一方面是人们关系好之后，总是对另一方要求越来越高，总以为别人对自己好是应该的（因为我们关系好）；但是稍有不周或照顾不到，就有怨言（怎么能这样呢？要是别人还可以原谅，但我们是朋友啊）。由此便很容易形成恶性循环，最后损害双方的关系。

可见，情感投资应该是经常性的。在人们的交际中不可没有，也不可似有似无，而要从小处细处着眼，时时落在实处。

第十六章

化信息为财富，由一生十

即使是风，也要嗅一嗅它的味道

　　罗斯柴尔德家族流行着这样一句话："即使是风，也要嗅一嗅它的味道。"从风中，我们能感受到信息的来源，从而见微知著，快速调整战略，抢占先机。这句话之所以在罗斯柴尔德家族流行，源于1815年一次发生在比利时布鲁塞尔近郊的滑铁卢战役。这场战役不仅是拿破仑和威灵顿两支大军之间的生死决斗，也是成千上万投资者的巨大赌博，赢家将获得空前的财富，输家将损失惨重。此时，伦敦股票交易市场的空气紧张到了极点，所有的人都在焦急地等待着滑铁卢战役的最终结果。如果英国败了，英国公债的价格将跌入深渊；如果英国胜了，英国公债将冲上云霄。

　　正当两支狭路相逢的大军进行着殊死战斗时，罗斯柴尔德家族的情报人员也在紧张地从两军内部收集着尽可能准确的各种战况进展的情报。更多的情报人员则负责随时把最新战况转送到离战场最近的罗斯柴尔德情报中转站。

　　到傍晚时分，拿破仑的败局已定，一个名叫罗斯伍兹的罗斯柴尔德快信传递员亲眼目睹了战况，他立刻骑快马奔向布鲁塞尔，然后转往奥斯坦德港。当他于6月19日清晨到达英国福克斯顿的岸边时，内森·罗斯柴尔德亲自等候在那里。内森快速打开信封，浏览了战报标题，然后策马直奔伦敦的股票交易所。

　　当内森快步进入股票交易所时，正在等待战报的焦急而激动的人群立刻安静下来，所有人的目光都注视着内森那张毫无表情、高深莫测的脸。这时，内森放慢了脚步，走到自己的被称为"罗斯柴尔德支柱"的宝座上。此时他脸上的肌肉仿佛石雕一般没有丝毫情绪浮动。这时的交易大厅已经完全没有了往日的喧嚣，每一个人都把自己的富贵荣辱寄托在内森的眼神上。稍事片刻，内森冲着环伺在身边的罗斯柴尔德家族的交易员们递了一个深邃的眼色，大家立即一声不响地冲向交易台，开始抛售英国公债。大厅里立时一阵骚动，有些人开始交头接耳，更多的人仍然不知所措地站在原地。这时，相当于数十万美元的英国公债被猛然抛向市场，公债价格开始下滑，然后更大的抛单像海潮一般一波比一波猛烈，公债的价格开始崩溃。

这时的内森依然毫无表情地靠在他的宝座上。交易大厅里终于有人发出惊叫："罗斯柴尔德知道了！""罗斯柴尔德知道了！""威灵顿战败了！"所有的人立刻像触电一般回过味来，抛售终于变成了恐慌。人在猛然失去理智的时候，跟随别人的行为成了一种自我强制性行为。每个人都想立刻抛掉手中已经毫无价值的英国公债，尽可能地留住一些所剩无几的财富。经过几小时的狂抛，英国公债已成为一堆垃圾，票面价值仅剩下5%。

此时的内森像一开始一样，仍然是漠然地看着这一切。他的眼睛以一种不是经过长期训练绝不可能读懂的眼神轻微地闪动了一下，但这次的信号完全不同。他身边的众多交易员立即扑向各自的交易台，开始买进市场上能见到的每一张英国公债。最后，英国胜利的消息传到民众那里比内森的情报晚了整整一天！而内森在这一天之内，狂赚了20倍的金钱，超过拿破仑和威灵顿在几十年战争中所得到的财富的总和！

当今世界是一个以大量资讯为基础的社会。在商业竞争中，对市场信息尤其是市场的关键信息把握得是否及时与准确，对竞争的成败有着特殊的意义。对于个人来说，掌握了最有效、最准确的信息并能为己所用，就能为自己创造财富。一个成功者应该是生活中的有心人，处处留心，把握每一个机遇。要知道，偶然的机遇只会给那些时刻准备的人和具有创新精神的人。

雅娜曾是墨西哥一家公司的小职员，她平时的工作是为老板做一些文书工作，跑跑腿，整理报刊材料。这份工作很辛苦，薪水又不高，所以她时刻琢磨着如何赚大钱。

有一天，她从报纸上看到一条介绍美国商店情况的专题报道，其中有一段提到自动售货机，上面写道："现在美国各地都大量采用自动售货机来销售货品，这些售货机不需要人看守，可以24小时供应商品，而且在任何地方都可以营业，它给人们带来了许多方便。可以预料，随着时代的进步，这种新的售货方法会越来越普及，必将被广大的企业所采用，消费者也会很快接受这种方式，因此，它的前途一片光明。"

雅娜开始在这上面动脑筋，她想："现在国内还没有一家公司经营这个项目，而将来必然会迈入自动售货时代。这项生意对于没有什么本钱的人最合适，我何不趁机经营？至于售货机里的商品，应该搜集一些新奇的东西。"

于是，她向朋友和亲戚借钱购买自动售货机。她共筹到30万比索，随后以一台1.5万比索的价格买了20台售货机，设置在酒吧、剧院、车站等公共场所，并把一些日用百货、饮料、酒类、报纸杂志放入其中售出，由此开始了她的新事业。

雅娜的这一举措，果然给她带来了大量的财富。当地人第一次见到公共场所自动售货机，感觉很新鲜，因为只需往里投入硬币，售货机就会自动打开，送出它们需要的东西。雅娜的自动售货机第一个月就为她赚了100多万比索。然后，她又把每个月赚的钱投资在自动售货机上，扩大经营规模。5个月后，她不仅连本带利还清了借款，还净赚了近2000万比索。

正是一条有用的信息，造就了一位新富翁。信息时代，这样的富翁不止雅娜一个。我们应当时刻保持对信息的敏感，只有这样才能领先别人，比其他人更接近成功。

不过，在接收信息的时候，我们一定要注意分辨信息的真假。在信息泛滥的时代，假消息很多，如果被假消息欺骗，结果可能很严重，轻则浪费了时间和精力，重则被不法分子骗去钱财。信息固然很重要，但懂得筛选信息同样重要。只有筛选出正确的信息，才能从信息中获得财富。

把旧元素做出新组合

创新就是"旧元素新组合"，创新思维就是要不受常规的思路约束，寻求对问题进行全新解读和独特解决的思维过程。人人皆有创造潜能，人人都能创新，关键在于如何发挥和发掘这种潜能。人们考虑问题，都应有一条正确的思路以有利于寻找、发现、分析、解决问题。然而，通常情况下，人们通常总是用经验的办法来解决新问题，所以创新思维就要求我们打破传统观念的束缚，尽可能地变革思路。

就拿手机二维码来说，事实上，单纯的二维码并不能掀起手机媒体一次革命，但是，通过二维码，公交地铁、短信、彩信、移动互联网、各种会员卡等旧元素的重新排列组合，二维码为手机媒体开辟了新的广告模式。这无疑不是旧元素和新组合的绝妙搭配。

那么，如何才能把看似废旧的"垃圾"做成全新的组合，甚至通过它来获得收益呢？以下三种方法可以进行参考。

第一种方法就是找到解决问题的方法。有问题并不要紧，常常是在解决问题的同时发明也就诞生了。例如，常用的铅笔横截面是圆形的，这样放在桌子上时，很容易就会滚到地上。"铅笔容易滚到地上"这一问题产生了，怎么解决这个问题呢？对策是"把铅笔的横截面设计成四角或者六角形，这样就不会滚到地上了"。思考解决问题的方法时可以采取推论法，例如，孙正义发现厕所里的坐便器凉且不干净，他同时想到吃汉堡包时的包装，把这原理用于坐便器上不就解决问题了吗？这样坐便器纸垫便应运而生。孙正义的这项发明已被全世界各地的消费者使用。由此可见，需要是发明之母，思考是发明之匙。

第二种方法就是换位思考，即逆向思维。把原本圆的铅笔做成方的，把红的变成白的，把大的变成小的，把长的变成短的。孙正义发明的新型信号灯正是基于这一方法。如果把单纯用颜色表示的信号灯设计成用形状表示的信号灯，结果会怎样呢？由此诞生了以"○、△、□"等形状表示的信号灯。这样，色盲者也能很好地辨识它。

第三种方法是突破所限，随意组合。把许多看似没有关系的事物重新随意组合起来。收音机和录音机组合起来就是收录机，八音盒和闹钟组合起来就是音乐盒式闹钟。孙正义的发明中大多数应用的就是这种方法，这可以使发明系统化，提高成功率。

创新缔造竞争力，对于企业家而言，运用创新思维为企业注入新鲜的血液，成为企业生命力常青的源泉。创新思维已经成为企业与员工共同生存和发展的生命锁，成为企业提升竞争力的关键所在。这种思维意识应该在每一个人的头脑中生根、发芽，这种行为应该贯穿于每一项工作的始终。创新并不神秘，任何人都可以通过学习掌握基本的创新方法，但更重要的是实践，要在企业管理过程中逐步领会创新的内涵和价值。

美国明尼苏达矿业制造公司，也就是人们常说的3M公司，以其为员工提供创新的环境而著称，走进它总部的创新中心，最吸引人的是橱窗里陈列的各式3M产品。从医药用品、电子零件、电脑配件，到胶布、粘贴纸等日常用品，逾5万种的产品表明，该公司在产品创新方面的强大优势。该公司起初是个名不见经传的小公司，依靠创新精神，成为令人尊敬的"创新之王"。

3M公司视创新为其成长的方式，视新产品为生命。公司的目标是：每年销售量的30%从前4年研制的产品中取得。每年，3M公司都要开发200多种新产品。3M公司的创新思维，就是要创造一种环境，不是简单的投入，而是一种持续的过程。这种思维也要求3M公司在各个层面都重视创新。

用相反的方向和用途去思考

2003年,"非典"过后,日本影视明星荒木由美子到阿里巴巴访问,她是马云年少时代的偶像,曾是日本电视连续剧《排球女将》中小鹿纯子的扮演者,而这部曾经激励过无数日本青少年奋发向上的《排球女将》,也影响了中国20世纪70年代出生的人。在《排球女将》走红的那几年,在中国大江南北都可以看到孩子们齐刷刷地排在墙脚练倒立。因此,马云和阿里巴巴员工决定采取倒立的形式来迎接偶像的到来。

荒木由美子走后,"倒立"只是阿里巴巴公司从上到下员工的一种娱乐方式。直到马云下了死命令,"每一个人,不论男女都必须学会"才引起重视。他有自己的看法,主要包括:第一,坚持倒立有助于身体健康;第二,一个人做不到,在有人帮助的情况下,就一定能做到,这就是团队合作;第三,这也是马云的真实目的:因为在平时,我们很少会意识到,那些看起来强大的事物,如果倒过来看的话,就并非那么强大了。

马云联系自己企业的实际情况,说:"淘宝的理念是,首先要健康,其次,要换一种角度来看eBay。它看起来很强大,但是如果倒过来看,eBay一点儿也不重要,我们可以这样做,也可以那样做。所以这就是我们用不同的方式,用我们的方式看世界的结果。这是'倒立'的意义。"

倒立的方式使得马云看起来非常狂放,而他本人却不以为然。他一直把世界上最强的行业领导者作为竞争对手,面对竞争对手eBay在国际上的影响力,淘宝并没有感到太大的压力,而且在很短的时间内战胜了eBay。这得益于从"倒立"的角度来看,竞争对手并非那样可怕。

马云对激励很有一套方法,他借此发挥说,中国的企业今天要记住,不要害怕国外企业,淘宝给中国企业一个很大的启发,中国企业完全可以挑战世界一流企业的竞争。淘宝第一期投资1亿人民币,其对手eBay当时市值700亿美元。难怪投资者听说马云要跟它竞争,都以为他疯了,马云觉得这个是学习,并不是自己太疯狂。

"倒立"也使得马云及其团队看问题的方式与众不同,淘宝从刚诞生起就一直和世界上最强的竞争者交锋。eBay在北美市场靠向卖家收费而受到投资商青睐,它从一开始就获利颇丰。于是,他们将这一做法照搬到了中国,eBay刚并购易趣,很快就推行收费政策,而马云却表示"还要烧钱",已经准备5年的资金来支持淘宝的免费政策，投资商还嫌阿里巴巴花钱太慢。马云认为 2005 年前后的中国 C2C 市场还不是一个该不该收费的问题，因为这个市场在中国非常不成熟，还需要培育，重点在于完善信息流、资金流、物流的产业链。

对于马云的免费策略，eBay 中国曾指出，"免费"不是一种商业模式。淘宝网宣布在未来 3 年内不对其产品收费，只能充分说明 eBay 在中国业务发展的强劲态势。而马云并不这么认为，淘宝的主要目的是希望借此降低门槛，吸引更多用户，收费将扼杀用户的积极性。

尽管宣称"免费"不是一种商业模式，迫于淘宝免费政策带来的压力，eBay 中国也不得不尝试"免费"。2005 年 12 月 20 日，当 eBay 在中国推出"免费开店"的时候，马云认为两者客户数差距已超过 20 倍，eBay 此时反击已经太晚，它已失去翻身的机会。

经过两年的快速成长，淘宝已超越 eBay 易趣，成为我国最受欢迎的第一大 C2C 网站。在未来几年，淘宝一直坚持的免费策略依然符合中国 C2C 处于起步期的特殊国情，淘宝将继续保持长远的竞争优势。模仿并不能击垮竞争对手，eBay 易趣抛弃自己坚持收费的原则，反而使用户无所适从，徘徊在收费与免费之间令 eBay 易趣进一步陷入被动。

倒立，已经成为阿里巴巴旗下的淘宝公司特有的文化，是一种被具体化了的价值观。马云说："在 SARS 暴发的高峰时段，大家都被隔离了。但是在那 80 天里，我们的业务从来没有停止过。没有人知道我们被隔离，我们都在家里工作。我们知道健康的重要性。但是在自己的公寓，没法儿进行锻炼，所以我们想到了'倒立'。倒立是一项可以不借助任何器械完成的健身运动。"

马云正是用他的倒立思维，从新的视角，在战略上藐视对手，战术上重视对手，狭路相逢，敢于亮剑，使得新生的淘宝瞄准了中国市场，而没有去盲目模仿 eBay 这个行业巨头，创造了新的商业模式。

创意混搭，碰撞出新想法

著名的管理学家汤姆·彼得斯曾说过："在新的体制中，财富来自创新，而不是由于做得比别人更好。这就表示，不是把已知的东西做得完美就能赚钱，而是要能改良别人还不知道的部分。"他这句话可以概括成这样一个公式：创新 = 复制 + 改良。创意混搭是一种创意资源的整合，它打破常规，别出心裁，赢在出奇制胜。

携程旅行网、如家连锁酒店联合创始人沈南鹏在创新和复制的运用方面，显然深谙此道。携程能够在资本市场屡受追捧，就是因为其商业模式足够新鲜，具有商业价值。随着如家的上市，全球投资者们更是看到了有一个创新商业模型的重要性。

沈南鹏的创新思维，最早来自自己的投行经历。早在德意志银行任职时，沈南鹏在面对高盛、美林、摩根士丹利等大投行拼抢大单的残酷竞争时，就曾想过能不能去发现一些别人没有发现的东西。沈南鹏懂得，无论做投资银行还是别的任何行业，都应该去做一些别人没有做过的事情，创造新价值比复制更重要！于是，沈南鹏利用德意志银行的杠杆优势，找到大投行不重视、利润不高但更易操作的"垃圾债券"。

到1999年，沈南鹏创建携程的时候，他发现，中国的旅行社一直靠实体门市来招揽客户。即使在旅游业发展多年的香港，也只有一家呼叫中心。而在美国市场，则早已完成从实体门市到呼叫中心，再到互联网化。

于是，沈南鹏让携程把门市和呼叫中心结合了起来，这个就是后来被人称为"鼠标＋水泥"的全新模式。在中国劳力成本较低的情况下，这种做法收益明显。携程既是传统服务行业，又是新兴互联网企业。

通过携程，沈南鹏又接触到了中国酒店行业。这一次，他又发现商务旅行者对酒店产品有着巨大的需求，但没有哪家酒店公司真正给消费者提供了相应的服务。所以，沈南鹏再次整合资源做了如家。

沈南鹏在1999年创办携程时，还没有第二家公司做相同的事。他先发制人，依靠的当然是创新的商业模式。到了2002年，他再创建如家的时候，当时的中国市场上并不缺酒店，很多外国品牌早已将中国的高星级酒店瓜分完毕，而且当时的低端市场也有着数以十万计的社会旅馆。酒店行业在当时已不是一个新兴行业，沈南鹏却从中发现了一个"亮点"：既有星级酒店的干净、规范、安全，又有一个合理价位的酒店产品并不多。

这个发现就是市场的需求，在找到了市场后，沈南鹏需要做的就是创新。

酒店属于传统行业，传统酒店尤其是那些星级酒店都有着严格的硬件规定和标准，而沈南鹏则从用户体验出发，对酒店产品进行了大刀阔斧的改革。

首先，沈南鹏把很多和商旅用户这类消费群体没有太多联系的产品进行了消减。例如，星级酒店的豪华大堂、众多的娱乐设施以及昂贵的餐饮服务，这些产品在如家全部被取消。另外，如家加强了床、卫生、沐浴方面的舒适度，针对商务人士，还提供了免费宽带上网的附加服务。这一系列对酒店产品的创新之举，很快让如家在酒店市场打开销路。

不仅对产品的改造上有所创新，即使是在资本运作上，沈南鹏也有创新的动作。开连锁酒店扩张起来是非常花钱的，对资本运作很有心得的沈南鹏开始精打细算，他结合中国国情，合理利用了一些社会资源，例如旧物业资源的再利用。

于是，如家又开辟了租赁物业的改造模式，将原有的物业进行重新装饰，然后进行酒店经营，从而跳出了世界上最通用的"购地建店"这一固有模式。

如家在酒店选址上也有创新之处，大概归纳为"支线街路内行20米"。这样的地理位置通常临近黄金地段，又可以避免与开发商的正面竞争，有效缓解房地产价格飞涨带来的冲击。而且一般租期都长达15年，成本固定。

作为如家团队中最擅长资本运作的人，沈南鹏将风险资金的价值充分发挥，如家也成为国内首家引进风险资金的酒店。

如家选择的是连锁经营的模式，对于沈南鹏来说，连锁并不等于简单的复制。和经营一家酒店不一样，如家在管理上更追求精雕细琢，沈南鹏对如家在产品复制上有着更高的关注度。

如家在发展到二线城市时，同样的产品和服务，能否让不同地域的用户满意，这是沈南鹏关注的核心。地域不一样，各地的消费者所喜欢的东西也会存在差别。这种时候，如家的产品如何才能像在上海、北京一样受欢迎，这既是连锁企业面临的挑战，也是沈南鹏想得最多的问题，而"复制+改良"是解决问题的关键。

如家的产品能够复制并被当地客户喜欢，就能够开到200～300家。首先需要保持产品的一致性，不同地区间会有细微的差别，但房间设置、宽带上网等不会变。然后，在保持主体不变的情况下，再根据各地区不同的需求、不同消费者的心理进行改良。

这样一来，如家在连锁经营后，就同当地的酒店有了本质区别。一家同样规模的酒店，对于来自上海的客户就会显得很陌生，因为之前没有听说过，不知道服务如何。这时，如家的品牌效益就显示出来了，只要曾经住过上海如家、北京如家，当然还会选择当地的如家，这就是"创新"连锁的优势所在。沈南鹏的创新思想，始终贯穿在携程和如家的运营发展中。简单的复制并不能赢得长久的胜利，在复制的基础上有所创新才是发展的"王道"。

去除边角，放大核心

1897年，意大利经济学家帕累托偶然注意到英国人的财富和收益模式（社会上20%的人占有社会80%的财富），于是潜心研究这一模式，并提出了著名的80/20法则，即二八法则。二八法则向人们揭示了这样一个真理，即投入与产出、努力与收获、原因和结果之间，普遍存在着不平衡关系。小部分的努力，可以获得大的收获，起关键作用的小部分，通常就能主宰整个组织的产出、盈亏和成败。

一般情况下，我们付出的80%的努力，也就是绝大部分的努力，都没有创造收益和效果，或者是没有直接创造收益和效果。而我们80%的收获却仅仅来源于20%的努力，其他80%的付出只带来20%的成果。研究二八法则的专家理查德·科克认为：凡是洞悉二八法则的人，都会从中受益匪浅，有的甚至会因此改变命运。他认为运用二八法则，找到解决问题的关键因素，这就要求企业家有所为，有所不为。

理查德·科克在牛津大学读书时，一位学长告诉他"没有必要把一本书从头到尾全部读完，除非你是为了享受读书本身的乐趣。在你读书时，应该领悟这本书的精髓，这比读完整本书有价值得多"。这位学长想表达的意思实际上是：一本书80%的价值，在20%的页数中就已经阐明了，所以只要看完整部书的20%就可以了。

理查德·科克很喜欢这种学习的方法，而且以后一直沿用它。牛津并没有一个连续的评分系统，课程结束时的期末考试就足以裁定一个学生在学校的成绩。他发现，如果分析了过去的考试试题，把所学到知识的20%，甚至更少的与课程有关的知识准备充分，就有把握回答好试卷中80%的题目。这就是为什么专精于一小部分内容的学生，可以给主考人留下深刻的印象，而那些什么都知道一点儿但没有一门精通的学生却不尽如考官之意。这项心得让他并没有披星戴月终日辛苦地学习，但依然取得了很好的成绩。

毕业后，当理查德·科克离开第一家咨询公司，跳槽到第二家的时候，他惊奇地发现，新同事比以前公司的同事更有效率。怎么会出现这样的现象呢？新同事并没有更卖力地工作，但他们在两个主要方面充分利用二八法则。首先，他们明白，80%的利润是由20%的客户带来的，这条规律对大部分公司来说都行之有效。而这样一个规律意味着两个重大信息：关注大客户和长期客户。大客户所给的任务大，这表示你更有机会运用更年轻的咨询人员；长期客户的关系造就了依赖性，因为如果他们要换另外一家咨询公司，就会增加成本，而且长期客户通常不在意价钱问题。

对大部分的咨询公司而言，争取新客户是重点工作。但在他的新公司里，尽可能与现有的大客户维持长久关系才是明智之举。

二八法则启发我们，做事情要学会抓住问题的核心部分，去除零散的边边角角，这样才能促进工作效率，增加收益。

闻名全球的 IBM 公司，它的成功绝不是偶然的。早在 60 年代，IBM 公司睿智的管理人员就通晓 80∶20 定律，并将其运用其中。在 1963 年，IBM 的电脑系统专家发现，一部电脑约 80% 的运行时间是花在 20% 的执行指令上的。当时，基于这一重要的发现，公司立刻重写它的操作软件，让大部分的人都能容易接近这 20%，进而轻轻松松使用，因此，相比其他竞争者的电脑，IBM 制造的电脑更易操作，更有效率，速度更快。这令 IBM 电脑一时风靡全球，成了电脑行业中的佼佼者。

拿破仑·希尔认为重点思维应遵循两个原则：第一，必须把事实和纯粹的资料分开。第二，事实必须分成两种，即重要的和不重要的，或是有关系和没有关系的。在达到你的主要目标的过程中，你所能使用的所有事实都是重要而有密切关系的，而那些不重要的则往往对整件事情的发展影响不大。某些人忽视这种现象，那么机会与能力相差无几的人所作出的成就大不一样。

那些卓有成效的企业家都已经培养出一种习惯，就是找出并设法控制那些最能影响他们工作的重要因素。难怪他们比起一般人来会工作得更为轻松愉快。由于他们已经懂得秘诀，知道如何从不重要的事实中抽出重要的事实，这样，他们等于为自己的杠杆找到了一个恰当的支点，只要用小指头轻轻一拨，就能移动原先即使以整个身体和重量也无法移动的沉重的工作分量。一个人只有养成了重点思维的习惯，才能在实际中避免眉毛胡子一把抓，从而赢得经营上的成功和丰厚的利润。也才会在日后的工作中取得良好的成绩。

其实，创新并非需要我们创造出一个全新的产品或者全新的思维模式，将好的工作方法运用到现有的工作中也是一种创新。抓住事情的关键，我们才能提高工作效率，从而创造出更有价值的产品。

没事多走动，信息在其中

先有事实信息，后有价值判断。得出一个正确的价值判断结果，其前提条件必须是对信息的全面准确掌握，如果离开了事实信息，所作出的价值判断难免就会失之偏颇甚至得出完全相反的结论，把企业引向错误的方向。

罗斯柴尔德家族之所以能够在第二代就取得令人瞩目的成就，除了前面总结的其他几条规则以外，他们对信息的惊人投资和超级重视，尤其是他们对所获得信息出神入化的利用，直到今天仍然具有很强的指导意义。格鲁夫所著《只有偏执狂才能生存》中提到的10倍速以及"全信息"的概念，实际上罗斯柴尔德们早在18世纪就已经深谙其道了。罗斯柴尔德当时在欧洲所建立起来的情报网及其信息搜集、刺探、编码以及传递的方式，甚至比最强的国家情报系统还要准确快捷。

即使进入20世纪乃至21世纪的今天，罗斯柴尔德家族财团对信息的把握和利用也丝毫不落后于任何竞争对手。

为了接近或结识目标人物，物色"Key Person"（关键人才，这些特殊人物要么担任要职，要么具有某方面独特的影响力）。建立一支隐秘而无处不在的商业情报专业"大军"，编织一张严密的情报网络，投巨资打造当时最快捷安全的邮船、使用信鸽、私人商业密码、甚至在交战的两军中互派随军间谍掌握各自胜败的一手信息。即使在互联网时代，罗斯柴尔德帝国也没有表现出任何保守的迹象，相反，他们也不失时机地建立了其在全球的网络帝国版图。

由于罗斯柴尔德家族高度重视信息网络的建设，因此总可以赶在竞争对手，甚至政府的前面获得准确的信息，据此对时局的发展趋势做出判断。有时候，当信息不够全面或充分，他们就会制定出若干套应急预案，而不是迷信小概率胜算。著名的"滑铁卢大投机"就是金融史上对信息完美运用的经典诠释，也是世界金融史上最早使用"对冲"手段，团队配合天衣无缝的大手笔。

在拿破仑战争中，内森获知英国打算给予威灵顿将军所在的部队庞大的财政支持。此时正好赶上一家公司要出售大量金条，内森当机立断，全部购进。英国政府得知后，马上找到内森，希望购入这批黄金，这是战争时期唯一不会贬值的硬通货，内森还负责将黄金送到联军，并得到了极为丰厚的酬劳。

罗斯柴尔德兄弟经营技巧中重要的一条，就是利用他们分布在欧洲各国的分支获取政治、经济情报，迅速互相沟通。这样，他们往往能迅速了解各地的政治经济动向，积极采取行动，出奇制胜。为了保密，他们有自己专门的信使，彼此用密码进行联系。例如，老罗斯柴尔德的代号是"阿诺迪"，称威廉伯爵为"戈德斯坦"，把在英国的投资称为"鳕鱼干"。

数年之后，当罗斯柴尔德家族扩展到美洲后，他们仍用这种方法保持欧美之间的联系。当美国内战即将结束时，伦敦的列昂内尔（内森之子）收到他的代理人从美洲发来的一份电报，内称："夏勒姆先生将至。"夏勒姆（Sholem）是意第绪语"和平"的译音。罗斯柴尔德家族内部的信息传递系统迅速又可靠，以至于英国维多利亚女王有时也宁愿用罗家的信使来传递她的信件，而不用英国的外交邮袋。

当今社会，信息就是财富，多走动能帮助我们在现实中获得对自己有利的信息，从而借力以达到事半功倍的效果。我们除了要广泛收集和善于收集信息外，还应该拓展信息渠道，大面积撒网。其实，我们有很多获得信息的方法，比如参加社会团体活动，企业举办的商业活动，业内的集会或展览会，商务会所或俱乐部等。只要我们放开眼界，没事多走动多和别人交流，就能获得意想不到的丰富信息。

做个有心人，向细节要创新

道家创始人老子有云："天下大事必做于细，天下难事必做于易"，也就是说，做大事要先从小事入手，要完成难做的事必须先从容易的事情做起。无论是生活还是工作，很多创意和灵感大都隐藏在看似常规和细微的小事上，而往往是这些看似并不起眼的细节，才是我们完成创新的突破口，正如管理大师彼得·德鲁克说的："行之有效的创新在一开始可能并不起眼。"

20世纪80年代，美国报纸曾经以"一个针孔价值百万美元"为大标题，竞相报道一个小发明。发明的灵感来源于美国制糖公司为解决糖变潮的问题，在方糖包装盒上开一个小孔的方法。当时制糖公司每次把方糖出口到南美时，砂糖都会在海运中变得潮湿，公司损失很大。为了克服这个缺点，他们邀请专家从事研究，但始终无法解决这个问题。

该公司有个工人，他也在动脑筋，希望能想出一个简单的防潮法。有一次，他终于发现在方糖包装盒的角落上戳个针孔，使它通风，便能达到防潮的目的。这位工人也因此获得了100万美元的报酬。

一位先生听了这消息之后，希望自己也能够戳个洞防湿或防蒸汽，以获得专利权，于是他开始埋首研究。锅盖已经有孔了，便器盖如果钻孔一定臭气冲天！他到处做戳孔实验，竟发现在打火机的火芯盖上钻个小孔，可使普通注一次油只能维持10天的打火机保持50天之久。这位先生感到异常惊喜，一连串实验于各种打火机的结果，证实每个钻孔的打火机，都能够灌一次油保持50天以上。他马上申请专利，并因此专利获利颇丰。

我们再来看看三星公司的案例。作为全球消费电子领域的一匹黑马，三星公司的成长并非一帆风顺。公司刚刚建立时，生产的是仿造产品，而其中许多都是以日本著名电子企业的产品为基础。1970年，三星公司还在为日本的三洋公司打工，制造廉价的12英寸黑白电视机。然而到1978年，三星公司便成了世界上最大的黑白电视机制造商。

1979年，它与另外一家日本电子设备制造公司——夏普公司建立了合作关系，并由此开始生产微波炉。1986年时，三星公司不但能够向日本出口产品，而且将产品出口到欧洲和美国。这时候，它已经成了世界上最大的微波炉生产商。到1990年，三星公司凭借着其所开发的16MDRAM芯片，在世界半导体制造商中排名第13。

经过30多年在产品技术上的积累，三星公司已经由丑小鸭变成名副其实的白天鹅。现在的三星公司不仅是国际一流的跨国公司，而且还成就了"变革之王"的神话。三星起家靠的是什么？就是做个有心人，从细节处寻找突破口，从而使自己成为强者。

创新来自用心。耐克自1962年推出市场后，其创始人菲尔·耐特为赶超阿迪达斯，每天都苦思冥想，寻找良策。1975年一个星期天的早晨，耐特的合伙人鲍尔曼在和妻子一起吃早餐时，从餐桌上带有格子纹的华夫饼干中得到启发。他研制了出一种新的鞋底，这种新的鞋底如同"华夫饼干"。由于这种鞋底上具有小橡胶圆钉，能够使它比市场上流行的其他鞋底的弹性更强，减震和缓冲效果更为出色。

这种鞋底很受欢迎，1976年的销售额达到1400万美元，比上年的销售额增加了一倍。耐克公司从中尝到甜头，加大了产品研发比重，到70年代末，耐克公司专门从事研发的人员已经超过一百名。到1980年前后，耐克的市场份额已经接近50%，昔日的老大阿迪达斯早已被甩在身后。

创新意味着比别人先跑。德鲁克认为，21世纪因为信息革命的革命性影响而时常面临着变革契机。显然在各种机遇的把握上，创新能力越强的企业，越把对手甩开得越远，越容易获得成功。

"新瓶装旧酒"，化腐朽为神奇

拥有变通的思维能帮助人们在解决问题的时候找到不同的方法、不同的观点，从而可以随机应变、举一反三。运用变通思维往往能起到点石成金、化腐朽为神奇的作用。它可以让我们的思维灵活起来，沿着不同的方向扩散；可以避免"刻舟求剑"，从多方面选择和考虑问题，产生超常的构思，提出不同凡响的新思想、新观点，能够提高工作效率。因此，做事情不能死守教条，要善于变通，用新方式处理问题。

几年前，王一扬还是一家建筑材料公司的业务员。当时公司最大的问题是如何讨账。公司产品不错，销路也不错，但产品销出去后，总是无法及时收到款。有一位客户买了公司10万元产品，但总是以各种理由迟迟不肯付款，公司派了三批人去讨账，都没能拿到货款。当时王一扬刚到公司上班不久，就和另外一位姓张的员工一起，被派去讨账。他们软磨硬泡，想尽了办法，最后，客户终于同意给钱，叫他们过两天来拿。两天后他们赶去，对方给了一张10万元的现金支票。

他们高高兴兴地拿着支票到银行取钱，结果却被告知，账上只有99900元，很明显，对方又耍了个花招，他们给的是一张无法兑现的支票。第二天就要春节放假了，如果不及时拿到钱，不知又要拖延多久。

遇到这种情况，一般人可能一筹莫展，但是王一扬灵机一动，拿出100元，让同去的小张存到客户公司的账户里去。于是，客户公司账户里就有了10万元。王一扬立即将支票兑了现。当他带着这10万元回到公司时，董事长对他大加赞赏。之后，他在公司不断发展，5年后当上了公司的副总经理，后来又当上了总经理。

如果按照常规的方法去做，王一扬肯定取不到钱，而他灵活地运用了变通思维，出色地完成了任务。可见，遇到问题，我们必须打破常规，多角度思考问题。看事物不能用一种眼光，要多方面地去观察，从常规中求创新。对一个问题，我们可以通过组合、分解、求同、求异等方法，让思路拓宽，要么加一点儿，要么减一点儿，要么借一点儿，要么拿一点儿，寻求多种多样的方法和结论，从而创造出一种更新更好的事物或产品。

日本的东芝电器公司1952年前后曾一度积压了大量的电扇。7万多名职工为了打开销路，费尽心思想了不少办法，却依然进展不大。有一天，一个小职员向公司领导人提出了改变电扇颜色的建议，当时，全世界的电扇都是黑色的，东芝公司生产的电扇也不例外。这个小职员建议把黑色改为浅颜色，这一建议引起了公司领导人的重视。经过研究，公司采纳了这个建议。

第二年夏天，东芝公司推出了一批浅蓝色电扇，大受顾客的欢迎，市场上还掀起了一阵抢购热潮，几个月之内就卖出了几万台。从此以后，在日本以及全世界，电扇就不再是一张统一的"包公脸"了。

智慧一旦产生为一个新点子，它就永远超越了它原来的样子，不会恢复本来面目。突破思维定式，"新瓶装旧酒"，运用变通思维来解决问题，将是你成功的法宝。

乔治做葡萄酒生意已经有很长时间了，根据多年来积累的经验，他发现，人们喝完葡萄酒后，就将精美、别致的玻璃瓶随手一扔。这样做不但浪费了销售商运输葡萄酒的成本，而且非常不环保。于是，乔治突发奇想，决定用纸盒来装葡萄酒。虽然这种方法听起来并不符合人们以往对于高档酒的定位，但乔治还是决定一试。

就这样，乔治先从葡萄酒厂商那里购买葡萄酒，然后利用纸盒将其包装起来，这样，原本一瓶750克左右重的葡萄酒被装在纸盒里后，只有40克，让人们挑选、携带起来更加方便。这种形式的葡萄酒还有一个很形象的名字叫"黄+蓝"，意指绿色。这个名字很明显对地在向人们传递一个讯息：它是一个环保产品，如果你是一个崇尚环保的时尚达人，那么，你就一定不能错过"黄+绿"。

从上面的例子我们发现，无论是东芝公司还是乔治，"新瓶装旧酒"的想法都为其带来了新的事业。

事实证明，如果我们不能改变事物的本质，那么是否可以用一种全新的包装让它拥有一个不同的概念呢？通往成功的路并非只有一条，我们没有找到另一条路，是因为我们尚未发现它而并非它不存在。怎么找到另一条路？不妨转换一下思路，或许就能发现路的拐弯处。

第十七章

创造舞台，而不只是饭碗

创造平台，越开放越能聚焦

对于企业来说，一个合适的合作伙伴，不仅能够带来企业所渴望的技术、技能、知识风险分担和进入新市场的机会等，还能为彼此创建一个开放的平台，增强企业的综合实力和商业价值，共同打造一个持续、互利、共赢的生态系统。

要合作，首先要做的是选择合作伙伴，这是一个关键的步骤——你以后所有的努力都要在这个基础上进行。因此，仔细研究和审慎核查，恰当地选择你的合作伙伴可以降低你合作失败的概率。为了说明合作的重要性，有人做了一个小测验。

参与者面朝里站成一个圈，他们都被蒙着眼，手里拿着同一根连着的绳子，要求是将绳子组成方形。在这个测验里，当大家都跌跌撞撞四处乱走时，参与者和观察者都意识到了相互合作的必要性，它让大家知道了如果参加者是一致行动而不是单独行动的话，结果可能会比原来好得多。要想成功地做好这件事只能依靠大家的合作。

企业之间相互合作能够帮助企业更容易地获得成功。在商业活动中，理解和应用合作关系似乎异常困难，可是从更广泛的意义上来看，真正成功的合作关系在我们个人生活中是随处可见的。各个领域、各个年龄的人们都参与了合作关系，并且基于同战略商业伙伴关系同样的原理、相似的技术。最普通最明显的就是婚姻关系。它是对客户和供应商建立战略伙伴关系的一个最直接的类比。什么样的婚姻才是好的婚姻呢？肯定是"白头偕老""患难与共"，而不是顺境下的友谊关系。对一个较稳定的婚姻关系来说，关键在于相互信任、共同的价值观、良好的沟通、长期奉献、共享信息、有能力解决冲突和消除误会。好婚姻要培养正确的进取方向，要有共同的理想、共同的目标和勇气、技巧，以及献身精神。可见，成功的 10 年期婚姻也就是成功的 10 年合作关系。

合作伙伴关系与婚姻有很多相同之处。两者都要求有很恰当的核心理念，两者都为对方带来利益,这要远远超过单独一方可能带来的好处。当两个人结婚后,结果是一加一等于三:他、她和他们。"他们"开始了新生活,而他和她依然保留着自己独特的个性。这无论对婚姻还是合作伙伴关系来说都是一个成功的模式。在这种合作关系中,两个不同的组织同处于密切的联合之中,特别是这种联合对双方都有利时,所以每一方都寻找共存共荣的方法。你所选择的伙伴或伙伴们也必须接受这种观念,否则这种合作关系从一开始就注定是要失败的,更不用说两者能共存共荣了。

合作伙伴关系联盟的强弱取决于那个最弱的合作者。当那个最弱的成员并不想努力去成功的时候,它就成了障碍。这就像鲫鱼一样。鲫鱼是一种吸附在鱼身上的鱼,要把它和别的鱼分开很困难。如果团队中有的成员像鲫鱼一样附在别人的努力上不劳而获,大家当然不会欢迎这种人加入自己的平等伙伴关系中。

斯迪凯思公司的罗杰·乔奎特建议:"合作伙伴关系必须建立在以下四个方面之上:相互依存,富有责任感,相互理解,成长壮大。他说:对于伙伴关系,我们的目标是双方都赞同的,我不能把我的目标强加给你,让你把它作为自己的目标。我们必须都认同将来要一起做的一些事情。我们每天的任务不应该相互排斥。

我们无论什么时候作决定,都必须考虑到对对方的影响。我们花了很长的时间才发展起这种关系,不应该轻易破坏它。这表明当你代理我的产品时,我始终相信你所做的和你所想的,不仅是在行政关系上信任你,而且信任你提供的销售额,因为你代理的是我的产品而不是其他人的产品。理解了这一点,我们的经销商将会卖出大约相当于他们总销售额的 60%~80% 的斯迪凯思产品。我们付出的大于我们得到的。那种我付出 50%,你付出 50% 并不是一种折中,你总是要努力为你们的伙伴关系做出更多的贡献,超过你从中得到的好处。

如果你想赚更多的钱,并且你代理我的产品卖出了你销售额的 60%~80%,那么在年初我们会谈一谈,你说:'罗杰,根据我现在的利润我不能再继续向前发展了,我已经做了努力并做了投资。'我认为你是想要我帮助你做一些事情。是的,我会去做的,因为你帮助我提高了我的销售额。

于是,我们会坐下来分析一下事情是如何发展的。这不仅仅是我给你更多的钱以此让你握有更多美元的问题,也许我可以其他方式帮助你。在特定情况下,我会降低批发价,也许我帮助你降低成本,也许我帮你提高自动化程度,你的流水线会更有效率地工作等。因此,如果我们都同意一个共同的目标并就如何实现这个目标达成一致,那就让我们一起努力吧。"

由此可见，一个好的开放的平台，对整合双方来说都是一次壮大自身的绝佳机会，在商场上越是用开放包容的姿态，我们就越能聚集到更多利益和财富，从而为彼此创造价值，达到共赢。

让平台成为舞台，而不是角斗场

有竞争的地方就有强弱之分，作为强者，你不能一味彰显自己的强大，以强势欺凌弱小，而应该给弱者以生存的空间，实现整体的繁荣。这种利他思维是真正成大事者应该具备的人文情怀和商业道德。

中国化工集团旗下蓝星公司并购法国安迪苏集团时，任建新先是给安迪苏高层写信表达并购意愿，通过各种渠道让他们知道蓝星是一家负责任的公司，并购以后不仅对蓝星的发展有利，对安迪苏未来的发展也有保障。任建新在强调给安迪苏充分的发展空间的同时，也注意在细节上打动安迪苏。每次安迪苏的人到北京，任建新都要把他们接到家里，设家宴款待，甚至亲自下厨包饺子给他们品尝。任建新还会事先准备一些纪念品，这些纪念品会针对每个人的喜好特点设计，各具特色，让人感觉备受尊重。

正是任建新这种对被并购方的无微不至的细节式尊重打动了法国安迪苏集团高层管理者，最终让他们决定与中国化工集团开展战略合作。

尊重式的并购是符合交易原则的，因为并购不是战斗，打完就算，并购方与被并购方不是胜者与俘虏的关系。在并购之后，双方企业要相互整合、配合、融合，两个企业要联手一起创造更大的辉煌成绩。如果非要说并购是一场战争，那么战斗的对象不是被并购方，而是双方企业联手以后共同面对的更大的战略目标。

在任何一个并购交易中，只有双方共赢，这个并购才是成功的，只要有一方是输家，这桩并购交易就不能算作成功。这即是利他心在交易中的体现。秉持利他之心，才能确保双赢融合。在进行并购时，新的经营者能够以利他的姿态追求双赢的结果从而获得人心是并购取得成功的关键所在。

要赢得人心，就不能以胜利者自居，而应该抱持尊重对方、向对方学习的态度，平等交流，绝不能以强欺弱、以大压下，凌驾于对方之上，甚至报之以轻视态度。

其实，世间并没有绝对的强弱之分，所谓强者与弱者只是相对而言的。强者也可以转化成弱者，弱者也许有朝一日会摇身而变为强者。无论在生物界还是在人与人组成的社会中，强者都需要弱者作为依托，才能生存发展。

鲸鱼算得上是海洋的强者，可它们也需要清道夫鱼这样的弱者来帮助清除口中食物的残渣。在广阔的世界里，弱者与强者完全可以并存，所以强者不必自大，弱者也不必自卑。能成大事的人，不会以自身的强大彰显自我，而是善待一切弱者，依托他们，给他们生存的空间、展示的舞台。

追求双赢、多赢才是真正的成功，我们应该学会将彼此共生的平台打造成大家共同创富的舞台，而不是火药味十足的角斗场。

打造一个多方共赢的生态圈

强与弱、大与小的竞争共存是任何时代的共同话题，少数与多数的合作竞争悖论也是一样的。从少数人身上获大利，不如从多数人身上获小利更实惠、更长久，但这样做的前提是以共赢为原则。

这是一个强者求胜、弱者求生的时代。强大的群体以自身优势联合弱势群体，或者为他们提供一个发挥的平台，实现大蛋糕共分的良性互动，能够更好地实现共荣共赢。

中国电子商务网站的开拓者，阿里巴巴创始人兼CEO马云在"2004年CCTV中国经济年度人物"颁奖典礼上说了一句话："一个男人的才华跟他的长相是成反比的！"这引得全场一片欢呼。正是这个自称丑陋的男人，为中国中小企业创造了一个芝麻开门的神话，成为影响中国经济的风云人物。

1999年2月，马云受新加坡政府邀请，作为中国唯一的与会者在亚洲电子商务大会上发言。当时80%的与会者是美国人，演讲者也多半是美国人。所有演讲者讲的都是eBay、AOL、亚马逊和雅虎。马云说美国是美国，亚洲是亚洲，我们不能照搬eBay、AOL、亚马逊和雅虎的模式，亚洲80%是中小企业，亚洲一定要有自己的模式。

当时全球互联网所做的电子商务，基本上是为全球顶尖的大企业服务的。但马云生长在中小企业发达的浙江，深知中小企业的困境。例如市场上一支钢笔订购价是15美元，沃尔玛开出8美元，但是1000万美元的订单，供应商不得不做，可如果第二年沃尔玛取消订单，这个供应商的生意就断了。而通过互联网，小供应商就可以在全球范围内寻找客户。于是，马云毅然做出决定："弃鲸鱼而抓虾米，放弃那15%的大企业，只做85%中小企业的生意。"

选择这种模式除了出于对中国中小企业的了解外，还有阿里巴巴自身的成长经验的原因。对此，马云解释道："阿里巴巴异军突起后不久，就成为在全世界B2B

第十七章
创造舞台，而不只是饭碗

（企业之间的电子商务）领域里的第一位，无论访问量、客户数量都是第一位的，原因很简单，美国都是为大企业服务的，我认为要为大企业服务很难。第一，等到大企业搞清楚怎么做的时候，往往会自己做，会把阿里巴巴这样的企业甩了；第二，美国的电子商务都是为大企业省钱，我觉得中国要为中小企业服务，因为中国中小企业很多，最需要帮助。就像大家可以造别墅，但客户群是有限的。当造很多公寓的时候，就有很多人愿意住，所以我是造公寓，为中小企业服务的，思路就是帮助他们赚钱，让他们通过阿里巴巴的网络发财。"

马云对中小企业进行了详细调查，发现中小企业的商人头脑精明、生命力强，非常务实。他说，中小企业才不管经营战略的概念多么好听，能让他赚更多钱的东西他就会用。如果把企业也分成富人和穷人，那么阿里巴巴就是穷人的世界。因为大企业有自己专门的信息渠道，有巨额广告费，小企业什么都没有，他们才是最需要互联网的人。

马云要做的事就是提供一个平台，将全球中小企业的进出口信息汇集起来。就这样，1999年9月，马云的阿里巴巴网站横空出世，马云立志成为为中小企业敲开财富之门的引路人。

探究马云成功的奥秘，在于他将阿里巴巴作为一个"长尾"公司进行经营。"长尾"即是指只要渠道足够大，非主流的、需求量小的商品销量也能够和主流的、需求量大的商品销量相互匹敌。他从不被其他商家关注的中小企业和办不起网站的"长尾"入手，将网下的集市贸易搬到了网上，用较低的门槛即一年2300元的会员费吸引小商小贩上网开展网上贸易。这些处于"长尾"的小商小贩通过阿里巴巴找到了更多的贸易机会与财富，"长尾"聚集在一起又成就了阿里巴巴。

交易和维护成本的降低使互联网上存在一条长长的尾巴，而这条长长的尾巴是可以有效开发的。不热销的东西积少成多，会产生非常高的价值，也会占据很高的市场份额。交易的费用不断降低，使做买卖的门槛不断降低，于是，供给会呈现越来越明显的多样性，只要你稍微花点儿时间，任何个性化的需求都可能找到供给，这让"长尾"有更高的存在价值。"长尾"意味着人人都可以做小生意，也意味着能把小生意聚集起来的市场是一笔大生意。

阿里巴巴的成功，在于它不靠排挤和争夺弱小团体的市场来取得自身发展，同时避开了行业巨擘的强势。它搭建了一个共赢平台，实现弱小者合群生存，俨然是有与大团体分庭抗礼的姿态。但是有一点，这条"长尾"不能断，唯有如此，他们才能发挥更大的能量。这条"长尾"越是密集庞大，其生命力就越强，弱小者可以随时调转船头，选择跟进或退出，这种优势是大团体无法具备的。

互利共存的"长尾效应"，体现的正是利他精神。利他就是利己，不论是经济还是人与人组成的社会，都是一个整体，牵一发而动全身。随着经济的发展，我们应该越来越重视打造一个多方共赢的生态圈。

三流公司做事，二流公司做市，一流公司做平台

平台就是一个舞台，一旦在这里整合到对自身强有力作用的合作资源，将会极大地促进自身的发展，获得最大的利益。一个平台就像一个地球，这里提供了土地、水、空气等资源，每种生物在这里都有自己的生活方式，大家和平相处，和谐共赢。总的来说，借助平台为自己造势，才能花小钱办大事。

阿里巴巴认为，"互联网最核心的就是分享"。2013年以来，阿里实现了两次平台开放，使网络"平台"的生态环境变得越来越丰富。在第一次开放中，阿里将原支付宝拆分的三个事业群与阿里创新金融事业群结合在一起，建立了"阿里小微金融服务集团"。该集团为阿里平台上的小微企业向银行借贷提供了一个便利的通道。

第二次平台开放是"余额宝"的推出。余额宝通过引进基金公司，在短短18天里，一跃成为"中国用户数最大的货币基金"，开启了基金、证券、保险、信托等管理机构进驻余额宝的步伐。而接下来，阿里要做的就是让这些平台形成一个永续的可循环闭合的生态圈，健康和谐地发展。

正如360公司董事长周鸿祎所说："中国互联网尽管已经'批发上市'了很多公司，但与美国同行相比，活力仍然不足。中国互联网很多企业都希望做成一个小的独立王国，所以中国可能会产生很多赚钱的公司，但可能永远出现不了像Facebook这样在5年内就成为世界级的公司。真正的开放平台不是把别人的产品全部拿过来，打着开放的名义最后自己建一个封闭的花园。"目前，已有超过10万用户在360开放平台上安家落户，它已经成为"中国最大的软件应用平台"。

事实上，平台就是"大家搭台，别人唱戏"的地方，你前期可能会因为"搭舞台"耗费很多资金，但是慢慢地，你就会从这里获得意想不到的收获，如品牌信任度、知名度等，所以最后，你仍会是挣钱最多的那个。

我们常说三流企业做事，二流企业做市，一流企业做平台。的确，三流企业踏踏实实地做事，二流企业一心一意地盯住自己的市场，那么一流企业就是敢为人先、与时俱进，用长远的眼光为所有人搭建"平台"，让每个人都有赚钱的机会。

细分市场精耕细作

孙子说:"我专为一,敌分为十,是以十攻其一也,则我众而敌寡;能以众击寡者,则吾之所与战者约矣。"意思是说:我集中兵力为一处,敌分散兵力为十处,这就形成局部的以十攻一的态势,那么,我就兵力众多而敌人就兵力寡少了;能以众多兵力对付寡少兵力,与我交战的敌人就陷入困境了。孙子分敌于十处,形成以多打少的局面,最终能获胜。对于企业而言,对市场进行细分,机会发现市场空白点和新的商机,从而为自己赢得发展空间。

我们以奇瑞汽车公司为例。奇瑞汽车公司成立于1997年,该公司拥有整车外形等十多项专利技术,经过认真的市场调查,奇瑞汽车公司精心选择微型轿车打入市场。它的新产品不同于一般的微型客车,是微型客车的尺寸,轿车的配置。

2003年5月推出QQ微型轿车,6月就获得良好的市场反应,2003年9月8日至14日,在北京亚运村汽车交易市场的单一品牌每周销售量排行榜上,奇瑞QQ以227辆的绝对优势荣登榜首。到2003年12月,已经售出28000多辆。

奇瑞QQ被称为年轻人的第一辆车。奇瑞QQ的成功就在于它的市场细分。它的目标客户是有知识品位但收入并不高的年轻人。为此,奇瑞QQ有着极其讨人喜爱的外形。虽然小车价格便宜,但是在滚滚车流中它是那么显眼,你看它那绚烂的颜色,婀娜的身段,顽皮的大眼睛,好似街道就是它一个人表演的T形台。

就这样,奇瑞公司成为行业内公认的车坛黑马。与此同时,奇瑞轿车还连创5个国内第一,6次走出国门,以自己的不懈努力创造了中国汽车史上的奇迹。

市场细分是指营销者通过市场调研,依据消费者的需要和欲望、购买行为和购买习惯等方面的差异,把某一产品的市场整体划分为若干消费者群的市场分类过程。每一个消费者群就是一个细分市场,每一个细分市场都是具有类似需求倾向的消费者构成的群体。

谈到市场细分,可能没有人不会想到宝洁公司。始创于1837年的保洁公司,已具有了172年的发展历史,目前是世界上最大的日用消费品公司之一。宝洁在中国销售的品牌多达数十个,其中有21个品牌的年收入都超过10亿美金,而这些品牌也分别统治着不同领域的江山。

宝洁公司的第一个全球性品牌是象牙肥皂。这款肥皂品牌赞助了美国最早的电视连续剧,这也是人们至今还将这种类型剧叫作肥皂剧的原因。当宝洁进入洗衣粉市场的时候,宝洁公司没有将研发出的洗衣粉品牌命名为象牙洗衣粉,而是推出了一个独立的品牌，叫作汰渍。

在洗发水领域，宝洁市场细分的概念和效果则更加明显，海飞丝代表着去头屑，潘婷代表营养和健康发质，飘柔代表柔顺，沙宣代表专业与时尚，而伊卡璐代表了草本。宝洁公司总共生产了11种品牌的洗衣清洁剂，8种品牌的香皂；6种洗发水；4种液体碗碟清洁剂；4种牙膏；4种咖啡；3种地板清洁剂；3种卫生纸；2种除臭剂；2种食用油；2种织物柔软剂；2种一次性尿片……而且许多品牌都有几种型号或配方。

这都得益于宝洁精准的市场细分战略。宝洁公司善于抓住消费者不同的需求特征，按需生产，满足市场需要。保洁公司在市场销售的品牌中，各自都有其精准的定位，所面对的也是不同的消费群。

以洗衣粉为例，人们使用洗衣粉是为使衣物干净。但是消费者总会想从洗衣粉中得到些别的东西，如经济实用、漂白、柔软织物、新鲜的气味、强力或中性、泡沫多等。人们想从洗衣粉中或多或少地得到上述的每一种利益，只是由于关注点不同，而对每种利益具有不同的侧重而已。

对有些人而言，清洁和漂白最重要；对另一些人而言，柔软织物最重要；还有一些人则想要中性，想要洗过的衣服能够散发出新鲜美好的香气。因此，洗衣粉购买者中存在不同的群体或细分市场，并且每个细分市场寻求各自特殊的利益组合。

宝洁公司至少已找到11个重要的洗衣粉细分市场，以及无数的亚细分市场，并且已经开发了满足每个细分市场特殊需要的不同品牌。11种宝洁品牌针对不同的细分市场分别进行市场定位。

对市场需求进行精准细分是宝洁持续成功的获胜之道。通过细分市场和采用多种洗衣粉品牌，宝洁公司吸引了所有重要偏好群体中的消费者。其品牌总和在32亿美元的美国洗衣粉市场中取得了53%的市场份额，大大超过了仅凭一种品牌所能得到的市场份额。

从这个例子我们可以看出，企业如果能够先于竞争对手之前捕捉到有价值的细分新方法，通常就可以抢先获得持久的竞争优势，就可以比竞争对手更好地适应买方真实的需求。因此，企业需要做的就是瞄准用户需求，挖掘新的市场机会。寻找潜在的细分市场，可以从以下几个问题着手：是否存在顾客需要但是目前市场上还没有的产品；改进的产品能否完成附加的功能；是否存在将服务和产品整合出售。一旦企业为自己找到了能发挥自身优势的"舞台"，那么便可以在这里收获源源不断的财富。

第十八章

善搭品牌"便利车",共同升值

重视品牌管理

企业需要品牌,品牌也可以为企业带来诸多好处,但是这些都需要优良的品牌管理。目前,品牌管理的环境在不断变化,面对的挑战也越来越多。从多方面看,传统品牌似乎都受到了严峻的威胁,创建和维持一个品牌的成本不断提高;消费者对品牌的忠诚度及追随度在不断下降;零售商通过自有商标和厂家竞争,一些专卖店甚至创造了自己的"商店品牌",试图在某些领域建立自己的地位。有的专家甚至提出了"品牌灭亡论"。

品牌当然不会真的灭亡。但是,关于什么是品牌,如何最佳管理品牌的理念确实正在转变。创建一个强大的品牌比以往任何时候都困难,但同时它的发展潜力可能更高。之所以困难,是因为创建品牌的传统技巧过于单一,存在很大的局限性,实施的效果也愈来愈差。之所以潜力更高,是因为那些能够运用创新策略建立品牌的企业,将来所得到的回报会更高。而那些不能创新的企业则会被逐渐淘汰出局。

优秀的品牌都具有独特的核心内涵和文化,使品牌形成良好的个性。品牌的核心内涵的作用就在于它在高质量的基础之上赋予了品牌灵魂,将品牌与文化和思想联系在一起,使消费者形成高度的认同感。品牌不仅是一个名称,一个商标,而且是一个含有深刻内涵的内容集合,它含有丰富的内容和含义。当一个品牌的内涵,或者说核心理念被人们接受和认同的时候,品牌也就真正深入人心了。

1886年,和美国的自由女神像一样,由潘博顿调制成的可口可乐已经成为美国的象征。可口可乐公司非常清楚地认识到了这一点。有位可口可乐的官员曾说过:"如果公司在天灾中损失了所有的产品和资产,公司将易如反掌地筹集到足够的资金来重建工厂。相反,如果所有的消费者突然丧失记忆,忘记和可口可乐有关的一切东西,那么公司就要停业。"可见,品牌内涵如果能够深深植根于消费者心目中,那么它毫无疑问地增加了商品的含金量。

比如提到迪士尼，人们会想到欢乐、刺激；提到海尔，消费者心目中的形象是人性化、具有亲和力；提到兰蔻的品牌，人们会感觉到奢华、高贵；力士一直坚持用国际影星做形象代言人，其"美丽承诺"达80年之久；万宝路香烟纵使再狂野再奔放，也还是坚持一贯的乡村牛仔形象；可口可乐用过的上百条口号，都是围绕"美味的、欢乐的"的品牌内涵不变。产品的品牌内涵是品牌形象之源，是品牌精神的孕育之地，是保持品牌活力的原动力。

要知道，品牌塑造不是一朝一夕就可以完成的，它需要大量的时间和投资。因此既要有短期目标也要有长期投资计划。也就是说，企业首先要考虑到产品质量、服务和短期利润，同时又要着眼于长远战略不断地推广品牌。只有自身的品牌声誉优质，才能保证在和其他企业的合作中发挥出优势。

创建于1891年的皇家飞利浦电子公司是一家大型公司，拥有全球性品牌"飞利浦"。现在这个品牌涉及100个行业，拥有200多个产品生产商家，在40多个国家进行各种研究和开发，其销售和服务覆盖150个国家，员工达23万。此外它还拥有强大的研发机构，其销售额的5%用于研究和开发，拥有上万个专利。飞利浦产品系列种类繁多，应有尽有，其中包括半导体、电视、录像机、音响、计算机、数字网络、照明设备、医疗系统、移动通信设备、家庭生活用品、个人护理用品等。

但是，飞利浦的品牌形象曾经十分模糊。当问及一个人是否知道飞利浦这一品牌时，他可能会说知道，但却说不出飞利浦有哪些系列产品，没准儿还认为是一个与传统技术有关的品牌和公司。但是后来，飞利浦公司实施的"让我们把生活变得更美好"的全球品牌运动改变了这一劣势，赋予了品牌突出和鲜明的个性。

"让我们把生活变得更美好"的全球品牌运动不过是开始提升飞利浦作为全球性品牌形象的一部分，飞利浦还要借此激励员工，吸引更多的消费者的注意。这次运动强调科技，特别是飞利浦产品能为人们做什么，能给人类和世界带来什么利益。这次运动成功地改变了飞利浦过去模糊的品牌形象，赋予了它鲜明的品牌个性，对飞利浦的发展产生了深远影响。

可见，每个品牌都有自己的独特定位和资源优势，当然，也有自己无法兼顾的地方和不足之处。品牌联盟的意义，就是发挥优势，规避劣势，实现强强联合，共同升值。例如2005年海尔和鄂尔多斯打出"家电＋羊毛"的营销策略，就是通过优势互补，实现了双赢。

品牌联盟的关键是"联合"，联合的品牌在合作中各取所需，各得所利。这种"捆绑式"营销，既能降低营销成本，还能提升品牌的形象，使合作双方的产品在短时间内实现价值增值。例如格兰仕曾举办过一次购买其家电产品赠送健身消费券的活动，就是一次价值增值的典型案例。

众所周知，奔驰汽车是汽车行业里的顶级品牌，而三星也是家电行业里的翘楚，双方曾依靠品牌联合推出了"购买奔驰S280系列赠送三星最新款15英寸液晶电视"的活动，无疑就是依靠彼此品牌的魅力，搭乘品牌"便利车"，实现品牌价值的攀附。

不过，依靠品牌联盟策略进入目标国市场，由于制度、文化和贸易壁垒等多方面的原因，企业必然要与当地的企业合作开拓市场。选择合作伙伴时一定要慎重，所选择的合作伙伴必须与本企业的品牌相协调、相称，必须真正了解品牌价值并对其负责，有合作价值的合作伙伴可增加品牌在目标国发展的推动力。

价值关系不同，合作模式各异

随着全球化经济的发展，品牌联盟开始成为企业与企业间实现双赢的好方法。1980年，跨国公司约2%的收入来自联盟，而到2005年，这个数字增长为30%。可见，联盟能为合作双方带来多大的经济效益。事实上，联盟意味着合作双方在经济上属于独立的机构，但是彼此共同投资、分享利益和承担风险。

品牌联盟因价值关系的不同，会出现很多不同的合作模式，比较常见的有商业联盟，接触、认知型品牌联盟，事件型多项联盟等。商业联盟要求合作双方按照"有分寸的过渡"原则在联盟内部建立起合理的合作关系，做到利益共享、资源互补，最终实现"总价值提升，总成本降低"的结果；接触、认知型品牌联盟要求合作双方的目标受众一致，彼此能通过联盟进一步提高品牌影响力；事件型多项联盟就是借助社会事实的关注度，互相借光，实现互补共赢。

可口可乐是一家有百余年历史的老牌跨国公司，1996年，它抓住亚特兰大奥运会百年盛况的机遇，通过品牌联盟，使其当年第一季度的收益增加了12%。可口可乐与奥运联盟的模式就是典型的"事件型多项联盟"，让我们来通过案例看看可口可乐是如何具体实施品牌推广策略的。

奥运赞助商分为三种类型，其中"TOP赞助商"可在全球范围内使用所有与奥运相关的标志，并独享奥运五环的使用权；而"当届奥运赞助商"则可在全球范围内使用除奥运五环之外的所有当届奥运相关的标志；各国"国家奥运赞助商"，只可在各自国家范围内使用各国自己的奥运标志。

TOP（Toyinpic Program）中规定，各行业的 TOP 赞助商只能有一个，不能重复；凡是 TOP 赞助商，皆享有奥运转播时段中的广告优先购买权。可口可乐成为 TOP 赞助商后，全世界的消费者都能在欣赏奥运比赛的狂热和激动中，顺便品尝可口可乐，感受一下它的气息。可口可乐独有的红色飘带已经系绊住千千万万消费者的心，只要有奥运消息的地方，就会散发出可口可乐惊人的魅力。

可口可乐赞助奥运，最大的意义莫过于让观众无时无刻不见到它的身影，借以刺激他们的购买欲，提高销售量。在过去的活动宣传中，可口可乐总是扮演奥运辅助者的角色，即称"奥运赞助商"，而这次却定位在"奥运最长期的伙伴"。

奥运期间，公司制定出全方位出击的营销策略，从全球范围各式各样的奥运抽奖、赠品活动，到协助奥筹委员承办包括圣火传递、入场券促销在内的多项工作，从奥林匹克公园的营造，到 70 支奥运广告片的密集播放，使得全球可口可乐的忠诚者以及一般消费者，在超市日常购物时，在电视屏幕前观看奥运转播时，在亚特兰大现场为选手加油时，甚至在奥林匹克公园尽情游玩时，都能感觉到可口可乐的存在。

为了增添奥运的文艺气息，从 1995 年开始公司便推出了"可口可乐瓶——奥运对民俗艺术的礼赞"，揭开了奥运宣传活动的序幕。接下来可口可乐主办了 1996 奥运圣火传递活动，并大力协助促销奥运入场券，为了促销这些入场券，公司在全国各销售点放置了 3650 万份厚达 48 页的奥运宣传手册，所花的媒体购买费用高达 2500 万美元。

奥运期间，到亚特兰大的游客，一定不会忘记新建成的奥林匹克公园。这个主题公园也是可口可乐宣传品牌形象的重要窗口，是可口可乐奥运促销的一个重要组成部分。暂且不提那桩轰动全球的爆炸事件，公园内精心设计的各项参观活动，高新科技淋漓尽致的运用，以及琳琅满目的各式商品，就足以令人叹为观止。

走进公园，投入眼帘的是大大小小的可口可乐标志，众多醒目红色标志装点着整个公园，条幅、彩旗、遮阳伞……处处都印有 Coca-Cola，整个公园完全被塑造成一个浓缩的可口可乐世界。公园内设有珍贵奥运文物参观、奥运基本情况形象生动介绍、各项体育竞赛的亲身体验、各种商品的出售，等等。

奥林匹克公园内一系列鼓动游客积极参与的活动，以及众多别出心裁的服务项目，吸引了世界各地聚集到亚特兰大来的大批游客前去观赏游玩，公园内一片沸腾欢乐的盛况与奥运竞技场上紧张激烈的气氛相互映衬，更加烘托出奥林匹克积极向上的精神。

伴随着奥运的种种促销活动，可口可乐也将1996年的核心策略"For the Fans（为了可乐迷、球迷）"转化为具体的行动。公司为奥运准备了70支精彩的奥运纪录广告片，让观众在欣赏奥运比赛的同时，也在广告时段中看到可口可乐为观众"转播"的精彩运动片段。

公司一改过去以体育明星为主人的广告表现方式，回归到消费者中间，让他们体验亲切、真实的感觉。这种策略的转变在消费者与可口可乐之间形成了一种新型的联络。节目与广告，奥运与可口可乐，一时间紧密得难以区分。随着活动的深入和广告的播出，可口可乐正逐步加强消费者与奥运，乃至与可口可乐间的互动关系，让他们在物质及精神层面上获得双重满足。

可口可乐正是借助这种全方位的赞助行为，将奥运的"公正、和平"的精神归入自己品牌资产的名下，让消费者无论何时何地都有机会接触到可口可乐，深深地为那种朝气蓬勃的精神所吸引，并使之真正认识到可口可乐才是奥运最长期、最忠实的伙伴。在这次品牌联盟中，可口可乐和奥运"拉起手来"，让自身的产品和品牌都得了发展。

用公益制造品牌

"品牌"（brand）一词来源于古挪威文字brandr，意思是"烙印"，它非常形象地表达出了品牌的含义——"如何在消费者心中刻下烙印？"品牌是一个在消费者生活中，通过认知、体验、信任、感受，建立关系，并占得一席之地的、消费者感受的总和。对于企业而言，它就是竞争力。

那么，如何让消费者对品牌产生认知呢？其中，用公益营销战略是企业提升品牌知名度和美誉度的上佳之选。英特尔全球副总裁简睿杰说："企业开展的公益活动与促销活动一般都会给社会带来利益。企业将自己一部分利益回馈社会开展各种公益活动，不仅满足了社会公益活动中对资金的需求，同时企业又将良好的企业道德、伦理思想与观念带给社会，提高了社会道德水准。"可见，企业的影响力来自社会责任，而其良好的社会影响力又将成为制胜的关键。

安利公司是注重培养公司影响力的*典型企业*之一。每年年底，安利（中国）日用品有限公司华东区总经理都要带着安利的员工代表以及销售代表在上海市儿童福利院度过——这是很多年的规矩，已经成为安利慈善活动的重要组成部分。安利负责人说，在中国，安利品牌在全国的知名度早就已经接近百分之百，而安利这些年来所做的大量工作，都是为了最大限度地增加安利品牌的影响力。

全球三分之一的用户使用的是诺基亚手机，诺基亚公司持续获得辉煌的市场业绩，与他们孜孜不倦地履行社会责任感，不断扩大公众影响力有关。诺基亚在支持青年发展计划方面不遗余力。作为全球性企业，诺基亚认识到世界各地的青年人都可以从培养重要的"生活技能"中获益，这些技能有助于他们在当今快速变化的世界中取得成功。

2000年，诺基亚与国际青年基金会（IYF）合作推出了全球青年发展计划，旨在增强青年人的生活技能，面向未来发展做好准备。诺基亚为这项计划累计出资2600万美元，使33万多青年人直接受益。

诺基亚为世界很多国家和地区提供慈善捐助，帮助解决与儿童直接相关的问题。其中包括资助学校和幼儿园，为医院捐赠设备，以及为残障儿童提供救济。另外，诺基亚员工还发起了一项员工捐助活动，于每年秋季举行。根据活动所得的全部员工捐款额，诺基亚公司也捐出相应金额的款项。每年从这些活动中筹得的善款超过50万美元。

需要时，诺基亚还会提供慈善捐助，支持救灾工作。为了帮助2005年9月卡特里娜飓风灾难受害者，为他们提供食物和庇护所，诺基亚向美国红十字会捐款100万美元。此次赈灾过程中，红十字会优先满足最急迫、最重要的需求，例如紧急庇护所、食物和水等。诺基亚赞助的青年发展计划"艺术沟通心灵"也作出相应调整，让受到卡特里娜飓风影响的青年人通过数字媒体的形式来表达他们对这个世界的思考和忧虑。

2004年12月东南亚海啸惨剧发生后，诺基亚全球总部立刻通过芬兰红十字会进行现金捐款。另外还捐赠了大约1000部移动电话给运营商和救援队。运营商客户服务团队努力恢复并扩充网络容量，同时帮助监控网络稳定性并进行服务规划。通过诺基亚志愿者计划，员工志愿者迅速组织起来并积极响应：或直接与救援组织一起工作，或参与员工赞助活动。在许多国家和地区，诺基亚都配合员工募捐活动捐赠了相同金额的款项。另外，诺基亚还为海啸灾区制订了长期复兴方案，并辅之以一项为数250万欧元的重建基金。

2005年巴基斯坦发生地震后，诺基亚连续三年资助一些重建计划和项目。其中包括向Edhi基金会和总统地震救灾基金提供捐助，向芬兰红十字会捐资在穆扎法拉巴德专区建立一个临时医院。诺基亚还直接向受灾地区捐赠手机。美国2001年9月11日发生的灾难，使很多儿童痛失父/母亲或者双亲。为了这些儿童的未来，诺基亚与国际青年基金会（IYF）密切合作，设立了诺基亚教育基金。该基金帮助支付大学教育费用。

1998年，诺基亚向中国洪涝灾区捐赠了价值人民币1000万元的赈灾款物。2000年，诺基亚把8850手机慈善义拍及慈善义演所得收入捐给了中华慈善总会。2003年4月，诺基亚公司率先向北京、广州、山西等"非典"高发地区捐赠数百部移动电话，5月再次向抗击"非典"的第一线提供物资援助，向北京市政府捐赠价值260多万元人民币的先进医疗设备，包括治疗"非典"最急需的有创呼吸机和床边X光机，凭借高度的社会责任感和以人为本的企业精神，以实际行动投入中国抗击"非典"的斗争。

优秀的企业不仅在市场表现上优秀，同样，作为一个企业公民，在履行社会责任上也是表现卓著。正是如此，企业的社会影响力才能得到持续增强，反过来促进企业在市场上获得更加辉煌的业绩。所以说，持续扩大企业影响力，是一个"双赢"的结果。总之，企业领导人要充分重视影响力的作用，只有具备强大影响力，企业才能提高自己的核心竞争力，才能在激烈的竞争中脱颖而出。

共同运营，一试见真章

品牌联盟，意味着你不是一个人在战斗。通过联盟，企业能以最小的投资，实现最快速的回报，并且能够规避市场的风险，为消费者创造更多价值。企业通过共同运营，能让自己获得审视对手的机会，发现合作中存在的问题，从而加强管理。例如可口可乐与"奥运"这个大的运动品牌实现了强强联合，优势互补；苏泊尔与金龙鱼结成品牌联盟关系，满足了消费者享受"健康与烹饪"的双重乐趣。

尽管联盟的好处很多，但在合作中，良好的管理体系是不可或缺的，如何实行全程品牌管理，让联盟为合作创造更大优势，是企业需要思考的问题。

1. 增强各品牌的相关性

创建强势品牌需要分散品牌系列的投资，以及开拓各种定价及营销渠道组合的战略性投资。因此，全程品牌管理必须注重同一系列品牌之间的相互关联及影响，而不能将精力集中在某一个或几个品牌上。

法国欧莱雅（L'ORÉAL）化妆品公司的欧莱雅品牌在2002年的品牌价值为50.79亿美元，全球排名第54（《商业周刊》统计）。欧莱雅公司早就意识到品牌竞争需要大量研发资金的投入，该公司的研发费用预算一直在不断增加。此举引发出一项重大的产品创新——全新的欧莱雅"抗衰老复合物"。

这种产品具有减缓皱纹产生和扩张的特点，被认为是护肤品的一项突破。欧莱雅之所以能承受大幅上升的研发费用，完全是因为它能够把费用分摊到产品系列中不同价位、不同市场的各种品牌上。欧莱雅首先用兰蔻（Lancôme）品牌把抗衰老复合物引进市场，随即将其转入薇姿（Vichy）系列，最后纳入佛兰特广阔的分销网络。这一品牌营销创新大获成功，降低了营销成本，而如果是单一品牌的话，就不具备这种相关的效应了。

利用相关品牌，必须存在相关性。如果只把一些毫无关联的品牌拼凑起来进行管理，不但于事无补，反而增加管理的成本，以至于打乱业务流程甚至造成资源的浪费。在选择能够提高企业品牌系列价值的品牌时，品牌管理人员必须从两个方面衡量现有品牌是否与企业的品牌核心优势相吻合，以及是否有品牌价值增值的潜力。然后按照从优势吻合、创造价值高，到优势不吻合、创造价值低的方式把品牌按投资优先等级划分。

2. 利用创新加强品牌组合

正如欧莱雅品牌发展的经验，品牌创新日趋重要，而且在各种收购、品牌扩张等发展形势中占据主导地位。品牌营销花在零售商和消费者方面的费用已令企业不堪重负，而且，消费者变化多端的消费心理并不容易把握，传统的品牌管理已不适应品牌竞争的需要。但是，真正的创新也并非简单地加大投资就可以实现的，胡乱创新品牌除了增加成本外不会给企业带来任何好处。品牌的再创新可以通过品牌定位创新、品牌形象创新和品牌技术创新三种方式进行。

3. 改善和巩固与消费者、经销商的关系

消费者越来越关注品牌的长期服务所带来的保证和稳定性，这种要求迫使企业重新审视为消费者所能创造的品牌价值以及所能提供的特殊产品或服务。对于很多品牌而言，最重要的客户其实还是零售商。为了抵挡零售商自有品牌增长的攻势，品牌管理者必须设法为零售商创造价值，而不能采取消极让价的措施以加大零售商的利润。

例如，在美国有一家领先的办公用品生产商，它与一家连锁超市合作，开发出新的物流系统，这一系统为超市带来的额外利润大大超过超市自有品牌的商品。有了这种相互依赖的商业系统，制造商可以此保障它的品牌专卖，而零售商会从其自身利益出发与企业合作，在这种互惠互利的关系中，企业的品牌利润仍会不断增长。

以上是全程品牌管理的关键活动，这意味着建立、巩固和发展一个品牌需要付出比以前更高的代价，但是，潜在的回报也会更加丰厚。而只有真正致力于创新品牌战略的品牌才能获得长期的效益，使品牌持续、健康地发展。

发现客户真实需求

被誉为"教父式企业家"的华为总裁任正非曾说："客户的利益就是我们的利益，通过使客户的利益实现，进行客户、企业、供应商在利益链条上的合理分解，各得其所，形成利益共同体。以客户满意度为企业标准，孜孜不倦去努力构建企业的优势，赢得客户的信任。"

德鲁克说过，顾客是企业生存的基础。创造顾客必须先考虑如何满足客户的需求、如何认知客户考虑的价值所在，更重要的是究竟如何创造客户的需求。企业只有赢得了顾客，才能真正拥有市场。

宝洁公司是目前世界上最大的日用消费品制造商和经销商之一。它在全世界60多个国家和地区设有分公司，所经营的300多个品牌的产品畅销140个国家和地区，年销售额超过300亿美元。

1988年8月，宝洁公司正式进入中国，建立了广州宝洁有限公司。为了促进"海飞丝""飘柔"等品牌产品的销售，宝洁认为要占领市场必须创造市场，要创造市场必须创造顾客，因此，宝洁采用独特的促销模式来创造顾客。

根据市场调查，当时广州市区有发廊3000多家，以每个发廊每天接受20个人洗头计算，一个月洗头总人数就接近广州市区的总人数，广州洗发水销量中发廊占到34%左右。因此，宝洁公司首先选取了10家位于闹市区、分布合理的发廊参与此次活动。

随后，宝洁设计了6388张洗发券，消费者不需要购买任何宝洁产品，只需剪下一张宝洁产品的广告，就可换取一张相当于自己一天甚至两天工资总额的洗发券，凭洗发券可以到指定发廊洗头。这样，就算是没有工资收入的学生或家庭主妇，也一样有机会到高级发廊享受服务。

第一周到广州体育馆换票，由于整个宣传是立体式的，遍及全市报纸、电视、电台及发廊，结果，前来换票的人空前踊跃，直到换完最后一张票，还有3000多人排队；第二周不得不改用寄信换票的方式。公司每周都有固定的票数发出，每周都是先到先得。

每周五《羊城晚报》1/4版广告是整个行动的高潮，连续推出4周。公司用固定的报纸篇幅、固定的媒介发布时间，每次公布不同的换票游戏规则。大行动期间，天河区星期五的晚报下午5点钟就卖完了，这大大提高了各种职业、区域消费者的投稿取票回报率。

这次行动的结果是，宝洁公司用只能拍5条广告的费用，使"海飞丝""飘柔"在广州地区的销售额比去年同期增加了3.5倍，使广州宝洁获得了1990年度宝洁总部的两项全球性大奖——"最佳消费者创意奖"及"最佳客户创意奖"。

通过这一促销活动，宝洁使目标顾客——消费者和发廊迅速增强了对宝洁的品牌信任，从而大大降低了成本，提高了销售业绩。宝洁公司通过独特的创意，创造了顾客，很快打开了市场局面。

这是一个典型的多赢案例，这个例子启示管理者，必须想方设法发现顾客的真实需求，使顾客加强对你的产品和公司的认同度，这是占领市场并获得成功的重要条件。

用联盟增强合作方的约束力

所谓品牌联盟，是指企业之间为了品牌以及更长远发展和进一步拓宽市场，而与其他恰当的品牌建立互利互惠的伙伴关系，以提升企业品牌资产，并利用杠杆作用使品牌资产最大化。这是品牌间互相借势的好方法。

品牌联盟对于一个需要宣传产品品质的品牌有双重作用。当人们对产品表面上看不出来的品质有疑问时，借助其他品牌可以让消费者对产品的真实品质感到放心。同时，即使产品的品质可以观察得到，借助其他品牌也能表明该产品的一些特性有所改进。

星巴克是北美最大的品牌零售商和最大的特色咖啡供应商，它成立于1971年，第一家店位于西雅图。在20世纪80年代，星巴克一举成名，几乎每周都会有800万人光顾星巴克的咖啡店。到了20世纪90年代，星巴克已经成了全球知名度最高的品牌之一了。

星巴克品牌已经远远冲出了企业的店铺、办公室以及生产车间，成为妇孺皆知的名字。目前，越来越多的人不仅听说过星巴克，而且接触过星巴克或在星巴克喝过咖啡。星巴克的首席执行官霍华德·舒尔茨说："在星巴克成长历程里，我们一直坚持这样一种信念：我们公司的宗旨是把星巴克培育成世界上最好咖啡的代名词。"当舒尔茨刚到星巴克公司任零售部主任时，星巴克还仅仅是一个地方性的、受当地人尊敬的咖啡供应商。舒尔茨的憧憬和热情使星巴克成了全球知名的品牌。

星巴克在创业之初，"统一品牌联盟"是受禁止的用语。星巴克致力于培训自己的员工，经营自己的店铺，以便消费者从星巴克买到货真价实的咖啡。消费者只能在星巴克咖啡屋才能买到星巴克咖啡，并且星巴克也禁止其他企业出售星巴克咖啡。

舒尔茨认为，要想维持长期的盈利和增长，需要不断强化品牌模式。在舒尔茨任职后的9年里，星巴克年增长率超过50%。更重要的是，品牌全球资产在迅猛增长。当然，星巴克品牌资产的真正规模是主观上的，而非用数字来描述的。星巴克不是通过广告、促销或低价策略建立品牌声望的，用舒尔茨的话说即是"一次服务一名消费者"。星巴克的成长与其最初所服务的消费者数量是紧密相关的。

星巴克在员工培训上的开销远远大于广告投入。星巴克认为员工是公司最好的伙伴。星巴克把在人力上的投资作为增长要素，在任何行业里都是极其少见的。正是这种独特的核心理念使星巴克品牌扩张计划，得到了更广泛的认同。

正当星巴克开始融入时代主流意识并且成为现代文化的标志时，越来越多的公司想同星巴克寻求合作并与星巴克这个名字扯上关系。星巴克也逐渐接受了品牌联盟的思想。能与星巴克成功合作的伙伴必须是那些能够清晰理解和掌握星巴克品牌的精髓和宗旨的商家，并且他们的核心准则和价值观也要与星巴克相一致。

对星巴克来说，这样的标准等于再造一个星巴克。星巴克不想受到地域、传统方法以及常规的限制，愿意让想喝咖啡的人品尝到星巴克咖啡。因此，为了回应顾客愿望，星巴克与百事可乐建立品牌联盟，生产瓶装的冰咖啡饮料，以满足一个新的目标消费群体的消费需求，于是星冰乐品牌诞生了。这种扩张使消费者可以拥有新的获取星巴克产品的途径，深化了人们对星巴克品牌的总体印象和认知情况。

品牌联盟使星巴克的覆盖范围迅速扩大，更多的消费者开始接受星巴克品牌。1991年与Host Marriott联盟时，仅有116家店铺零售店的星巴克还是一家比较小的公司，这一年标志着星巴克长期伙伴关系的开始。Host Marriott同意只在华盛顿的码头卖星巴克咖啡，同时开始在Sea-Tac国际机场租赁机场咖啡店进行合资经营。下面是星巴克在20世纪90年代的联盟行为。

1991年，授权Host Marriott用星巴克品牌在港口和机场开店。

1992年，允许Nordstorm利用星巴克品牌经营国家咖啡店。

1993年，Barnes & Nble书店联合开设咖啡店。

1994年，允许ITT/Sheration Hotels利用星巴克品牌经营国家咖啡店。

1994年，与百事可乐共同设计和推广子品牌。

1995年，与Horizon航空公司合作，在该公司的航班上为旅客提供星巴克咖啡。

1995年，与泛美航空公司合作，在该公司的航班上为旅客煮星巴克咖啡。

1995年，与加拿大Chapters商场合作，在该商场开设星巴克咖啡店。

1995年，与加拿大航空公司合作，在该公司航班上提供星巴克咖啡。

1995年，与Dreyer's Grand冰激凌合作，开发和推广咖啡冰激凌。

1996年，与Aramark公司合作，在新墨西哥校园内开设咖啡店，这是星巴克首次在学校内开设咖啡店。

1997年，与Qprah's读者俱乐部合作，用星巴克基金向父子基金捐款。

经过这一系列举措，到了1997年，星巴克的店铺数量就已经达到了1381家。例如，与Dreyer's Grand冰激凌的联盟使星巴克坐上了咖啡冰激凌销量第一的宝座。现在，星巴克的咖啡冰激凌口味多、式样多，在美国很多商店里大量销售。星巴克力图通过联盟使星巴克品牌深入消费者生活与工作的每一个角落。

为了占取更大的市场主动权，进入速溶咖啡市场，星巴克于1996年和1997年两年间，在俄勒冈州以及芝加哥的某些地区试验并推广六种新配制的速溶咖啡。这些市场地区主要用来检验星巴克以新的分销渠道提升品牌资产的能力。基于积极的市场测验结果，星巴克于1998年9月份宣布与卡夫食品（Kraft Foods）结成品牌联盟，以加快星巴克品牌在全美国超市的铺货和销售。

从星巴克品牌战略联盟可以看出，当企业品牌处于不断地扩张并不断试图创造需求时，星巴克需要的是那些能够提升品牌资产的合作伙伴，寻找与星巴克在质量、主导地位，以及专业技术方面的声誉相一致、相匹配的那些品牌。秉持正确的理念，与适当的合作伙伴建立恰当的联盟促使星巴克不断进入新的细分市场和新的产品领域，从而保持竞争优势。

第十九章

面对竞争者，不是挑战它而是弥补它

不能战胜对手，那就加入他们

1996年，哈佛教授亚当·布兰顿等著书《合竞时代》。"合竞"一词形象地概括了这个新竞争时代的本质特征。所谓"合竞"，即合作中竞争，竞争中合作，合作起来与其他商业生态圈竞争，合起来才能竞争。亚当·布兰顿还创造了一个新词"完善者"，在这种竞争环境下，企业需要放弃旧有的竞争思维，采用"完善"思维。企业的目标不是同行竞争，而是向大客户提供完善的服务与系统的产品；"革命"的首要问题，不再是分辨"谁是我们的仇人"，而应是寻找"谁是我们的完善者"。

迪士尼公司与微软的MSN互联网服务公司合作建立了面向青少年的网站，以便推销网上影像和游戏产品。迪士尼与ABC电视公司同属一个集团，MSN与NBC电视公司同属一个集团，ABC与NBC是竞争对手，MSN却成为迪士尼新商业产品的完善者。从"谁是我的完善者"角度与竞争对手合作，将为企业解决资金、技术、市场进入等诸多难题，通过优势互补提高企业的竞争力。

不能战胜对手，那就加入他们。为什么要与竞争对手合作？以下六点可以回答这个问题。

第一，产品与服务愈来愈具有系统性。没有任何一个单独的企业可以提供所有的产品和服务。IBM的电脑，必须有微软的操作平台和英特尔的芯片；摩托罗拉的手机需要CDMA、各地机站以及中国电讯公司的网络。

第二，每个企业关注的眼光从竞争者身上转移到大客户的身上，怎样为大客户提供长期、反复、多样、整体的产品与服务成为唯一的目标。如果竞争者能提供使自身产品与服务更完善的零部件或外包服务，那么，竞争者就成为业务伙伴。竞争的中心不在于怎样比对手强，使竞争者弱，而在于怎样"套牢"大客户。

第三，全球化竞争中，企业追求新技术和快速市场突破，与竞争者合作的方式最能有效地学习新技术和抢占本地市场的滩头阵地。福特与马自达的合作是为了学习管理，与江西五十铃的合作是为了进入中国市场。国际市场与产品交叉程度不断提高，这些都造成了"你中有我，我中有你"的合作并竞争的格局。

第四，企业与市场的经营理念改变了，你弱并不能使我更强，你强却有可能使我更强。怎样充分利用其他企业的核心竞争力为自己补气添神成为全球企业的新理念。

第五，市场与消费是创造出来的，是一组企业合作创造出来的。首先，创造企业的价值圈，形成规模市场，然后所有的参与企业才有业务机会。随着信息产业互联网而来的是历史上未曾有过的"创造市场""创造消费"的现象。手机、互联网、短信息服务等都是先由一组企业互动创造出技术、潜在的产品和服务，然后将潜在的、隐性的产品市场现实化、显形化。

第六，没有单个的企业可以创造产业系统中各配套技术，没有单个企业愿意单独投资来创造出新的产业价值区域，没有单个企业能够承担创造新的产业价值系统的风险。因此，合作成为第一选择，竞争是第二选择。若非如此，索尼和飞利浦不会愿意放弃 DVD 技术的部分所有权，以换得 DVD 产业的形成。

基于以上原因，竞争不再是在个体企业之间进行，竞争首先是在产业中各价值区域之间进行。不同的标准代表了不同的商业生态圈，市场如江湖，行业是武林。市场中产业标准的竞争犹如武林中门派堂口的争夺。

世界经济趋向一体化，企业为了生存与发展，十分有必要进入全球市场；但世界经济还存在着严重的区域化、集团化的发展，企业要进入某一区域的市场就要克服各种各样的壁垒，这无疑增加了企业进入市场的成本。企业要在市场中取得一席之地，单凭自身的力量已经不够，但合作则可超越各种贸易和非贸易壁垒，克服资源不足的困难，顺利进入该市场。如日本的三菱公司与奔驰公司在汽车、宇航、集成电路等方面建立了合作关系，以期在欧洲统一大市场成立之前，抢先进入欧洲。作为回报，三菱公司帮助奔驰公司在日本建立起了汽车营销网。

在激烈的市场竞争中，产品更新换代越来越快，技术含量越来越高，企业之间的竞争从一定意义讲就是技术的竞争，谁能开发出满足市场需要的产品，谁就能占领市场。一方面技术开发是一项费用投入大、周期长的工作，无论从技术上还是费用上，单独的一个企业经常难以胜任，企业间合作可以分担研究开发费用。另一方面，企业独立进行技术研发的费用往往大于几家企业合作进行研究开发的费用，这主要是因为单独开发新技术时，必须具备足够的仪器设备和高级研究人员，因此，仪器设备利用率低。而合作开发减少固定资产、设备及研究人员等方面的投入，可通过利用成员之间的技术、设备和实验室节约研究和开发费用。

不能包容对手，就一定会被对手打败

能容天下人，方能为天下人所容。能包容和接纳对手尤其是强于自己的对手既是一种气度，也是一种崇高的人生格局。一定程度上讲，对手越强，对发展越有利。他可以刺激我们不断地改善自己，超越他也就超越了过去的自己。

近年来，中国家电市场经过连年并购，已初步形成了海尔、美的、格力、海信科龙、长虹五巨头争霸天下的局面，而真正综合的白色家电制造商目前只有海尔和美的两家，因此，从分行业看，目前已形成海尔与美的"两强"争霸的局面。

海尔从1984年至1991年的7年间，一直致力于电冰箱的生产，口号是"海尔冰箱为您着想"。海尔冰箱成为当时我国唯一的家电驰名商标，并以冰箱名牌的品牌形象在大众心目中根深蒂固。

2004年上半年，海尔集团累计实现出口创汇5.3亿美元，创造了中国家电自主品牌单月出口创汇的最新纪录。与此同时，作为海尔集团拳头产品的海尔冰箱也在2004年上半年实现了国内外市场50%的高增长。目前，海尔产品已经全面进入全球TOP十大连锁和国内全部大连锁渠道。

在美国，海尔冰箱不仅已全部进入美国前十大家电连锁超市，而且占据了美国冰箱市场10%的份额；在欧洲，海尔的变频冰箱成为高档冰箱的名词；在日本、乌克兰，海尔冰箱均在其当地最大的家电连锁超市里销量第一。这是一个强劲的冰箱巨头，这是一个足以让任何竞争对手胆战心惊的敌人，海尔的实力在很多人看来似乎是无人能及、无人能比的，但是，真的是无人能及吗？

处于巅峰的人总是会遇到很多勇敢者的挑战，而挑战海尔冰箱霸主地位的恰恰是2002年刚刚涉足冰箱领域的美的。2008年，美的冰箱事业部总经理李士军发布了美的冰箱2008年的战略目标：在确保三四级市场快速增长的同时，实现美的品牌在高端市场的重点突破，在行业内保三争二。由此可见，短短六年，美的就已经从一个初涉冰箱行业的懵懂少年，成长为一名具有雄心壮志的一方诸侯。

为了早日实现"冲击行业前两强"的战略目标，美的冰箱曾斥巨资邀请国际巨星巩俐担当形象代言人，提出了"精致生活"的品牌主张，在强大的市场推广下，美的冰箱已经成为越来越多消费者的购买首选。

2008年1至10月份，美的旗下美的、荣事达、华凌三个品牌的市场销量同比增长超过40%。在这一轮市场竞跑中，美的冰箱以远超行业平均速度的增长率穿上了黄色领骑衫。这一骄人业绩的取得，无疑是为美的冰箱"3~5年冲击行业前两强"的战略部署奠定了非常坚实的基础。

目前，美的冰箱已经在"食品保鲜、节能环保、技术研发、工业设计"等方面拥有了强大的竞争优势。而深冷保鲜技术和新型节能制冷剂的开发应用，更标志着美的冰箱已经掌握制冷家电领域的核心独有技术并具备了核心的竞争优势。

面对美的冰箱后来者居上的势头，海尔毫不退却，勇敢迎战。美的推出"天鲜"系列三开门冰箱，以其独特的"精致保鲜"理念受到了消费者的追捧；海尔也马上在国内国际同步推出了"海尔全球首台超级空间法式对开门冰箱"，并以超大的保险容量、精湛的工艺技术和与独特的欧美生活理念的完美融合，再次引领了全球家电潮流。

不光是在技术创新上拼杀，海尔和美的在价格上也竞争得异常激烈。作为冰箱价格战的间接"始作俑者"，海尔早在2004年末就将30多款冰箱大幅降价。随后，还针对农村市场推出价格更低的产品，对于众多二、三线品牌而言，影响深远而广泛。

面对海尔的强烈攻势，美的素来都保持着良好的绅士风度，但是这次采取的措施迅疾而独特。美的通过加快收购或合资建立自己生产线的方式，力求从中低端产品入手，加快市场抢夺步伐。

2004年11月2日，美的集团通过收购上市公司华凌集团的股份，实现对华凌的绝对控股权。随即，美的集团就迅速完成了对华凌董事会人员的调整工作。而事实上，美的集团此次收购，其实为了加大对冰箱市场的竞争力。美的在冰箱领域内一直没有建立起完善的产业链，而华凌通过十多年的积极，除了在技术、产品、市场网络等方面具有成熟的经验外，生产线、上游供应商等资料还可以直接利用。这样，美的又出人意料地回应了海尔的价格战。

孟子有句话是："生于忧患，死于安乐。"美的应该感谢能遇上海尔这样的强劲对手。如果不是被强大的竞争队友逼着赶着，美的究竟能不能发展这么快，还真是个问题。实际上，竞争队友每进攻一次，美的就会变得更加强大，是竞争队友为自己敲响了警钟，促使企业解决了甚至连自己都没有发现的问题，让美的变得越来越完美。

在市场竞争中，对手的每一次改变、壮大都是对我们的一次鞭策和激励，如果不能包容对手，就必定会被对手打败。唯有容得下竞争者，我们才能共同督促，共同进步，通过互利共赢获取长远的发展。

从对手的缺陷中捕捉商机

要想战胜对手，必须先削弱对手，从对手的缺陷中捕捉机会。削弱对手的方法很多，硬碰硬只是其中的下策，而上策则是根据时势利用对手的弱点，设下计谋，等待对手上钩。对手实力强大时，想要达到目的，最有效的方法就是先对其置之不理，压制住自己的欲望，深藏自己的意图，让对手毫不察觉，放松警惕，然后抓住对手的缺陷，奋起直击，一击致命。这样既能保存自己的实力，又能达到战胜敌人的目的。

三国时期，关羽北伐，擒于禁，斩庞德，围樊城，威震华夏，曹操一面派徐晃支援，一面派人利诱孙权出兵袭荆州。孙权其实也早就有意要夺取荆州，于是找到吕蒙商量打荆州的方法，吕蒙对孙权说："荆州沿江都有烽火消息，一旦东吴出兵，关羽马上就会得到消息，而且关羽留守的军马整肃，冒然出兵很难取得成功。"孙权点头称是，让吕蒙去想办法。

吕蒙回到家后，想来想去，没有想出办法于是称病不出。陆逊奉了孙权的命令去探望吕蒙，他见到吕蒙后，指出吕蒙的心病，并且说自己有计谋取荆州："关羽骄傲，自视英雄，但是他所顾忌的正是吕将军，将军可以乘有辞职，把陆口的军事托给别人，再让人去赞美关羽，以骄其心，等到关羽撤走荆州的军队，我们就可以乘机出兵，夺取荆州了。"吕蒙听了大喜，于是立刻向孙权推荐当时还不出名的陆逊替代自己的职务。

陆逊到了陆口后，马上派人给关羽送信，在信中称赞关羽的英勇，并且说孙刘两家是联盟，表明自己要依靠关羽，对关羽低声下气，歌功颂德。关羽看完信后仰面大笑，认为江东方面再没有什么忧虑了，并且由于北伐的战事吃紧，关羽决定调派荆州的兵赴樊城听候调遣。

陆逊听到关羽调兵的消息后，抓住时机乘敌之隙，吕蒙白衣渡江，轻取了荆州，这才有了关羽败走麦城的惨痛失败。

在现代社会的激烈竞争中，如果不懂一点儿迂回计谋的策略，是很有可能要被淘汰的，所以我们也不妨借鉴古人的经验教训。这就是说做事要沉得住气，相机而动，然后通过混淆视听，制造假象，令对手产生错觉，扰乱其心智，使其放松对自己的防备，暴露出自己的弱点，然后抓住有利时机，从而达到克敌制胜的目的。

商场上流行这样一句话："即使竞争再激烈的市场，也有其必然的空当。"这里的"空当"就是我们说的竞争对手的软肋。在开发一件产品前，我们除了要知道消费者的需求外，还要研究竞争对手做的同类产品有哪些不足，当你把这些不足填满了，你就创造出了一个市场。

上海好记星数码科技公司在研发一款英语学习工具时，发现市场上已经有了很多五花八门的电子类产品。这些种类繁多的电子产品要么标榜自己单词储存量大，要么就说查询单词时有名师讲解，方便权威，等等。但是，对于大部分学生来说，如何高效地"记忆"单词才是关键，因此，如果有一款电子工具能帮助大家提高记忆单词的效率，那么，就必然能创造商机，因为这正是其他同类产品所不具备的。经过市场调研和市场的成功测试后，"好记星"最终在市场上一炮打响，取得了可观的销售业绩。

1958年，日本丰田汽车刚进入美国市场时，年销量不足300辆。为了扩大市场占有率，提高销售额，"丰田"先从它的竞争对手"大众"汽车的使用者那里，了解他们在使用"大众"时，认为有哪些地方是需要改进的，然后在自己的产品里加以填补，如增加马力、放大车身、降低能耗等。如此一来，丰田汽车一上市，便立刻成为美国进口车里的佼佼者。

从上面的案例中我们能发现，了解竞争对手的不足，从对手的缺陷中捕捉商机，我们就能获得营销的机会，创造属于自己的市场和财富。

发现自己的优势，借力别人的长处

人人都有闪光点，人人也都有缺点，千万不要一味计较自己的不足。在这个世界上，每个人都潜藏着独特的天赋，这种天赋就像金矿一样埋藏在我们平淡无奇的生命中。那些总是羡慕别人而认为自己一无是处的人，是永远挖掘不到自身的金矿的。

在美国西部有个天然的大洞穴，它的美丽和壮观令人叹为观止。在这个大洞穴还没有被人发现之前，没有人知道它的存在。直到有一天，一个牧童偶尔来到洞穴，把这份美丽和壮观带回了村子，带向了世界，从此这个绿色洞穴就成了世界闻名的胜地。同样，我们身上也隐藏着许多未被发现的美丽和壮观，只有发现这些美丽才能照亮别人的视线。

当然，我们除了要学会挖掘自身的优势，还应该善于把握和借力别人的长处，将二者整合起来。面对种种挑战，人不可能样样精通，所以要想立于不败之地就必须学会借用外界的资源，根据当时的局势、环境、时机、情况判断出最佳方案，随机应变地卸掉自己的不利因素，并且做出于己最有利的行为。

一个人不能总是蓄积力量，时刻准备着和对手一争高低，因此，见机行事，借力打力可以说是权谋术中比较高端的智慧。挑战往往在没有防备的时候不期而至，这个时候临危不乱、随机应变就十分重要。

在社会上，无论一家企业还是一个产品，一定都有自己独一无二的优势，这是他们的立足之本。然而，当你发现自己所需的资源被别人握在手里时，你首先应该想到的，不是靠自己的实力重新创造资源和对手抗衡，而是应该借力别人的长处，巧妙地为自己增添助力。唯有如此，我们才能在"快鱼吃慢鱼"的速度时代，让自己处于不败之地。

聪明人的共赢法则是"利益均沾"

共赢思维是双赢思维的扩展，它要求企业家在处理企业中的各种多边关系、企业内与外部环境之间的关系时，通过"1+1>2"的机制，共同"把蛋糕做大"，在不损害第三方利益、不以牺牲环境为代价的前提下，各方均取得较自由竞争时更好的结果。

2000年，当网络泡沫导致全世界互联网面临寒冬时，中国也不例外。但中国互联网走出寒冬的路径却有点儿特殊。QQ和短信是迎来网络春天的功臣。

当初开发QQ时，腾讯并不了解它的商业模式；当拥有上千万用户时，腾讯还有些恐慌，因为这需要大量的服务器资源和大量的资本投入。移动QQ的出现，不仅使腾讯获得了极大收益，而且使参与其中的中国移动、网络增值服务商、相关网站也均受益匪浅，以QQ和移动为中心的共赢利益体形成。

短信的爆炸式增长，让中国移动始料不及。互联网站参与之后，短信更大范围的增长更是出人意料。有消息说，短信分成是部分网站度过互联网寒冬的重要原因。不管怎样，大家各有各的资源：电信运营商拥有大量客户、QQ拥有大量使用者、网站吸引着上亿眼球，这些资源的整合，产生了巨大的共赢效益，让所有参与者都从中获得了收益。

很多企业把企业和企业之间的竞争关系简单定义为敌对关系，如此，竞争就变成了你死我活的搏斗。其实，正是因为竞争对手的存在，我们才能前进，才能不断地变革，不断地创新。从这个意义上讲，我们和竞争对手在同一条船上，我们既是竞争关系，又是合作共存关系。

有位马拉松奥运冠军总是跑得最快，记者向他请教秘诀，他说，每次我在跑的时候，我就想象着身后有条狼在追赶，出于恐惧，就自然提速了。是啊，企业经营管理活动，不也是如此吗？企业感觉到竞争压力的存在，就像身后有条狼在追赶一样，当然就会奋不顾身地奔跑，前进，再前进！有狼追赶未必是坏事，对企业而言，有压力才有动力，有差距才有目标，有目标就会有希望。

分众传媒如果没有聚众的竞争压力，不可能那么快地进行融资；阿里巴巴如果没有 eBay 咄咄逼人的进攻，不可能创新出免费的交易模式；微软如果只把 IBM 只当作对手，那它只是一个三流的软件公司。企业家应该感谢竞争对手，因为，正是竞争使大家共存，使大家共同开拓了市场，从而形成一个利益共同体。我们在同一条船上，企业家只有意识到共赢的重要性，才能在竞争中合作，在合作中竞争。

公元前 450 年，古希腊历史学家希罗多德在埃及奥博斯城的鳄鱼神庙发现了一种奇怪的现象。他注意到大理石水池中的鳄鱼在饱食后常常张着大嘴，听凭一种灰色的小鸟在那里啄食剔牙。这使他非常惊讶，他在著作中写道："所有的鸟兽都避开凶残的鳄鱼，这种小鸟却能同鳄鱼友好相处，鳄鱼从不伤害这种小鸟，因为它需要小鸟的帮助。鳄鱼离水上岸后，张开大嘴，让这种小鸟飞到它的嘴里去吃水蛭等小动物，这使鳄鱼感到很舒服。"这种灰色的小鸟叫"牙签鸟"，又称"鳄鱼鸟"。它在鳄鱼的"血盆大口"中寻觅水蛭、苍蝇和食物残屑；有时，牙签鸟干脆在鳄鱼栖居地营巢，为鳄鱼站岗放哨，只要一有风吹草动，它们就会一哄而散，使鳄鱼猛醒过来，做好准备。正因如此，鳄鱼和牙签鸟才能和睦共处，形成互利共荣的良好合作局面。

动物尚且懂得共赢互利，作为"万物之灵长"的人类更应该学会共赢思维。为实现共赢，需要综合运用各种管理理论、方法和经验。实践证明，下述思路值得重视和借鉴。

1. 求同存异，寻求第三方案。这种方案不是相互竞争者任何一方的"最佳"方案，却是能满足每个竞争者利益的最合适的方案。通过协商、妥协、谈判共同形成的第三方案，其核心是尊重每一个竞争者的利益，尽可能求同存异。

2. 资源共享，不求所有，但求所用。知识经济的发展，使人们认识了资源共享的重要性。信誉、品牌、生态环境、社会关系等都是无形资产，企业家应该树立不求所有、但求所用的观念，充分整合各种资源，譬如"先建市场，后建工厂"的理论就是一种虚拟联合，充分地利用别人的工厂和设备以及自身的管理、经营经验，从而实现强强联合，优势互补，使资源整合最优化、利益最大化。

3. 联合创新。很多大型企业，相互联合进行技术创新，创新结果共享，使投入最小化，利益最最大化。企业内部，跨部门合作也是实现共赢、减少重复建设、提高资源利用率的有效途径。

4. 建设学习型组织。企业家要学习，企业更要学习，学习各种管理理论。培根曾言："熟知不等于真知。"作为企业家或经理人，特别是高层次管理者，只有通过不断地学习，不断地学习，才能从系统的、整体的、全局的、社会的角度来进行决策和进行管理活动。构建学习型组织，是实现共赢的根本出路。

帮别人赚钱就是帮自己赚钱

"帮别人赚钱就是帮自己赚钱"是商业团队成功的秘诀之一，运用利他和分享的理念，集合群体的力量积累财富，方可实现企业赢利和团队成员共同得利。例如耐克公司，作为国际知名品牌的制鞋企业，但在全世界没有一家制鞋厂。该公司有一个理念：在帮别人赚钱的过程中发展自己。怎么帮别人赚钱呢？生产企业最需要订单，给你订单，并且较多让利，就是帮你赚钱。

耐克经常想的一个问题是，别人跟耐克公司合作是否能赚钱。尽管让给别人的利多，自己的利就少了，但耐克维持了大生产、大协作、大市场、大流通的运行格局，自己赚的也必然会多。假如耐克自己办鞋厂，从买地皮、建工厂、购买设备原料和培训员工做起，不但投入多，且耗时长。而委托别的企业加工，只要预付定金就可以了。这样可以做到投入少，见效快，利润率和回报率也必然会大幅度提高。

日本江户时代政治家、军事家西乡隆盛反对以牺牲众人利益来牟取私利的政策，"宁做贫中之富，不做富中之贫"，这是利他哲学在社会群体关系中最重要的体现。贫中之富是指一个人物质生活不丰富，却充满爱心；富中之贫则是指那种在物质上享有富裕的生活，却吝于付出爱心的人。只是一味敛财，是守财奴的表现，成不了大事。

财散人聚，财聚人散，既是个人应具备的财富理念，也是成大事时应遵循的原则。任何一个组织的领导者，都不应只为自己赚取财富，而要适当地将财散出去，这样才能凝聚人心，这也是人与人之间分享精神的一种体现。

在松下，公司没有裁员的历史，松下幸之助推行员工终身雇用制。这体现了对人的尊重和关怀，员工感觉到自己备受公司的尊重，当然也就会热爱自己的公司。松下幸之助认为，要为顾客服务，得先为自己公司的员工服务，如果连自己人都不满意，还谈什么服务顾客呢？还谈什么优秀服务呢？松下电器公司因此给员工提供了很多精神上和物质上的满足。

松下公司提倡"玻璃式经营法",即透明经营。

1. 核心内容是公开经营目标。松下幸之助很注重向员工公开经营目标,每年每月从不间断。这种公开可以唤起员工的责任感和工作热情,例如1932年公司使命的宣布给每位员工都提供了梦想的机会,伟大的梦想造就了这个伟大的公司。

2. 公开经营实况。松下幸之助把喜讯带给员工,请大家分享成功的欢乐;他也把坏的情况都说出来,依靠大家的力量,一次次渡过难关。

3. 公开财务状况。这种方法可激发员工的进取热情,大家听到赢利结果,都兴奋地认为,这月如此,下月要更加努力。

4. 技术公开。松下幸之助曾经为了合成材料的配方而苦苦探索,可是当他自己招收员工生产时,却把这种在别家公司视为"最高机密"的配方、技术等,都告诉给了自己的员王。松下幸之助的理由是:"公司成员之间彼此信赖,至关重要,小心谨慎地保守秘密,心事重重地经营,实在费力,也难有好的成效,对培养人才不利。"

松下幸之助的"玻璃式经营法"是对员工的一种尊重,能让员工感觉自己确确实实是公司的一分子,他们把公司的事业看成自己的事业,从而激发出蓬勃的朝气。松下幸之助说:"为了使员工能以开朗的心情和喜悦的态度工作,我认为采取开放式的经营比较理想。"

不仅经营企业需要"利他心",人际关系中也需要时时为他人考虑。然而,现代社会竞争压力巨大,世人常常你争我夺,就算不损人也不愿利他。为他人做嫁衣的人似乎少之又少,于是人的自私心更重了。但没有人愿意与自私的人共事,因此他也难以成大事。

想要改正自私心态,不妨从多做些利他行为开始。例如真诚地关心和帮助他人,为他人排忧解难,等等。私心很重的人,可以从让座、借东西给他人这些小事情做起。多做好事,可在行为中纠正过去那些不良的心态,从他人的赞许中得到快乐,从而感受到利他的乐趣。

现实中,很多人以低调的姿态做着各种各样的好事,这种不求回报的姿态,在人与人之间结成了一条充满善意和关怀的纽带。这条纽带越长,帮助他人越多,就能得到越多的帮助,获得更大的成功。

我们生活在一个由人与人组成的社会大群体中,每个人都是这个群体的一部分,如果人人都抱持一份宁可损己也不损人的原则待人处世,那么整个群体就会在共同获益的同时共同发展进步。反过来,如果人人都只为自己着想,有了财富也只想独自享受,心中充满自私的欲望,对于想要的东西不择手段也要得到,那么社会就会充满恶意，人与人之间也会争斗不休。

身处群体当中，人我之间有不可分割的联系。时时为他人考虑，为他人着想，就等于为自己着想。损人利己，虽然短期内也许能得到些许好处，但时间一长，便是孤立自己。

帮别人赚钱就是帮自己赚钱。在生活中，我们应超越狭隘、帮助他人、撒播美丽、善意地看待这个世界。分享是一笔隐形的财富，聪明和技巧都留不住它，只有当你成为一个乐善好施、能冲破自私的人时，它才会向你靠拢。

真正的财富游戏就是彼此都在增加价值

李嘉诚有句名言："尽量用别人的钱赚钱。"为了获得更多的资金，除招股集资之外，他还努力博得银行的支持。为此，他需要想办法与汇丰银行处理好关系。香港经济界人士常说："谁攀上了汇丰银行，谁就攀上了财神爷；谁攀上了汇丰大班（大班是指香港大机构的主席、董事总经理或行政总裁），谁就攀上了汇丰银行。"

说起汇丰银行，在香港几乎家喻户晓，当时所有的港币全部由汇丰银行发行。汇丰一直奉行所有权与管理权分离的原则，管理权一直由英籍董事长掌控。当时的汇丰集团董事局常务副主席是沈弼。李嘉诚寻求与汇丰合作发展华人行大厦，正是与沈弼接洽的，两人还由此建立了友谊。

在香港，经汇丰扶植成为富商巨贾的人不计其数。20世纪60年代，刚入航运界不久的包玉刚，靠汇丰银行提供的无限额贷款，成为人所共知的"世界船王"；李嘉诚取得汇丰银行的信任，建立了合作关系，后来也是在汇丰的鼎力资助下，成为"香港地王"。特别是在1978年，李嘉诚的事业再攀高峰，与汇丰银行联手合作，重建位于中区黄金地段的华人行大厦。

李嘉诚与汇丰合作发展旧华人行地盘，业界莫不惊讶于李嘉诚"高超的外交手腕"。其实，熟悉李嘉诚的人都知道，他言行较为拘谨，绝不像一位能说会道、纵横捭阖的外交家，也不像那种精于算计的商场老手，他更像一位饱学之士，深谙做人做事的道理。李嘉诚是靠着一贯奉行的诚实原则，以及多年建立的信誉，才能与汇丰建立良好的合作基础。

当然，李嘉诚在地产界显示出的大智大勇，以及由此带来的声名和信誉，令汇丰大班沈弼对这位地产"新人"格外关注，欣赏有加，并萌生了合作意向。除商场才干令沈弼赏识外，李嘉诚曾经卖给对方一个不小的面子，这也是他攀上汇丰的原因之一。

汇丰银行购得华人行产权，是在此前的1974年。因年代久远，建筑已十分陈旧，而且华人行位于高楼林立的中环银行区，原来的华人行大楼相比之下显得低矮、破旧。1976年，汇丰开始拆卸旧华人行，清出地盘，用于发展新的出租物业。在地产高潮，位于黄金地段的物业可以称得上寸土寸金，加之华人行在香港各界的巨大声誉，华资地产商都想参与合作，从中分一杯羹，李嘉诚便是其中之一。

真正让李嘉诚彻底打动沈弼的事情发生在1978年。当时，李嘉诚采取分散户头暗购的方式吸纳九龙仓的股票，想通过控制九龙仓入主董事局。不料九龙仓股价被职业炒家炒高，九龙仓老板不甘示弱，组织反收购。与此同时，船王包玉刚也加入收购行列。一时间，强手角逐，硝烟四起，逼得九龙仓向汇丰银行求救，于是汇丰大班沈弼亲自出马周旋，奉劝李嘉诚放弃收购九龙仓。

李嘉诚考虑到今后长江实业的发展还得靠汇丰的支持，即使不从长计议，如果驳了汇丰银行的面子，汇丰必贷款支持竞争对手，收购九龙仓将会成为黄粱一梦。于是，李嘉诚趁机卖了一个人情给沈弼，答应鸣金收兵，不再收购。随后，李嘉诚密会包玉刚，提出把手中的1000万股九龙仓股票转让给他，自己退出了"龙虎斗"，却通过包玉刚取得与汇丰银行合作的机会。在此次竞争中，李嘉诚一箭三雕，是最大的赢家。

正是有了这样的机会，才有了汇丰与李嘉诚的合作。长实与汇丰合组华豪有限公司，以最快的速度重建华人行综合商业大厦。大厦面积达24万平方英尺，楼高22层；外墙用不锈钢和随天气变换深浅颜色的玻璃构成；室内气温、灯光及防火设施等，全由电脑控制；内部装修豪华典雅，集民族风格与现代气息于一体，整个工程耗资2.5亿港元。

1978年4月25日，华豪公司举行隆重的华人行正式启用典礼，在此前的3月23日，长实集团总部迁入皇后大道中29号新华人行大厦。长实正式立足大银行、大公司林立的中环，地位更上一层楼。1979年9月25日，李嘉诚就收购和黄股份与汇丰银行达成协议，以6.39亿港元收购汇丰银行持有的22.4%和黄股份。

曾有记者询问他与汇丰银行合作成功的奥秘，李嘉诚表示其实没有什么奥秘，重要的是首先得顾及对方的利益，不可斤斤计较。对方无利，自己也就无利。要舍得让利，使对方得利，这样，最终会为自己带来较大的利益。

李嘉诚的故事充分证明，在商战中，没有绝对的竞争，也没有绝对的合作，真正的财富游戏就是彼此都在增加价值。采用让利法不仅可使自己获得更大的利益，还能够吸引更多的合作伙伴。

第二十章

突破困局，化危机为转机

利用对手的劣势，凸显自己的优势

狐狸借水杀虎的故事，相信很多人都听过。狐狸诱惑老虎到水边，让老虎与自己的影子打架，最后老虎落水。当对手过于强大时，最明智的办法不是破釜沉舟、背水一战，而是巧妙地使用计谋，利用对手的弱点，避免与其直接对抗，想办法挑起其内部矛盾，以削弱甚至消灭对手的力量，从而解除自己的危机。这就是所谓的"上兵伐谋，其次伐交，其次伐兵，其下攻城"，当强敌来袭，上上之策是以谋略胜之，使用武力硬攻硬伐乃是下下之策，为智者所不取。

嘉靖二十九年（1550年），俺答率军攻入古北口，直入通州，对北京形成包围之势，此时北京附近只有战力薄弱的五万老弱残兵，根本不足以抵抗一路高歌猛进的鞑靼铁骑，而从外地调兵又远水解不了近渴，一时之间京城岌岌可危，史称"庚戌之变"。

国势危殆之下，首辅严嵩提议朝廷向俺答投降纳贡。年轻气盛的张居正一怒之下去找自己的老师徐阶讨论这件事，要求坚壁清野、破釜沉舟，与敌人拼死一战。徐阶不紧不慢地捋捋胡子说："做大事要多动脑子，总是这么顾前不顾后的怎么行！鞑靼人世代生活在关外的草原，并不习惯中原的生活。这次俺答包围京城无非是为了多抢些金银财宝罢了，不会在北京停留太久，更不会有定鼎中原的野心，否则各地勤王之师进京，他们孤军深入，只怕便无法全身而退，这一点俺答想必清楚得很。"

张居正一想，的确是这个道理，于是又问："老师言之有理，但是俺答已经兵临城下，劝降书都送进来了，这一时三刻之间如何能保京城不失呢？"徐阶笑眯眯地说："这个容易，俺答的劝降书是用汉字写的，只要假意答应他们的要求，然后让他们退到长城以外，再用蒙古文写好文书送来，自然就可以保住京城了，等到勤王部队齐集京师，朝廷难道还怕俺答不成？"

后来，徐阶的妙计果然奏效，兵不血刃地使俺答的军队退到了长城以外，谈笑之间就保住了京城。徐阶之所以能轻而易举地逼退强敌，就是因为他很清楚敌方的情况和己方可以利用的力量，并且能够头脑清醒地利用己方的优势准确地击中敌方的弱点，在敌人还没反应过来之前就化解掉敌人的攻势。这是比等到敌人兵临城下再背水一战，拼个鱼死网破，要高明许多倍的一种智慧手腕。

在现实生活中，难免会遇到一些棘手的难题，碰到这种情况不要慌，更不要硬碰硬地鲁莽行动，要尽量冷静地分析局面和形势，利用自己一切可以利用的资源，随机应变地灵活应对，这样也许问题就能迎刃而解了。所以处理问题时，不妨像徐阶一样，冷静一些，睿智一些，尽量避免硬碰硬地蛮干，这样既可以为解决问题准备得更加充分，也可以待机而动，选择最适当的时间出手。

正如张居正所说："以力取之，不如以计图之。攻而伐之，不如晓之以理，动之以情，诱之以利。"在实际的生活当中，经常会遇到这样或那样的困难和障碍，其中很多障碍是很难孤身一人、以力相抗的，这时候就不妨效仿一下徐阶的方法，不要将所有的力气都花在以硬碰硬的对抗上，而是随机应变地用智慧和妙计来解决问题。

面对难以抵抗的强敌，避其锋芒，运用自身的优势，设下巧计制敌，比起玉石俱焚来说要智慧得多。二战时面对希特勒的闪电战，欧洲各国纷纷辟易，只有英国和苏联能够对于自身的海峡和广阔国土善加利用，拖住了纳粹的脚步，尤其是苏联巧妙地利用空间换取时间的方法，借助严酷的寒冬这一最大助力，打垮了锐不可当的纳粹军队。

信息化时代，资源共享早已成为一种趋势，每个企业的手上都握有很多丰富的资源，比如人脉、资金、人才、价格、服务质量等。如何充分利用这些资源，让自己的企业在行业里独树一帜，找到自身的优势很重要。无论是企业间的竞争，还是同事间的角逐，对于搏击双方而言，对手的劣势就是你的优势，找到对方的弱点发起进攻，必将无往而不胜。

别人成功的秘诀就是你借鉴的资源

马化腾曾被冠以"抄袭大王"的骂名，在很多人看来，他的成功就像在走一条别人走过的路。然而，他却走着走着，走出了自己的风景。

第二十章
突破困局，化危机为转机

有一段时间，马化腾和他的腾讯公司站在了一个十字路口上。当时，QQ的注册用户虽已突破千万，但公司一直在赔钱。焦头烂额的马化腾就在考虑将腾讯卖掉的事。但一到谈判桌上，便没有买家真正下注。那个时候，马化腾可以用落魄来形容，而媒体对他的描绘则更加形象："谈了4个买家都没有结果，马化腾只得返回深圳。开发区马路上的晚风吹得'小马哥'凄凉无比。"

找不到买家的一个重要原因是当时的腾讯规模太小，看不到市场前景，更深层次的原因则是：腾讯是模仿来的，因为是模仿就被认为没有个性，当时，没几个人觉得马化腾能够做大。但是，经过开发区晚风吹拂的他似乎清醒了许多，他的倔劲上来了，"模仿怎么了，我是先模仿再创新"。他知道他能够做得更好。

故事应该从1998年说起，那个时候，马化腾还是润迅公司的开发部主管，工作的同时，注意到了QQ的前身ICQ。他敏锐地觉察到了ICQ的市场发展潜力，马上向公司提出关于开发类似ICQ软件的提议，但润迅高层对此却不感兴趣，他们看不到这个小东西有任何前景。有一位润迅的中层干部后来曾经透露："在当时的讨论中，有人说：'这东西究竟是收钱还是不收钱？如果不收钱，我做它来干什么？'"当时多数人只看到眼前的利益，并没有认识到，客户远比现金收入重要。

但显而易见的是，马化腾在蠢蠢欲动。他决定向网络发展，弄一个类似于ICQ的东西玩玩。当年10月，马化腾就从公司辞职，成为中国第一批网民，开始自己的创业征程。很快，凭着自己的技术优势，马化腾模仿ICQ的中文网络寻呼机诞生，他研发出了属于自己独立知识产权的OICQ。1999年2月，腾讯推出了"寻呼软件"OICQ，名称不过在"ICQ"的基础上加了一个"O"，意为"Open"（开放的意思），谐音仍取和ICQ相近的意思"Oh, I seek you"。

从当时来看，OICQ也不是什么划时代的创新，完完全全是马化腾基于ICQ的一个翻版。马化腾自己都表示，那时候公司忙于为深圳电信、深圳联通和一些寻呼台做项目，没有太多的精力关注别的，OICQ不过是他的一个无暇顾及的"副产品"。

当然，这个"副产品"OICQ并非完全照搬ICQ，马化腾也不是简单地将其汉化。从用户的体验角度入手，在将ICQ汉化的同时，马化腾还是做了一些小改动。虽然OICQ脱离不了ICQ的痕迹，但技术出身的马化腾，很快发现了ICQ的弊端。比如，ICQ的全部信息存储于用户端，一旦用户换一台电脑登录，以往添加的好友就会消失。此外，它只能与在线的好友聊天，而且只能按照用户提供的信息寻找好友。

马化腾将前后两端的功能按照用户的需求有机结合，并编写了一套服务器终端信息保存的程序。如此一来，无论OICQ的用户在何处登录，其用户信息始终保存在统一的服务器终端，不用担心以往添加的好友会丢失。而且OICQ一诞生，就具备离线消息功能，任何人都可通过在线用户名单随意选择聊天对象，它甚至还提供个性化的头像。

正是这些看似细微的差异，带来了截然不同的结果：当互联网通过网吧形式在中国全面铺开，把信息存储于服务器而不是用户电脑的特色，让OICQ成了每台电脑桌面上的必备软件。

但网上的批评还是扑面而来，矛头都直指马化腾的"模仿术"。

"马化腾是业内有名的抄袭大王，而且他是明目张胆地、公开地抄。"

"现在腾讯拍拍网最大的问题就是没有创新，所有的东西都是抄来的。"

甚至在百度的搜索栏中输入"腾讯"和"抄袭"，搜索结果多达1210000项。这从一个侧面证明了业界对马化腾的看法，但这种看法未必正确。

"微软、Google也是抄袭大王，从Windows到Office做的都是别人做过的东西。"对于落了个"抄袭者"的骂名，马化腾不以为然，"抄可以理解成学习，是一种吸收，是一种取长补短"。不可否认的是，在IT领域确实如此，只要是好的东西就难免会被模仿抄袭。马化腾不止于模仿，他更追求创新。

就像腾讯最经典的企鹅形象，据腾讯首席技术官张志东回忆，最早腾讯考虑用寻呼机作为QQ形象，后来改为鸽子，寓意"飞鸽传书"。但由于设计上的偏差，设计出来的鸽子变胖了，看起来更像一只企鹅。马化腾一看企鹅的设计似乎更有趣，于是就大胆创新，让"企鹅"成为QQ的"形象代言人"。

无论是模仿还是创新，马化腾都不会盲目行事。按他的解释，他是"先学习最佳案例，再想办法超越"。他的创新理念，也在很早之前就渗入QQ的诸多产品中，比如离线消息、QQ群、QQ表情、移动QQ、QQ秀等。产品的创新与技术革新让马化腾获得了庞大的用户群，为稳固整个腾讯体系起到了关键性的作用。

以模仿起步，在学习和创新中突破，这就是马化腾成功的原因。虽然有时还会被别人说成一个"肆意妄为的抄袭者"，但只有马化腾自己知道，他在所谓的"抄袭"中得到了什么，而这些，或许就是和他一样创业的人没有成功的原因。

腾讯的崛起给我们立了一个标杆：当你的实力还不足够强大的时候，可以先将早你一步成功的人作为学习榜样，汲取其成功的秘诀，在其精髓的基础上创新，创立自己的品牌，这样的产品才更具竞争力和市场长久性。盲目模仿是不可取的，走别人走过的路，不会比那个人看到更多的风景。

灵活变通，变"不能"为"能"

做任何事都不可能一帆风顺，每个人都会遇到困难，遇到危机。所谓的危机本身就包括了两个含义：危，即是风险，一不小心就早栽跟头；机，就是机遇，从中能够获得一些收益。很多人是把危险的分量远远放在了机遇之上，而对于那些成功人士而言，他们则善于化危为机，把每一次的事故当作自己事业好人生的跳板。

孙子曰，"兵无常势，水无常形，能因敌变化而取胜者，谓之神"，也就是说：将领在战场上领兵打仗一定不能过于教条化，要善于变通。"途有所不由，军有所不击，城有所不攻，地有所不争，君命有所不受。故将通于九变之地利者，知兵用矣"，也就是说：在必要的时候，我们可以有选择地舍弃一些东西，从而为最终的胜利加大成功的筹码。

《孙子兵法》中讲"九变"就是要告诉人们行军打仗最忌讳墨守成规，要善于灵活变通，取舍有度，这才是领兵打仗的关键所在。经商也是一样，随着社会的进步和生产力的不断提高，市场经济也会随之发生变化。从商者要想在商战中立于不败之地，就必须要与市场经济的发展同步化，善于灵活变通，摒弃传统、陈旧、落后的一些项目和机制，砍掉那些拖企业后腿的管理机制，使得企业能够轻装上阵，在市场竞争中做到与同行业水平并驾齐驱的程度。

当企业所处的行业发生重大变化时，企业往往要对自己的经营战略做出适当的调整。事实上，新的战略定位常常是因为行业的变化而出现的，那些没有任何历史束缚的新进入者往往更容易占据新的战略定位。这就要求企业在选定新的战略定位后，要迅速找准新的切入点，并作出一定程度的取舍，同时建立一套新的互补性活动系统，进而获得可持续发展的优势动力。在危机到来时，企业只有敢于忍痛割爱，狠心砍下那些尽管现在看来利润还算不错，但不利于企业长期发展的战略规划项目，才能专心致志地投身于企业的长远发展战略中，从而有利于企业的长远发展。万科集团就是一个能够"忍痛割爱"的企业。

万科在经过前期的急速扩张后很快产生了很严重的管理问题：规模扩大让企业产生了主业不突出的情况；战线太长分散和牵制了企业的主要力量，这种情况如果不尽快得到改善将使万科陷入管理混乱的巨大沼泽，因此，痛定思痛后的万科管理者决定"忍痛割爱"削减牵扯企业精力的部分产业。

在经营领域上，万科经过缜密的思量，决定放弃其所经营的12类产业，从进出口、零售、投资、房地产、影视广告、饮料等行业中选取房地产作为企业的主营方向，集中力量进行大整改。在房地产的经营品种上，万科再次"忍痛割爱"放弃了自己一直坚持的那种公寓、写字楼、商场什么都做的策略，而把发展的重点集中在城市中档民居上。此外，万科还在地域上进行了收缩，将经营的重点放在了北京、天津、上海和深圳等主要大城市。这种经营策略的调整和收缩使得万科能够集中精力、财力来发展自己的优势产业，从而让万科成了中国房地产行业中一颗耀眼的巨星。

在危机到来的时候，企业如果能够壮士断臂，在特殊时刻及时砍掉一些拖累企业发展的"胳膊"就能够在竞争中得以生存，在危难中得以成长，这就是危机中企业应该持有的取舍观。据了解，在美国，很多从二流企业跻身于一流企业再到著名企业的实体企业，他们决策层所作出的那些重要决策都不是要做什么，而是不要做什么，也就是说这些企业都有过有所不为的经历。

在这些公司里有一个很典型的企业，就是全球最大的消费品公司之一金伯利公司。金伯利公司的管理者达尔文·史密斯认为，如果你胳膊发生癌变，就只有拿出勇气砍掉自己的胳膊才能保全生命。于是，他决定停掉自己的造纸厂，全力发展消费品行业，并且把造纸业务的全部收益投入了消费品行业中。实践的结果告诉我们，他的这一决策是正确的，靠着消费品行业的发展，金伯利公司才得以实现了非凡的转变。

总之，企业没有问题，作出调整，是战略性的、主动的；企业有了问题才调整，就变成了被动。这些都需要企业做出正确取舍。为了能够比较理性地取舍企业发展及运营战略，企业决策者就必须高度重视确立"全景思维，求实创新"的取舍观。无论是宏观的战略定位取舍，还是微观的企业经营管理运作取舍，都应当风物长宜放眼量。

在信息爆炸的今天，尤其是在经济危机的大肆侵害下，企业管理者一定要学会灵活变通，及时调整方略，对瞬息万变的市场迅速做出正确反应，真正地将取舍付诸实践，实现企业可持续发展的新突破。

将对手转化成朋友

不要把对手当作敌人，因为对手也可以成为我们的伙伴和朋友。对于这个观点，一些成功的企业对此有着比较清晰的认识，他们能够高瞻远瞩地看到竞争对手带给企业的并不仅仅是挑战、压力，还有发展的机遇、动力，这种远见卓识决定了企业未来的发展空间。

例如，德国的5家世界级名牌汽车公司蜚声全球。其中，奔驰、宝马之间的竞争相当激烈。有一年，一个记者问奔驰的老总："奔驰车为什么飞速进步、风靡世界？"奔驰老总回答说："因为宝马将我们追得太紧了。"记者后来采访宝马老总时问了同一个问题，宝马老总回答说："因为奔驰跑得太快了。"再如美国百事可乐诞生以后，可口可乐的销售量不但没有下降，反而大幅度增长，这也是由于竞争迫使它们共同积极发展。

企业的发展往往取决于决策层的远见和睿智。宝马、奔驰两个企业的老总都具有远见卓识，意识到自己的企业之所以能有今天的成就，一部分的功劳应该归功于竞争对手。正是由于竞争对手的激励、鞭策，我们才始终不敢懈怠，才能坚持不懈地追求更好的发展，才能在自己的领域不断取得突破性的进展。

从庞大的企业到每个普普通通的人，无不遵循着同样的游戏规则。任何一个积极进取、有所追求的人，都不会在竞争对手发愤图强的时候无动于衷。一个强有力的竞争对手是一个人谋求发展的强大动力。对手的优秀会时刻鞭策着我们，使得我们不敢有丝毫的懈怠，不断提升自己的能力。一旦缺少了势均力敌的竞争对手，就缺少了不断挖掘自身潜力、坚持不懈追求进步的动力，也就意味着事业将面临着走下坡路的危险。

很多时候，是对手的强悍让我们昼夜习武，练就一身好功夫；是对手的狡诈，使我们时刻保持警觉之心；是对手的强大鞭策我们卧薪尝胆，韬光养晦；是对手的智慧激励我们不断学习、与时俱进；是对手的威胁警醒着我们，让我们战战兢兢、如履薄冰；是对手的围追堵截使我们不断自我否定和扬弃，使我们打败了真正的敌人——我们自己；是对手的暂时麻痹或懈怠，促成了我们的幸运和成功。

事实上，竞争对手并不是我们前进的绊脚石，而是我们走向成功的助力。正如一个人没有对手，就会变得安逸懒惰，而察觉不到自己的平庸，一生无所作为；一个群体没有对手，就会在长久的安乐中失去活力和勃勃生机；一个行业没有对手，就会不求进步，安于现状，最后慢慢走向衰败。因此，要保持一个人、一个群体、一个行业的活力，应当适当引入强劲的对手，以激起奋发向上的紧张感与热情。

就个人而言，应给自己制定详细的阶段性目标，并为自己寻找一个优秀的对手，与对手不断竞争来验证目标的实现进度。就群体而言，领导者可以经常为群体添加新鲜血液，如招收新的出色员工，以此激励旧员工积极进取。就行业而言，如果没有对手，就要制定短期或长期的规划，实行行业排名，给自己设定一些无形的"对手"，以此鞭策自己进步。

格力和美的两家空调行业的巨头虽然也在市场上存在激烈的竞争,但它们却不是在恶性竞争中打得你死我活,而是分别从自身技术含量、服务质量、产品品质等方面对自身进行完善。从 2004 年起,美的连续成为空调出口第一的企业,国内销售也名列前茅。所以,良性竞争不仅有利于企业的长久发展,在一定程度上也将整个市场向着更优质的方向推进了一大步。因此,无论企业采取何种方式,要想在竞争中立于不败之地,就必须缔造企业长久的竞争优势。

在美的 40 年风雨历程中,正是在与竞争队友不断交战的过程中发现自身存在的不足,从而逐步完善自己、提升自己,如果没有竞争队友的追逐,没有同行的拼杀,美的或许不会像现在这样活力四射,青春焕发,改革创新的魄力或许也会有所懈怠。正是有了竞争,美的才变革不断,常变常新,愈变愈强。

一个人如果动辄与他人产生纷争,经常视身边的人为敌,就无法取得进步。超越狭隘的自我意识,敞开内心与天相对的人,才能成大事。别把对手当仇敌,如果身边存在强有力的竞争对手虎视眈眈,我们要感到庆幸,因为这意味着在对方的鞭策下我们身上无穷的潜力会被激发出来,离自己的目标也就越来越近。

有人失去理智,其他人必须保持平静

想要成就一番事业,就应该在每一件事情上寻找机会,即使我们面对的是危机,也不应该失去理智,而要保持沉着冷静。常人在危机面前畏缩不前,而如果你能够安然渡过,是非常了不起的,但是如果能像胡雪岩那样,把原本看似无路可走的棋不仅走活而且赢回来,为自己创造机会,那就更为难得。

清代著名商人胡雪岩在事业日渐兴隆之际,因为一个突发事件而陷入绝境,那就是太平军攻入杭州,王有龄被围困。当时胡雪岩的生意基础如最大的钱庄、当铺、胡庆余堂药店以及家眷都在杭州,现在他的生意几乎都中断了。而且他是借着王有龄这个依靠而发展起来的,现在他不仅失去了这个靠山,还为在城里的亲人而忧心如焚。另外,由于平日胡雪岩生意做得旺,难免遭人嫉恨,这时战乱之中就谣言四起,或者说他手中有大笔王有龄生前给他营运的私财,或者说他以遭太平军围困来杭州购米为名骗走公款滞留上海,甚至有人谋划向朝廷告他骗走浙江购米公款,误军需粮食,导致杭州失守……

当时的胡雪岩可谓百口莫辩,但是他沉着冷静地分析了这些谣言的来源和目的,认为留在杭州城里的很多人现在其实已经在帮助太平军做事了,他们的目的就是想

第二十章 突破困局，化危机为转机

要引诱胡雪岩回杭州处理生意上的事情。因此只要他不做正面回应，那么这些人就会自觉无趣。更为高明的一招是：那些人说他导致杭州失守，而他却亲自出面向闽浙总督衙门上报，说是这些陷在杭州城里的人实际上是留作内应，以便日后相机策应官军。

这一招是为了治这些散布流言的人：如果他们依然如故，那么他可以随时将这一纸公文交给此时占据杭州的太平军，说他们勾结官军，这些人无疑会受到太平军的责罚。

另外，胡雪岩本来还有留作军需的一万石大米，因为杭州被攻陷而无法运输到城内，只能转运到宁波用来赈济灾民。胡雪岩许诺，如果杭州收复，他将立即把大米运往杭州。如此一来诬陷他骗取公款的谣言也可以不攻自破。事实上，杭州被官军收复后，他不仅立即将一万石大米运至杭州，而且直接向带兵收复杭州的将领办理了交割手续。这为他事业的发展迎来了另一为更大的靠山——左宗棠，因为左宗棠的信任，胡雪岩才得到红顶子，将商人做到了极致。这次危机，变成了胡雪岩日后重新崛起将事业做得更大更远的一个机会。

事不避难，知难不难，在遇到困难的时候，如果能够转变思路，就可能柳暗花明又一村，使困难变得对自己有利。

杨亮是一家大公司的高级主管，他非常喜欢自己的工作，薪水也不错。但他与上司一向不和，忍耐了多年，他觉得自己内心已经濒临崩溃，不想再容忍上司了。这天又一次与上司发生激烈冲突之后，他决定回家就写辞职信，辞了职去猎头公司重新谋求一个别的公司高级主管的职位。

回到家中，还没消气的杨亮把这一切告诉了他的妻子。他的妻子觉得贸然辞职并不妥当，劝杨亮冷静一点儿再做决定，毕竟跳槽还是存在很大风险，而且杨亮对于目前的工作很满意，只是因为与上司不和就要跳槽，这样的考虑不太成熟。杨亮的妻子是一名教师，那天刚刚教学生如何重新界定问题，也就是换一个角度考虑问题，她也把上课的内容讲给了杨亮听。杨亮在妻子的劝慰中逐渐冷静下来，听了妻子的讲课内容之后，他想到了一个大胆的主意。

第二天，他又来到猎头公司，这次他是请猎头公司替他的上司找工作。不久，杨亮的上司接到了猎头公司打来的电话，请他去别的公司高就，尽管他完全不知道这是他的下属和猎头公司共同努力的结果，但正好这位上司对于自己现在的工作也厌倦了，所以没有考虑多久，他就接受了这份新工作。

这件事最奇妙的地方，就在于上司接受了新的工作，结果他目前的位置就空出来了。杨亮申请了这个位置，于是他就坐上了以前他上司的位置。在这个故事中，杨亮本意是想替自己找份新工作，以躲开令自己讨厌的上司。但他的妻子让他懂得了如何从不同的角度去考虑问题，结果，他不仅仍然干着自己喜欢的工作，而且摆脱了令自己烦恼的上司，还得到了意外的升迁。

危机面前，我们要保持平静，不急不躁。聪明人会从容和缓地走过人生路上每一步，就算是有困境，他们总是能够缓下心情、冷静思考，运用自己的才智转危为安，最后取得成功。如果做事急躁冲动，就难免会差错不断，纵然有超强的能力、千载难逢的机会，也难以保证能够获得成功。越是遇到紧急情况越要缓得住，因为舒缓自己的心情，才能仔细地考虑所有因素，不忽略任何细节，然后稳健地作出最佳处理。

生意不成人情在

商场上流行这样一句话：没有永远的敌人，只有永远的朋友。正所谓"朋友多，路好走"，所以，我们没有必要因为一笔生意做不成，而跟双方撕破脸皮，老死不相往来。如果能共同商议，和平共处，那么彼此获利的机会也就越大，这是一笔"双赢"的交易。

一切以物质利益为基准，是建立不起一个强大的队伍的。君子取之有道，小人趋之以利。李嘉诚说："资金是企业的血液，而生意场上注重和气有时比自己的生命还重要。"

一直以来，四川素有中国的"聚宝盆""天府之国"等美誉，四面环山，草木丰沛，气候温和，土地肥沃，占尽了地理的优势。这里无论是自然资源还是经济文化，在全国都首屈一指。尽管古代的川蜀之地远离封建王朝的政治中心和经济中心，但封闭的空间和得天独厚的农业条件，让它远离王朝更替的战争烦恼，形成了安逸的、富有特殊风土民情的生存环境，其商业环境自然也具有相同的特点。

众所周知，四川的餐饮业之发达，一直以来在全国占据领先地位。试想如果搞餐饮的商人为了利益而降低了食品质量，将会有数不清的人受到伤害。据统计，四川的餐饮假冒伪劣产品的比例居于全国最后几位，由此可以看出，川商极少做损人利己的买卖。也许，正是朴实、坦荡的民风令川商养成了重质重量的经营理念。

那些能把生意做得顺风顺水的商人，往往人缘都不错，他们一方面能够得到客户的赞誉，另一方面能够得到生意伙伴的信任。这些人会在生意往来中首先付出信任，重承重诺，其经营之道也比较直截了当，很少动心思耍计谋。因为他们相信：商道即仁道，人脉即钱脉。做生意讲究和气生财，无论如何都不能因为生意而失掉做人的品格，也没必要和对手反目成仇，弄得大家都不开心。否则，不但这次生意做不成，以后也没有了合作的机会，那就得不偿失了。

留意每一个细节，让运气变财气

"运气变财气"是犹太商人笃信的真理，他们坚信："一个人的运气很重要，因为运气意味着财气。"不过，好的运气不是被我们等来的，它需要我们有一双善于发现的眼睛，留意每一处细节，从中寻找机会，这样才能将运气转换成财富。

成功的人能够从普通的情形中发掘机会，然后成就自己。善于发现和利用机会的人能够发现机会，这好比是播种，在未来的某天，这些种子就会生根发芽，长成参天大树，给那些把握机会的人带来更多的机会，让他们距离真理和幸福更近。踏实勤奋的人未来一定是坦途，他们获得机会的可能性更大，所有的道路都以开放的姿态迎接他们。通过这些道路，他们会一步一个脚印地走向成功。

查尔斯·古德是布法罗的一个收藏家。有一天，他花费500美元买了一个自动联结器的专利权。那个时候美国已经为70多种型号各异的汽车自动联结器颁布了专利权，可是古德却执意要买下这个专利，因为他的直觉告诉他，这个专利完全不同于其他专利。于是，古德毅然决然地掏钱买下了这个专利，他还向发明此专利的人保证，这个人能够在他的工厂里上班，并且签下了合同。古德的判断力是超乎寻常的，只要抓住了机会，他就会不惜代价地去付诸实践，直到成功。不久，他的工厂里就开始大量生产这种自动联结器。

一个有敏锐洞察力的人更容易抓住机会。19世纪的英国物理学家瑞利正是从日常生活中观察到，端茶水上来时，茶杯会在碟子里滑动和倾斜，有时茶杯里的茶水也会洒一些，但当茶水稍洒出一点儿弄湿了茶碟时会突然变得不易在碟上滑动了。瑞利对此做了进一步探究，做了许多相类似的实验，结果得到一种计算摩擦的方法——倾斜法。

当然，我们说培养敏锐的洞察力，留心周围小事的重要意义，并不是让人们把目光完全局限于"小事"上，而是要人们"小中见大""见微知著"，这能让我们有更多发现机遇的机会。

机会存在于任何一次自信的表现中，任何一次长辈的训导中，大学校园中的每一堂课以及每一次考试是机会，报纸中的任意一篇文章是机会，每一个客户和任意一笔生意是机会，甚至每一次生病对于我们来说也是机会。这些机会能让我们变得更有涵养，更加踏实诚恳，也能够让我们结交到更多的朋友。

我们不仅要做一个积极的生产商，而且要做一个称职的推销员。伯乐识才是对个人成长有利的机遇，我们要向社会、向同行、向伯乐们主动展示自己的才能。世上千里马常有而伯乐不常有，是因为伯乐在明处，而千里马潜藏于暗处，而且伯乐也受到精力、智慧、时间、地位和信息获得、活动范围等多方面的限制，所以尽管他们卓有眼力，也难以识尽天下之才。因此，千里马就要踏入社会的舞台，到广阔的空间一显身手，拿出自己的成果，以成果做敲门砖，敲开伯乐的家门。

两个欧洲的推销员到非洲去推销皮鞋。由于炎热，非洲人向来都是打赤脚。

第一个推销员看到非洲人都打赤脚，十分失望，郁郁地回了欧洲。另一个推销员看后却惊喜万分："这些人都没有皮鞋穿，这里的皮鞋市场大得很呢！"于是他想方设法，引导非洲人购买皮鞋，最后发了大财。

不肯轻易放过机会的人，才能看得见机会。使等待机会成为一种习惯是一件危险的事，人的热情与精力就是在这种等待中消失的。对于那些不肯努力而只会胡思乱想的人来说，机会是可望而不可即的。只有那些脚踏实地奋力前进的人，才会发现机会。机会的降临往往非常偶然，它就暗藏在我们的日常行事之中。不管我们从事哪一类职业，其中都有机会。

机遇是一种重要的社会资源，它到来的条件往往十分苛刻，且相当稀缺难得。对机遇的把握极为重要，把握机遇要有发散思维；要设置灵活的目标；交往方式要开放；意志要坚定；心理素质要有协调性，这种协调性表现为强烈的好奇心、求知欲、敏锐的观察力和准确的判断力。

世间的万事万物都有成熟的时候，在这之前它们会不断地得到补益，等到进入成熟状态时，这种补益就会逐渐衰弱。品位高雅的人懂得在一件事物达到完美时享受它，但并不是人人都能把握住这一时机，即使能够把握住，也不是每个人都懂得享受它。智慧的果实具有这种最高程度的成熟性，你得把握好时机，才能抓住并利用它。

在最适宜的时候办最应该办的事，成功的概率就会非常大。抓住机遇需要我们审时度势，有的事时机已过才去办，效果不好；有的事时机未到，过早地去做，效果也不佳。成大事者之所以能够成功，不仅仅在于他们掌握了多少成功经验，也不仅仅在于他们有多大的勇气和胆量，最主要的是他们抓住了机遇，一旦发现机遇，便能牢牢抓住。

面对时机的变化，机遇也在变化，这就需要我们灵活变通，随时抓住机遇，可以从以下方面着手。

1. 对环境变化的各种因素有比较客观的分析了解。
2. 对各种由因素的变化发展而带来的形势发展变化，要作出正确的预测分析。
3. 在分析的基础上找到突破束缚的机会。

在机遇面前，人不但需要敢于拼搏、锲而不舍的劲头，将自身的能量最大限度地发挥出来，还需要敏锐的洞察力和观察力。机遇的抓获，是一个逐步进行优势积累的过程。勤奋地、精心地积累是寻觅机遇的最佳途径，当我们有一定程度的知识、能力时，机遇会不期而至，当然，财富也会随之而来。

以和为贵，互惠互利

同行业之中，存在着很多的竞争，即所谓"同艺相窥，同巧相胜"。为了自身的发展，同行业者之间常常会跟别人进行比较，看到别人发展得顺利，而自己却失意，心中自然会不舒服、产生怨恨。为了寻找心理上的平衡，很多人会运用不正当的手段进行报复，甚至会在暗地里做一些不光明的事情，阻碍对方的发展。虽说"同行是冤家"，但并不是说同行就必须"打破脸，撕破皮"，互相看不上眼，而是应该彼此给对方留一些发展空间，这样才能在危机到来的时候达成一致，共渡难关。

深谙商场规则的红顶商人胡雪岩曾说："大家是兄弟同行，希望有福同享。"虽然说没有竞争就没有进步，可是一旦竞争起来，就可能会为了争权夺利而不择手段，陷入恶性竞争循环当中。胡雪岩很担心因为同行的恶性竞争而阻碍自己事业的发展，所以在他经营阜康钱庄的时候，就一再发表声明：自己的钱庄不会挤占信和钱庄的生意，而是会另辟新路，寻找新的市场。

这样一来，属于同一行业范畴的信和钱庄，不是多了一个竞争对手，而是多了一个合作伙伴。心中的顾虑消除了，信和钱庄自然很乐意支持阜康钱庄的发展。在后来的发展历程中，阜康钱庄遇到发展危机的时候，信和能够主动给予帮助，也是因为当初胡雪岩"不抢同行盘中餐"的正确性所在。

在阜康钱庄发展十分顺利的时候，胡雪岩插手了军火生意。这种生意利润很大，但是风险也大，要想吃这一碗饭，没有靠山和智慧是不行的。胡雪岩凭借王有龄的关系，很快进入军火市场，也做成了几笔大生意。渐渐地，胡雪岩在军火界的名声也越来越响。

一次,胡雪岩打听到了一个消息,说外商将引进一批精良的军火。消息一确定,胡雪岩马上行动起来了,他知道这将是一笔大生意,所以赶紧找外商商议。凭借胡雪岩高明的谈判手腕,他很快与外商达成了协议,把这笔军火生意谈成了。

可是,这笔生意做成不久,外面就有传言说胡雪岩不讲道义,抢了同行的生意。胡雪岩听后,赶紧确认。原来,在他还没有找外商谈军火一事之前,有一个同行已经抢先一步,以低于胡雪岩的价格买下了这批货,可是因为资金没有到位,还没来得及付款,就让胡雪岩以高价收购了。

弄清楚情况以后,胡雪岩赶紧找到那个同行,跟他解释说自己因为事先不知道,所以才接手了这单生意的。他甚至主动提出,这批军火就算是从那个同行手中买下来的,其中的差价,胡雪岩愿意全额赔偿。那个同行感动不已,暗叹胡雪岩是个讲道义的人。

协商之后,胡雪岩做成了这单生意,同时也没有得罪那个同行,在同业中的声誉比以前更高了。这种通融的手腕让他消除了在商界发展的障碍,也成了他日后纵横商场的法宝。

可见放宽心态对待同行业的竞争,还能从中得到很多你意想不到的东西。所以,一定要冷静地面对竞争,不要因嫉妒而冲昏头脑。比如,在你的工作职位上有一个新人进入,你难免会有危机感。此时,如果你想着怎样把对方挤走,就大错特错。相反,你要努力从对方身上吸取经验,弥补自身不足,这才是最好的保全自身的办法。

商场上,很多商家为了达成自己的目的,往往是万般手段皆上阵。有时候,为了挤走同行业的竞争者,甚至会出现价格大战、造谣中伤等情况。这样做,虽然受益的是顾客,但是如果因为竞争而造成了成本不足,导致产品的质量下降,直接受损失的还是顾客。

现实中人与人之间的关系常常表现为敌对的竞争关系。真正聪明的人懂得与人为善,不会把对手视为敌人。生活中,竞争无处不在,对手也无处不在。正因为有对手的存在,竞争才会产生,而唯有竞争才能产生真正的强者。对手并不是敌人,而是激发我们潜力的核心因素。古语云:"遇强则强,遇弱则弱。"与强势的竞争对手交锋,自己也会变得愈加强大。

良性的竞争可以带来进步,做人应当越过狭隘的自我意识,反思自己,节制个性。每个人的身上都有着属于自己的优点,商场中也是一样的。各家的经营手段不同，其中一定有好的一面可以让大家学习，能够看到对方的优点，回避对方在发展中的不足，天下资源才能为我所用，使我们把生意做强做大。

以退为进，曲线上升

日常生活中，我们常用毫不示弱来形容一个人的勇敢。但时时处处都不示弱就好吗？也不尽然。那些处处争强好胜、事事占先拔尖儿的人往往能得一时之利，却难以成为最终的成功者。倒是那些处于弱势的人，凡事不逞能、不占先，凡事能忍让，做事能够持之以恒，即使遇到打击也不灰心。因为他们心境平和，所以能泰然处之。这种人跑得不快，但往往能坚持到终点。

在同对手竞争过程中，向对手示弱，其实是一种以退为进的策略，示弱只为迷惑对手，使其麻痹，然后选择时机出奇制胜。越王若没有装巧卖乖、掩人耳目，他的卧薪尝胆、励精图治便不能最终顺利实施。从古至今，此类虚晃一枪假装败退再反戈一击致敌取胜的例子不胜枚举。

西汉初年，北方的匈奴首领冒顿杀父自立，大大地震慑了它的邻国东胡。为了限制匈奴的发展，东胡国不断挑衅，企图找借口灭掉匈奴。

匈奴国中有一匹千里马，它能日行千里，为匈奴国立下过汗马功劳，被视为国宝。东胡国知道后，便派使者向匈奴国索要这匹宝马，匈奴群臣一致反对。冒顿一眼看穿了东胡的用意，但他还是决定忍痛割爱来满足东胡的要求，"我们哪能因为区区一匹千里马而伤害与边邻的关系呢？"于是，他就把宝马拱手送给了东胡。

冒顿虽然表面上不与东胡作对，但他却暗地里壮大实力。

东胡国王得到千里马以后，派人去匈奴说要纳冒顿之妻为妃。冒顿气得暴跳如雷，然而他转念一想，东胡之所以三番五次使自己丢脸，是因为东胡的力量比匈奴强大，一旦发生战争，自己的实力不济，很可能会战败，还是再退让一回，等以后有了合适的时机，再与东胡算总账。于是，他又把爱妻送给了东胡国王。

之后，他召集群臣，鼓励大臣们内修实力，外修政治，以图日后能够雪国耻，报家仇。

东胡国王轻而易举地得到千里马与美女，更加骄奢淫逸起来。又第三次派人到匈奴去索要两国交界处的方圆千里的土地。此时的匈奴经过冒顿的治理，实力雄厚、兵精粮足，已远远超出了东胡。冒顿亲自披挂上阵，众人同仇敌忾，一举消灭了毫无防备的东胡国。

冒顿把暂时的退让作为一种与敌人斗争和周旋的策略，以暂时示弱的方式让敌人放松警惕，对内则鼓励群臣和百姓发愤图强，卧薪尝胆，先壮大自己，然后再与敌人作战。如果冒顿当时被夺马霸妻之后不愿意妥协，只是一味地意气用事，与东胡国发生战争，以弱对强，很可能会亡国。

无独有偶，春秋时期，吴国名将伍子胥的朋友要离个子虽然又瘦又小，却是个无敌的击剑手。他和别人比剑时，总是先取守势，待对方发起进攻，眼看那剑快挨着他的身子时，才轻轻一闪，非常灵巧地避开对方的剑锋，然后突然进攻，刺中对手。有能示不能，不能是假，能是本质，是基础。这样才能在敌方麻痹时伺机攻击，战而胜之。运用这一大智若愚术，是建立在对全局的把握基础之上的，不是消极的，而是积极主动的。生活中，为了达到"制敌而不制于敌"的目的，也常采用这种方法。

日本的著名拳击手轮岛功一曾经有过这么一段往事。在一次拳击比赛中轮岛功一不幸失败，失去了拳王宝座，他决心在下回比赛中夺回冠军，于是宣布要向上届冠军挑战。但是不巧得很，在比赛前夕召开的记者招待会上，轮岛功一居然全身裹着厚重的大衣，还戴着口罩，频频咳嗽，精神显得异常憔悴，使在场的记者十分不安。他们想，在此重大比赛的前夕，这位老兄的身体竟然是这般状况，真是太不幸了。

相反，功一的拳击对手身强体壮，一副自信的样子，人们都一致认定这场比赛的胜者非他莫属。然而比赛的结果竟然出乎大家预料，拳王宝座竟然被功一成功夺回。这到底是怎么回事儿？原来，在比赛前的记者招待会上，功一不过是在"做戏"而已，其目的是要松懈对手的戒心。

生活中无论何种挑战，其道理也是一样的。"示弱愚之"就是要在强者面前做出低姿态，如果被强势的敌人重视，他会一直虎视眈眈地盯着你，你稍有不慎就会遭到攻击。以弱者自居，让敌人轻视自己，则会让敌人对自己放松警惕，而自己同时又极尽防范之术，加速自强，自然安全得多。

平时生活多说几个"不知道"，虽然给人愚昧无知的形象，但却能自保，不会因出头而被一枪毙掉，而且以弱者自居，对强者示弱，也能为自己赢得足够的成长时间。你自己强大时，就要提防着那些比你更强大的人，因为他们唯恐自己的地位被你夺取。而若你以弱者的姿态出现，就会减少对手的警戒心，从而使自己处在相对安全的环境中。一句话，危机当头，聪明人要学会以进为退，在"退"中保存实力，曲线上升。

逆境中忍耐，开辟新未来

小时候，父母和周围的人都教导我们遇事要忍耐，学会忍耐才能够成功，然而忍耐并不是一味容忍别人。比尔·盖茨告诉年轻人：许多残酷的事实，我们是无法逃避和无从选择的，抗拒不但可能毁了自己的生活，而且也许会使自己精神崩溃。因此，人们在无法改变不幸的厄运时，要学会接受它、适应它，再谋求新的未来。

所谓能忍者方能负重，从个人角度讲，有志者不会得过且过，满足于现状，屈辱和窘境更能增长强烈的向上的欲望。他们不会被一时的屈辱所击倒，更不会因暂时的碌碌无为而走向堕落。

战国时期著名政治家、谋略家张仪学业有成后出山游说诸侯。一次，他和楚国相国一起饮酒，相国丢了一块玉璧，相国手下人便怀疑是张仪所为。张仪被抓，他很疑惑为何无凭无据就认定是其所偷。相国手下人说，只有张仪此等下贱之人才会干这种事，张仪气得五脏欲裂，被折磨许久才被释放。

经历这次受辱事件后，张仪说："从前我对下贱不以为意，只想安享快乐，今日受辱我才知道下贱难为啊，这件事让我反省颇多，以后我要振作有为了。"从此，张仪决心求取功名。

在逆境中挣扎奋斗过，你终会窥见幸福的真谛。成功人士并不是天生的强者，他们的坚强、韧性并非与生俱来，而是在后天的奋斗中逐渐形成。每个人有不同的生存方式，勇敢面对人生的诸多大敌，才能笑到最后。

苏秦年轻的时候，由于学问不够渊博，游走很多地方做事，都受到冷遇。后来，他躬身自省决定回家，没想到连家人对他也很冷淡，瞧不起他。忍受着巨大的屈辱，他下定决心，忘记过去的仕途不顺和他人的冷眼相待，追究自己曾经的努力为何成为徒劳的原因，查出自身的问题，苏秦决定抓住时机发奋读书。后来，他常常读书到深夜，疲倦至极时就想了一个办法。

他准备一把锥子，瞌睡时，就用锥子往自己的大腿上刺一下，使自己清醒过来，继续读书。就这样一边低头挺住，一边动手准备，才成就了日后"一怒而天下惧，安居而天下息"的苏秦。

面对屈辱和逆境，坚强的人会把它转化为自己能够忍受的东西，然后督促自己站起来，成为一个强者。成功的种子不是落在肥土而是落在瓦砾中，但是它们没有悲观和叹气，而是以此为契机，最后长成了茁壮的树木。

另外，生活总有许多不平不顺的事情扰乱我们原本平静的心绪，如果能妥善处理当然再好不过，如果不行，那么"忍得一时之气免受百日之扰"，如果意气用事非要争个你短我长，事情可能会越闹越严重。这时候，"生气不如长志气"，将"出头"的欲望转化为前进的动力，用自己的实际成绩给对方以有力的一击，这样的"出头"方式，才是既有尊严，又有价值的。

成败取决于"最后1%"的努力

　　成功与失败之间，有时只相隔不到一米的距离。这个道理就好像樵夫砍伐大树，即使砍击次数高达1000次，但使大树倒下的往往是最后的一击，关键就看他能否坚持到砍最后那一斧头。不管你从事什么样的工作，也不管你做的是什么样的事，只要放弃了就没有成功的机会，坚持不放弃，就会一直拥有成功的希望。

　　"付出不亚于任何人的努力"是日本企业家稻盛和夫的口头禅。他认为，仅仅付出同普通人一样的努力，是很难取得成功的，只有付出非同寻常的努力，才有可能在激烈的竞争中取得骄人的成绩。

　　为了获得成功，我们必须有长远、坚定的目标，做到这一点，我们才能坚定地朝着自己的目标勇往直前地奋斗。有持久心的人会获得他人的信任，会更易获得他人的帮助。那些做事三心二意、常常半途而废的人，在他人眼中是靠不住的，没有人会相信他们，更不会轻易施与援手。而坚持不懈的人，如同冲洗高山的雨滴，吞噬猛虎的蝼蚁，只要持之以恒，什么都可以做到。

　　然而，在一些无知的人看来，一个人一生的事早在呱呱坠地的时候就已经由上天决定好了，跟个人的努力是完全无关的。如果上天决定了他的好命运，即使他们不做事，像一条懒虫似的生活，他的命运也会好起来；如果他的命运不好，即使他夜以继日地苦干，也不会获得什么好处，上天早就决定了他一生艰苦，辛勤劳作又有什么用处呢？

　　在这些人眼里，富翁是天生的，从出生之日起他便注定会成为富翁；领袖人物是天生的，他们降生时一定带点儿什么征兆；中等人家是天生的，他们只落得一生温饱；强盗歹徒是天生的，他们是魔鬼的工具；一生受苦的人是天生的，他们是世人的奴隶。这就是典型的宿命论。

　　成功人士具备一个共同点，那就是他们都拥有坚毅的品格。这些人做事从不轻言放弃，哪怕在无比巨大的困难面前，他们也会想方设法越过障碍。无论是工作还是生活，他们遇到苦难的时候从不逃避，而是以勇敢的精神来面对，并且持久地坚持下去。再辛苦的工作也很难让他们退却，因为持之以恒已经成为他们生命中必不可少的一种精神力量。

会积极思考、有智慧的人不相信命运，他们会为自己设定目标，而且持续地付出无限度的努力，义无反顾地朝目标前进。德拉蒙德教授曾经在某个展览会上看到一座知名金矿的玻璃模具，而这座金矿也是有故事的。相传金矿之前的主人是另一个人，他挖了将近一英里都没有发现金子，他认为这里不会有金子出现了，因此不想再白费工夫，于是就把这座金矿卖给了另一个人，这座金矿从此换了主人。第二个人仅仅沿着第一个人挖的隧道多挖了一码，金子就出现了。美好的未来或许离我们只有一码的距离，关键在于我们是否能够坚持。

拥有非凡意志的人能够让自己超越犹豫不安，这是很幸运的事情。这样的人能够拒绝安逸和无聊，坦然面对反对和指责，他们能够深切地感受到来自内心的行动力量，并相信自己的能力，从未有过半点儿的怀疑。

成功与失败如同人生发展的两个轮子。那些做事自信主动、心态积极、勇于挺过困境的人能够真正领会它的含义。做一件事情失败了，这意味着什么呢？无非有三种可能：一是此路不通，需要另外开辟一条路；二是出了某种故障，应该想办法解决；三是还差一两步，需要进行更多的探索。这三种可能都会引导人走向成功。失败有什么可怕呢？成功与失败，相隔只在一线之间，它取决于我们最后1%的努力。即使暂时遭遇失败，保有"置之死地而后生"的心理态度，顽强地坚持下去，那么总有一天可以反败为胜。不愿付出最后一点儿努力，再尝试一次，是导致事业和人生失败的致命原因。再坚持一下，相信成功就在拐角处。

第二十一章

站在未来，投资今天

掌握未来趋势更重要

我们常说，这是一个信息大爆炸的时代，互联网的高速发展和各种电子设备的更新换代使得信息无处不在、无孔不入。没错，很多人都在获取、收集并且掌握资讯，但是，世界上最会赚钱的人却在掌握我们所不知的——趋势。

美国《福布斯》杂志曾在采访比尔·盖茨时说："你到底是怎么做才能成为世界首富的？因为只有从你这里我们才能知道真正的秘诀。"比尔回答说："事实上我之所以真正成为世界首富，除了知识、人脉以及微软软件公司很会行销外，还有一个前提，这是大部分人没有发现的，这个关键就叫作眼光好，因为不是所有行业赚的钱都是一样多的。"

多年前，比尔·盖茨创业时，IBM是全世界最顶尖的软件公司，然而，那时的电脑十分庞大，足足占了一个屋子的空间。那时，比尔已经看到了未来电脑的发展趋势：每个人的桌上都会有一台操作方便的小型电脑。其实，从微软公司的英文名字我们就能发现，Microsoft是由Micro和Soft两个词组成，Micro意思是微小，即微型电脑；Soft就是软件，这也表明，他们生产的软件是专门给微型电脑使用的。

这种对未来趋势的把握，属于一种超前思维。看过《三国演义》的人，一定非常熟悉"隆中对"。诸葛亮"三分天下"的定国安邦战略决策，在此后被一一验证，这让人不得不佩服他的神奇的预测能力，其实，诸葛亮运用的就是超前的思维模式。

什么是超前思维呢？马克思说："蜘蛛的活动与织工的活动相似，但是最蹩脚的建筑师从一开始就比最灵巧的蜜蜂高明的地方，是他在用蜂蜡建筑蜂房以前，已经在自己头脑中把它建成了。"这是对超前思维的形象化解释。超前思维是一种面向未来的思维活动，是人对事物发展的趋势或未来的进行的推断和估计，是对未来的一种瞻望和预测。

第二十一章
站在未来，投资今天

那么如何才能培养超前思维呢？培养超前思维应该注意哪些问题？

1. 寻找事物的规律性

俗话说："凡事预则立，不预则废。"寻找事物发展的规律性，是进行超前思维的重要依据。一个善于超前思维的人，一定是善于把握事物规律性的人。我国著名地质学家李四光根据自己的经验和科学的理论判断，认为中国绝不会是一个无油国或贫油国。他根据"地质力学原理"预言了新华夏结构体系里蕴藏着大量石油，这个超前论断后来被地层开掘所证实，经过数代人的努力，中国逐步实现了石油自给。

2. 超前要敢于想象

被人们称为"能想象出半个世纪甚至一个世纪以后才能出现的最惊人的科学成就的预言家"凡尔纳，他是19世纪法国著名的科幻作家，他曾幻想过的电视、直升机、潜水艇、导弹、坦克、霓虹灯等，在20世纪都已变成了现实。1949年，英国科幻小说家乔治·奥维尔在他的科幻小说《1984年》中，曾经预测了137项发明，30年后，其中的80项已成为现实。没有想象力就没有创造力，对于超前思维而言，既是对客观规律的理性判断，也是对未来世界的无尽遐想，想象力可以激发人的创造性，无疑对提升超前思维大有裨益。

3. 锻炼逻辑推理能力

1794年深秋，拿破仑的老师、法军统帅夏尔·皮合格柳率领大军进攻荷兰的乌得勒支城。荷军打开了各条运河的闸门，利用洪水来阻止法军的进攻。法军没有办法，只得准备撤军。正在此时，皮合格柳看到树上蜘蛛正在大量吐丝结网，他马上命令准备进军攻城。果然，后来法军攻下了乌得勒支城。难道这是天助法军吗？既是也不是。原来皮合格柳从蜘蛛的异常中捕捉到了天气即将转寒的"征兆"：气候转寒，河水将结冰，江河封冻，部队就能踏冰攻城，正是这一系列的逻辑推理使得法军大获全胜。预测形势的发展，要进行必要的逻辑推理，所以提高自我逻辑推理能力就非常重要。

活在过去是一种懒惰，活在现在是一种放纵，只有活在未来才是企业家真正应该具备的精神。企业家不能靠完善昨天来面向未来，而要立足今天来导向未来的辉煌。而这一切，没有超前思维是不可能做到的。一个企业的价值由他的领导者决定，而领导者的成败由他今天所做的事情决定，更由他今天的选择决定，而要进行理性的选择，就必须面向未来。要面向未来，就必须有一种超前的大胸怀、大境界、大气魄。

索尼的市场计划已经做到了2050年,我们可以想见,届时索尼将占领世界上多少先进的娱乐产品。这就是大企业和小企业的区别,这也是行业的领导者和跟随者的区别。因此,对于任何一个试图做领导者的企业而言,必须有超前规划,任何一个试图企业家,试图领导未来,就必须有超前思维。

掌握流行趋势,引领潮流

纵观当今中国空调业,似乎已经到了竞争规则的"拐点"。过去仅仅依靠规模竞争的时代已经离去,取而代之的是依靠"创新和科技"迅速提升企业的竞争优势,这才是新时期空调行业发展的潮流,谁制定新规则,引领潮流,谁就是新一轮竞争的王者。

空调的日益普及,使消费者对其技术与功能的要求渐趋提高,消费行为也变得更加理性化。因此,企业只有不断推出具有竞争优势的新品,不断满足消费者日益提高的需求,占据消费者"内心"地位,才能快速、准确、有效地提升企业的竞争优势。

美的制冷家电集团CEO方洪波认为,"作为空调行业领导者,美的空调顺势而为,及时调整自己的运营模式,逐步确立'以市场为导向,以产品创新为载体,以技术进步为支撑'的新型经营模式"。"只有真正地根植于消费者的创新,才能真正提升中国空调业的国际竞争力,才能让行业真正地良性、健康发展。"美的前任总裁何享健说。

正是本着这种"科技创新"战略的精神,美的空调完成了多项自主核心技术的突破,并以数倍于业内同行的投入加大自主研发力度,重金吸引各地优秀的科研人才加盟美的;紧接着,美的也开始着手整合国内技术资源平台,将其博士后流动站扩大了数倍,并与国家和广东省科技发展基金合作,发展"家电网络系统""嵌入式软件设计系统"等多项重大国家课题。

此外,美的也密切关注行业内的国际领先技术动态,积极与诸如东芝开利、艾默生等国际知名企业合作,联合开发、吸纳、引进最新的技术。如在国内市场尚未成熟的变频空调产品,美的早已凭借与东芝开利联合开发的直流变频空调产品大卖欧洲市场,年出口量达10万台。

其实,早在2004年,美的空调就将技术的发展与创新作为自身未来发展的核心竞争力。进入2006年,美的厚积薄发,一连推出两款以技术创新为核心卖点的空调产品，为美的树立科技创新形象奠定了坚实基础。

"因为感情深厚，我一直对美的发生的点滴故事都非常关注。2006年12月21日，我就特别关注美的在南京举行的'创新科技，纯净呼吸——"清净星"空调上市新闻发布会'，美的推出07冷年的第三把利剑——具备独特清新空气功能的新一代'清净星'空调。"

在美的空调清净星发布会上，时任家用空调事业部副总经理伍光辉博士，自豪地介绍了清净星这一款拥有三大美的自主创新技术的新产品。美的清净星的上市，意味着美的07冷年产品以及技术创新的战略部署已全部完成，以"无水加湿""超强制热""独特清新"三大功能为主导的美的空调三剑客将为美的第四次赢得空调内外销总冠军披荆斩棘。

从最初进入空调市场到几次大规模的产能扩建，美的已经拥有世界前三的实力和基础。从顺德民企到与东芝、开利合资进军世界市场，使得美的已经蜕变为一个国际化的企业，并能够在全球范围内整合最为先进的技术和资源。从独立拼装第一台空调起，到造出中国第一台换气空调、第一台四面出风空调、第一台变频多联商用空调、第一台使用HEPA酶杀菌技术的健康空调、第一台使用涡轮增压技术的制热空调等等，这些当今主流的产品类型都是美的空调带给行业的贡献。2007年的三大新品系列更代表了美的空调在"创新科技"战略指引下，对空调行业技术发展趋势的引领。

《周易》中有"变易、不易、简易"的"三易"原则，运用到市场营销中，可以理解为：所谓变易，就是市场不变的原则是永远在变，与其不变应万变，不如变到市场上去。不易，就是在不变当中永远有一条可以指导你在变中取胜的原理。只有掌握这条原理，才会在市场竞争中取胜。简易，就是以最简单、最简化的办法获取市场上最快的收益。

美的聪明之处就是始终把握市场的脉搏，掌握流行趋势，以技术的创新引领潮流，使企业在残酷的竞争中步步领先、处处领先。

以大局为重，不计小嫌

全局意识，就是以整体利益为重，凡事从大局出发，在事关大局和自身利益的问题上，能以宽广的眼界审时度势，以长远的眼光权衡利弊得失，自觉做到局部服从整体，自我服从全局，眼前服从长远，立足本职，甘于奉献。

说到顾全大局，我们会不由自主地想到历史上"以大局为重，不计小嫌"的代表人物——蔺相如。相信大家都知道负荆请罪的故事，说的是赵国的蔺相如几次奉命出使秦国，立下显赫功劳，深得赵王的赏识与重用，被封为丞相，位居老将军廉颇之上。廉颇居功自傲，对此不服，屡次故意挑衅，蔺相如以国家大事为重，始终忍让。后来，廉颇终于醒悟，向蔺相如负荆请罪。将相和好，团结一致，共同辅国，建立了生死不渝的友情。当时一些诸侯国听说这件事之后，都不敢侵犯赵国。

蔺相如不计较个人荣辱得失，以国家利益为重的博大胸襟和廉颇知错就改的坦诚胸怀都在启发我们，在任何时候都要顾全大局，把国家、民族利益放在第一位。不难想象，假如当时蔺相如和廉颇"内战"，那么就会"祸起萧墙"，赵国会受到周边诸侯国的夹攻，到时国将不国，又哪来家的安宁呢？

拨开重重的历史烟云，我们似乎可以看见大禹治水，三过家门而不入，终将水患"治服"；孔丘周游列国，推行仁政；三闾大夫行吟泽畔，问天叩地，投身汨罗；文天祥的"人生自古谁无死，留取丹心照汗青"；方志敏不为高官厚禄所动，含笑上刑场……这些人不为名、不为利，只为了心中的大局。他们是国家的脊梁，他们的精神是中国急需的钙质。鲁迅说得好："我们自古以来，就有埋头苦干的人，有拼命硬干的人，有舍身求法的人……"我们需要的就是更多舍身求法的人。

古代如此，今天也一样，凡事顾全大局仍然是为人处世的重要品质，是应该大力弘扬的传统美德。以大局为重，不计小嫌是一种难得的风度。有这种风度的人，心胸宽广，不记私怨，不但能赢得人们的尊敬和拥护，往往也能干出一番大事业。而那些斤斤计较、小肚鸡肠、睚眦必报的人，必定不会受人欢迎，甚至会为人所不齿，也就很难有所作为。

生活中，我们可以发现，很多优秀的人才，因为性格中的某些缺陷，在做事的过程中，不能从大局出发而目光短浅，不能把握长期效益而损公肥私，从而铸成大错，造成严重的损失，甚至一失足成千古恨。社会从来不缺乏人才，但人们也不难发现，那些成就突出却自命不凡的人在生活中屡屡碰壁，那些精明能干而过于计较得失的人不为朋友所接纳。

为什么这样"有才华"的人在社会中不被接纳和重用呢？因为在领导者的眼里，全局高于一切，一个自私自利的人，一个只为自己或少数人利益着想的人，一个心中只有"我"而无"我们"的人，是永远得不到领导者的重视的。不顾大局的人，到头来可能会被淘汰出局。

真正优秀的人，他们不会急功近利，而是把个体远大的发展目标建立在大局发展的基础之上，时刻以公司整体利益为重，把公司放在第一位。具备这样统观全局、服务大局优良素质的人，在赢得领导信任的同时，更能为自己的职业生涯带来莫大的好处。

我们欲成大事，必须洞察方向、把握大局、心怀宏图大略。正所谓"会当凌绝顶，一览众山小"，只有心无旁骛，才能专心致志。若拘泥于小节，沉迷于雕虫小技，将精力和时间过多地投放在非原则的琐事之上，"眉毛胡子一把抓"，就会顾此失彼，必然对成大事产生阻碍。

对未来没有预见的人，往往会被眼前的利益所蒙蔽，看不到远方的危险。事实上，仅仅能对事物作宏观判断还不够，如果不能先人一步行动，仍然会落伍。行大义、谋大计的精神，其本质就是一种大局观和牺牲精神。坚持正道就要放弃短期利益，尤其是私利，要以大局为重。这种预见未来的能力就是超前思维，即人们用目标、计划、要求来指导自己行为的思维方式。它的基本点就是要求人们目光远大，不要鼠目寸光，要用发展的眼光关注未来的前景，抓住未来的发展趋向，制定相应决策，牢牢掌握人生和事业发展的主动权。

诸葛亮曾说过，治世以大德，不以小惠。对于一个有智谋的人来说，当别人注意小事的时候，他会从大处着眼，比别人看得远；当事情越忙越乱时，他会静下心来，不动声色地把事情理顺；当别人束手无策的时候，他会顾全大局，思维超前，游刃有余地解决事情。

要投资而不要投机

在创业初期，如果急功近利，是很难做成大事的。正如西乡隆盛所说，"草创之始，华屋、锦服、美妾、谋财，维新之功业终难成也。"

急功近利是许多人的通病，有些人做事只图眼前利益，而不会为长远打算，但短视的心理常常使人们失去更多的美好事物。人们认为自己的行为更注重现实，而实际上是将未来的发展与成功的机遇断送了。

只顾及眼前的人只能看到自己脚下的方寸之地，永远被生活牵着鼻子走，能够抬头挺胸，放眼未来，用目光丈量地图，并一步步践行不懈的人，才是自己人生的主宰者。

李嘉诚在资本市场很多次近乎完美的减持套现，让人感觉他是一个资本高手，但是李嘉诚在多个场合声称，自己是做实业的。在 2007 年，面对全民皆股的热情，李嘉诚在接受香港媒体采访时无不感慨地说："我们要问香港凭什么跟别人竞争，是否光靠炒股票等投机行为？这是绝对不对的，我们要实实在在去做事。"

由此可见，成大事的人必须具备这样的品质：有抵御来自各方诱惑的能力，不为眼前利益纵欲营私，而是放远目光，合法投资。

孔子曰："放于利而行，多怨。"人若只注重利益，则必定招致祸患和怨恨。儒家对于"利"并不完全排斥，孔子的弟子子贡就是很出色的商人。但是，"君子爱财，取之有道"，不符合道义的富贵是绝不能贪恋的。如果事事以利为目标，甚至诡诈行商，最后定会招致怨愤，反害己身。西乡所说的"以计行事，其迹不善视之判然，必悔也"，也体现了这个道理。

经商以求利固然无可厚非，但应有其道。那些为了利益不择手段的经商者，等于饮鸩止渴。在这点上，世界连锁企业沃尔玛就有深刻的认识。

沃尔玛是山姆·沃尔顿一手创建起来的，30年来他都亲自管理沃尔玛的大小事情。他用自己的原则、风格、理念管理沃尔玛，最终创造了美国零售业的一大奇迹，并且成为美国零售业最富有特色的公司之一。

山姆·沃尔顿为沃尔玛倾注了一生的心血。在沃尔玛刚成规模的时候，他每天都是凌晨起来工作，直到深夜；他坚持亲自查看每个分店的营销和管理情况；遇到周末开会，他都会提前好几个小时到办公室准备相关的材料和文件。后来沃尔玛的规模扩大了，山姆·沃尔顿不可能再跑遍每个分店，但他还是尽可能地多跑，不论哪家分店的经理和员工他都很熟悉。

山姆·沃尔顿这种踏踏实实的企业经营作风，正是沃尔玛集团取得辉煌成就的主要原因。

"稳胜求实，少用奇谋"是古人多年经验的总结，经营企业也是如此。企业生存的根本是基础实力，企业经营者要有长远策略，一个阶段一个阶段地发展，贪多嚼不烂，用不光明的手段牟利是急功近利的行为。

经商就如煮粥，放一把馊米进去充当肉羹，贻害的不只是同行与买粥喝的人，也是煮粥人自己。

兵法虽云"兵不厌诈"，但"惟临战不可无计"，只有在战事吃紧时，诡诈计策才是被提倡的，其他领域乱用诡计往往害人害己。经商更是如此。在利欲诱惑面前，千万要守住企业的诚信根本，否则"必悔也"。

我们常常被眼前利益的绚烂蒙蔽双眼，宁愿低头享受那片刻的欢愉，也不肯抬起头望向远方，去寻找更广阔的空间。只图眼前利益的人，受人性所限，会陷入庸人自扰的无边烦恼；立足长远的人，往往能突破人性的瓶颈，活出智慧人生。

要想比别人看得远，就要比别人站得高些；要想比别人走得远，就要比别人想得远些。一个人想在事业上成功，应以天下利益为准则作出判断，要时时在脑海里仔细描绘自己心中期待的理想成果，同时必须对实现理想的过程进行反复周密的考虑。

人的一生，成功与否最根本的差别，并不在于天赋，而在于有没有长远的目光，并且根据自己的深谋远虑制定出周详的人生规划，并坚持不懈地付诸实践。目光深远的规划是将人生导向成功的金罗盘。志存高远，同时又能够按照计划一步一个脚印地执着追求，是成功者的共同特征。放眼古今中外，凡有所得者，都是对自己的人生有所规划之人，而不是投机取巧的人。

如果你制订出科学合理的人生计划，就能提醒自己将目光放得长远一些，放弃一时小利、顶住一时诱惑，为更高的目标积蓄力量，同时还能帮助自己随时集中精力，发挥出最高的效率。然而，罗马不是一天建成的，人生理想亦是如此。希望在目标执行过程中放下功利主义和各种诱惑带来的困扰，我们可从以下几方面入手。

1. 对理想做分割计划

如果暂时无法实现最终计划，不妨设定一个较小、较易实现的计划，并竭力工作直到计划实现。举例来说，找出更快、更有效率的方法来完成每天的例行工作，或者是趁自己精力旺盛的时候优先选做最难的工作，简单的则稍后解决，许多小的成功终会带来更大的成就。

2. 获得信仰

短暂的目标很难作为持久奋斗的支撑力，但把目标升华为信仰就大为不同。比如，只为薪水而工作的人可能会因为一时的高薪而忽略自己长远的发展，而为事业工作的人则会真正懂得工作的意义与价值，从而取得属于自己的成功。

3. 专注于一个明确的目标

挖十口井不如挖一口井，如果一件事已经坚持了一段时间但还没有成功，不妨再努力一下。

发现、创造和实现价值

发现、创造和实现价值是一个循序渐进的过程。发现价值就是挖掘出一个被其他人忽略的事物的价值，比如人的价值、市场趋势的价值等；创造价值就是在它被发现以后，通过市场的检测来实现它的价值，让其获得市场的承认。作为"中国最具规模的白色家电生产基地和出口基地"之一，美的集团的成功就离不开发现、创造和实现价值这条路子。

"在美的，唯一不变的就是变，不变就是死路一条，只有不断变革才有生存空间"，这是美的集团前任董事长何享健经常强调的一点。要创造和实现价值，首先就必须有创新和变革的勇气，有超前的意识和与时俱进的格局，这样才能比别人站得高、看得远，准确把握事物的发展趋势。在这一方面，美的勇于实践，碰到感觉有用的新东西就会引入企业，实践之后再对照标杆与目标寻找自己的差距，最后才上升到理论层面。

纵观美的发展的历程，我们无时无刻不难看到何享健超前的意识：1968年，何享健就开始响应国家生产自救的号召，带领23个人以5000元钱创办塑料生产组；20世纪80年代，美的利用自己的零配件能力，生产出电风扇而进入家电行业；1985年，美的通过购买设备和技术，进入空调行业，成为国内最早的空调生产企业之一；美的是广东最早的八家股份制改造试点企业之一，1993年就成功上市，成为中国乡镇企业深市第一家；1996年，美的在家电企业率先实施事业部组织模式变革，并探索中国营销的第三条道路；同年，美的与甲骨文公司合作进行信息化系统建设；此外，美的的事业部改造、美的的MBO杠杆收购、美的的职业经理人队伍建设都是中国企业的先行者。

美的是上市公司中第一个实施MBO杠杆收购、解决治理结构问题的企业，也是第一批在集团内部进行事业部改革的企业，更是最早成立MBO杠杆收购研究小组，并成为中国第一家搞MBO杠杆收购的上市公司。如今，美的又引进高盛集团作为战略投资人，以推进美的的国际化发展战略。

何享健说，每个关键节点美的的转身，他都感受到企业内外的巨大压力，而最痛苦的则是"对自己的不断否定"。由此，他将"美的唯一不变的就是变"的信条留给了企业，也刻在了心里。

变革的本质实际是破旧立新，不管是内部管理机制重建，还是用人观念的突破，莫不如此。美的接班人问题一直是外界关注的焦点，美的内部人对此讳莫如深。何老总主动表示，接班人不一定要找自己人，只要企业在制度建设、治理结构上有良好的保证，家族就可以只成为一个控股股东，CEO都是职业经理人；甚至到一定时候，大股东都可以不参加董事会，董事会都职业化，完全实现股东、董事会和经营者三权分立。

放眼欧美，超然于沃尔玛之上的沃尔顿家族，超然于福特公司之上的福特家族，或许正成为他欲效仿的"模板"。几十年过去，珠三角一大批初始创业者也开始面临接班人的困惑，何享健十年磨一剑的解脱路径或将成为更有现实参考价值的本土模板。

何享健对企业经营管理极有天赋，他之所以能不断进步不断成功，令企业高速发展和四十年来长盛不衰，秘密在于他爱好学习、善于总结、不断借鉴、沉着冷静、果敢坚毅。何享健喜欢每年都到外地考察市场和海外参观访问，掌握市场脉动，学习国外先进，了解世界前沿发展趋势，他对于企业经营管理是非常懂得自我总结，完善积累，不断修正。

例如主张上市、力推事业部制、实行MBO改制、与东芝开利合资等诸多重大决策，都是何享健虚心学习、兼容并蓄的结果，这么多年企业发展历程当中，何享健有了一套自己独特的企业经营管理经验与心得。他在企业内部发表的思想观点及管理言论，非常具有个人风格，实用、精辟的格言，特别是每当美的面临大转折的时候，他总会有鲜明的指导性经典语论，坚定美的战略发展的大方向。

有人说过，企业不断高速发展，风险非常大，好比行驶在高速公路上的汽车，稍微遇到一点儿屏障就会翻车。而要想不翻车，唯一的选择就是不断创新。创新就是要不断战胜自己，也就是确定目标。不断打破现有的平衡，再建立一个新的不平衡。在新的不平衡的基础上，再建一个新的平衡。

当然，企业创新也有风险，但并不是说不创新就没有风险，不创新风险会更大。何享健说："不变就是死路一条，只有不断变革才有生存空间。"这就是美的和其他企业不一样的地方。美的有一种文化氛围，使所有的人认识到必须战胜自我去创新，如果不创新就没有立足之地。

何享健是美的改革创新理念最坚定的倡导与执行者，他将创新的观念贯彻到企业发展的整个过程当中，不仅使美的的创新文化有了广度和深度，而且形成了一种创新无止境的大好局面。其敢为人先、创新有为的精神以及他的超前意识，对行业，对地域，对企业界，都是一种激励和鞭策。

根据"趋势"来投资把握住"看得见的未来"

二战期间，美国有一家规模不大的缝纫机厂生意萧条，眼看就要破产了。老板杰克看到战时百业凋零，只有军火生意是个热门，而自己却与它无缘。于是，他把目光转向未来市场，他告诉儿子，缝纫机厂需要转产改行。儿子问他："改成什么？"杰克说："改成生产残废人用的小轮椅。"

儿子当时大惑不解，不过还是遵照父亲的意思办了。经过一番设备改造后，一批批小轮椅面世了。许多在战争中受伤致残的士兵和平民，纷纷来购买小轮椅。该产品在本国畅销，在国外也大大扩展了市场。杰克的儿子看到工厂生产规模不断扩大，财源滚滚，在满心欢喜之余，不禁又向其父请教："战争即将结束，小轮椅如果继续大量生产，需求量可能已经不多。未来的几十年里，市场又会有什么需要呢？"老杰克成竹在胸，反问儿子："战争结束了，人们的想法是什么呢？""人们对战争已经厌恶透了，希望战后能过上安定美好的生活。"

杰克进一步指点儿子："那么，美好的生活靠什么呢？要靠健康的身体。将来人们会把健康的身体作为重要的追求目标。所以，我们要为生产健身器做好准备。"

于是，生产小轮椅的机械流水线，又被改造为生产健身器。最初几年，销售情况并不太好。这时老杰克已经去世，但是他的儿子坚信父亲的预测，仍然继续生产健身器。结果就在战后十多年左右，健身器开始走俏，不久便成为热门货。当时杰克健身器在美国只此一家，独领风骚。老杰克之子根据市场需求，不断增加产品的品种和产量，扩大企业规模，终于使杰克家族迈进亿万富翁的行列。

有"塑胶花大王"之称的李嘉诚，也是在塑胶花业行取得巨大成功后，高瞻远瞩，开始涉足房地产，从而成为总资产达310亿美元的全球华人首富。当李嘉诚在塑胶花业干出一番成绩后，很多人无法理解为什么他还要转战房地产。李嘉诚对此的解释是："塑胶花只是我赚钱的一个手段，房地产却能给我带来更多的价值。"再则，他看准了香港人多地少，自己又缺厂房等因素，就毅然决然地进军房地产。李嘉诚在繁华的北角、柴湾等工业园买下大片地盘，为将来的丰厚回报做了铺垫。

但就在香港地产回暖，银行等投资机构有能力重新资助地产业的时候，社会形势却发生动荡，刚刚有复苏迹象的香港社会重新陷入混乱，人心不安。这让李嘉诚始料未及。许多人纷纷携家带口逃离这个动乱的城市，这些人以富翁居多。他们迫不及待地抛售手里的物业，希望在当时那个不安定的社会握有最后一根救命稻草。

原本昂贵之极的地产一时间竟出现了令人难以想象的低价。在繁华的商业地段，一栋装饰极其精美的独立花园洋房竟只卖了区区60万港元，可见，房子主人是多么地恐慌。旧房着急卖，新房无人问津。以前被众人看好的楼宇突然有价无市，已经投入大笔资金的房地产商也抽身不得，整日愁眉不展。

李嘉诚的地产业也受到极大影响，多处未建完的楼宇被迫停工。此时，李嘉诚似乎已经没有了"塑胶花大王"时的那股魄力和胆识，多处物业和楼盘被套在手中，他心中也忐忑不安：香港地产就真的不行了吗？

那段时间，他每天做的就是密切关注各种新闻报道，但他等来的似乎都是不好的消息。"他们烧巴士，烧电车，打巴士电车司机，攻打茶楼，用大石头掷行人和汽车……"香港《明报》将当时闹事的人的行径一一记录下来。

此时的香港已真的陷入一片混乱，逃亡的逃亡，躲灾的躲灾。没有哪个人还有心思去经营一份生意和事业。而时年39岁的李嘉诚却表现出常人不具备的冷静与镇定。他仔细分析了当时香港和大陆所面对的局面以及相关方面的政策，果断得出大陆不会武力收复香港的结论。

因此，李嘉诚有了一个大胆的想法：继续坚持投资房地产，人抛我买，人弃我取。在当时，这个想法导致的结果会出现两个极端：要么输得倾家荡产，要么赚得盆满钵满。亲朋好友劝他不要做傻事，但李嘉诚坚定地说："怕什么！我看准了不会亏本才敢买，男子汉大丈夫还怕风险？怕就别干这一行！"很多时候，一个人之所以能够成功，是因为他有长远的眼光，并且能将自己正确的想法坚持下去。

在力排众议之后，李嘉诚逆势而行，将手里的所有资金都用来买房买地。他在观塘等地建大厦，全部用来收租。接手逃离香港的富商抛掷的商店、酒楼、住宅等物业。在这一轮大规模的收购中，李嘉诚几乎投入了自己前几十年打拼积攒下的所有积蓄，他的疯狂让许多商人目瞪口呆，"李嘉诚不想'玩'了吗？"

很快，事态逐渐平复，谣言中的大萧条并没降临。李嘉诚大举收购的房产在几年之后收获了200%的回报，他的地产公司也成为香港最大的房地产商，昔日的"塑胶花大王"仿佛瞬间成了"香港地王"，而这其中艰辛和商业博弈，只有李嘉诚自己才知道。

很多人形容李嘉诚在商海中某些关键时刻总有神来之笔，李嘉诚自己则说，他只是会做一些别人想不到或不敢想的事。在20世纪60年代香港房地产争夺战中，李嘉诚人弃我取的另类商业思维，浸透了他几十年的商场智慧和历练心得。他给我们的启示是：在竞争惨烈的商海之中，放远目光把握趋势，就可能捕捉到别人错失的商机。人弃我取，需要眼光，更需要智慧和胆量。

第二十二章

站起来走出去，用全球化思维做事

商人有国籍，但生意无疆界

"红顶商人"胡雪岩曾说：如果你拥有一县的眼光，那么你可以做一县的生意；如果你拥有一省的眼光，那么你可以做一省的生意；如果你拥有天下的眼光，那么你可以做天下的生意。小商人只盯眼前的小利，大商人放眼世界的财富。

在未来的商业竞争中，一个成功的经营者必须具备全球化视野，善于调动和整合全球范围内的各种资源，做世界人的买卖。纵观天下，犹太人的经商思维就很值得我们借鉴和学习。

在犹太人眼里，什么生意都可以做，什么钱都可以赚。因为他们认为，他们关心的是如何赚钱，而不是钱的性质，把钱加以区分，是件无聊透顶的事。犹太民族是一个世界性的民族，不管世界上共产主义和资本主义如何对立，他们照样做生意。1917年，苏联刚成立时，许多资本家将苏联视为洪水猛兽，只有犹太人亚蒙·哈默独辟蹊径，胆大包天，结果在苏联发了大财。相较于其他囿于成见的商人，哈默是成功的。不仅在于他赚到了钱，更是因为他更懂得"做生意不能局限于一个小地方，而应该放眼全球"的道理。

只要有人生存，就有可赚之财，同理，哪里有货币流通，我们就可以把生意做到哪里。为了实现"成为全球最优秀的家电供应商"这一长远目标，20世纪80年代，美的在当时国内竞争激烈的情况下，提出了"走出国门闯天下"的策略。

1986年，美的转页扇开始出口中国香港，获得了在境外市场的突破。它得到了香港蚬壳电器工业（中国）有限公司的鼎力帮助，逐渐发展成为著名的外向型企业。1988年，美的取得国家机电产品出口基地资格，获得自营进出口权；1900年，公司将工作重心转到发展空调上来，扩大产能，更新产品，实现了空调机的大批量出口，把产品卖到了全世界。

为了获得更大规模的发展，美的加强了与国外先进企业的合作，大力引进国外的先进技术。美的先后与日本东芝、三洋、芝浦、意大利梅洛尼等国际著名公司进行广泛的技术合作，使美的的产品始终走在同行业的前面。从1991年开始，美的出口创汇连续八年位居中国家电行业第一，美的也成为广东省乃至全国备受瞩目的外向型家电企业之一，并在国内市场上占据着重要的地位。从此开始，美的正是提出了"做世界的美的"的口号。

2000年，美的大力推进国际化进程，在香港公司成功运行的基础上，先后设立了美国公司、欧洲公司、日本株式会社、韩国办事处，此后的两年内又设立了加拿大办事处、俄罗斯办事处，大力推进美的在海外业务的拓展，为美的国际化提供支持。

2002年6月，美的提出了"超常规发展"的海外市场计划，计划在2005年出口达到15亿美元。2004年美的出口微波炉400万台，同比增长80%，出口国家从50多个增长到120多个，其中在非洲、大洋洲、澳大利亚、新西兰、埃及、奥地利、法国、德国、新加坡的增长都超过100%，"美的"牌微波炉在非洲的销售增长了100%。

而微波炉的快速发展也带动了美的集团其他产品的推广，这是一个相辅相成的过程。另外，美的微波炉与以麦德龙、沃尔玛、卡马特、家乐福为代表的世界知名零售商都有全面、广泛而良好的合作，在售货政策上与他们接轨，保证按时按质按量供货，这都为美的高速发展奠定了非常好的基础。

从2004年开始，美的发展成为中国最大、最具实力的空调出口企业，占据第一的位置。2004年美的空调内外销总量突破700万台，其中出口突破300万台；2005年度，美的家用空调的出口量为430万台；2006年美的空调出口535万台；2007年美的家用空调出口648万台，一直稳坐出口第一的宝座，无人撼动。

从美的的案例中可以看出，我们在做生意时，要善于运用世界眼光从全球化背景中发掘对自己有利的资源，并整合这些资源创造利益。站起来走出去，你会发现处处都是机遇，处处都是黄金。拥有长远的眼光和整合的思维，那么你就可以做天下的生意。

未来的财富靠相互交换

当今社会，谁的资源多，谁就能创造财富和价值。当你拥有了独一无二的资源，你就具备了独特的竞争优势。此时，只有通过交换，我们才能整合到别人的资源，所以，交换越多，我们得到的也就越丰富。

当今时代，我们想要成功，就应该学会与对手合作以此创造价值，形成多赢的局面。竞争与合作是不可分割的统一体，学会如何与他人合作，是企业也是个人生存和发展之道。

目前，企业的竞争正进入利益共享的合作竞争时代。20世纪90年代以来，许多曾是冤家对头的企业都开始捐弃前嫌、携手合作，通过两个或更多个相互独立的企业间在资源或项目上的合作，达到增强市场竞争能力的目的。事实上，双赢就是一种互利互惠的关系，你帮助了别人，别人也会回馈于你。别人从你这里获取了价值，那么他也会帮你实现价值。

美国标准石油公司的创始人约翰·戴维森·洛克菲勒曾经说过这样一句话："即使你们把我身上的衣服剥得精光，一个子儿也不剩，然后把我扔在撒哈拉沙漠的中心地带，但只要有两个条件——给我一点儿时间，并且让一支商队从我身边路过，那要不了多久，我就可以重建整个王朝。"他之所以这么有自信，就是因为其具有非凡的整合能力，知道如何通过价值的交换从别人那里获取财富。

洛克菲勒曾说："交易的真谛是交换价值，用别人想要的东西换取你想要的东西。"因此，要完成一笔好交易，最好的方法就是向对方强调其价值，而很多人会犯强调价格而非价值的错误，常说什么："这已经很便宜了，不会再有这么低的价格了。"的确，没有人愿意出高价获得一样东西，但在最低价之外，人们更希望得到最高的价值。

事实上，做生意常常谈的不是生意，而是和人打交道的本领。我们既要清晰地了解对方的情况，同时也要知道自己的缺陷在哪里。这样，我们才能站在全局的角度来考虑整件事，从而找到破解对方的策略的方法。

在与人谈判的过程中，我们需要随时通过观察来搜集大量的信息，善于接收对方给你的暗示，因为如果不时刻保持警惕，就可能失去最佳的谈条件的机会。如此，价值交换就不会形成。例如在谈生意时，假如对方提出你完全不能接受的条件，那么就不需要再谈下去了，因此超过自己的底线是不能让步的。同时，也不要期待通过谈判获得百分之百的胜利，在赢的同时也要留点好处给对手。

我们交易是因为我们能从中得到好处，这是最基本的原则。但是，不要期待每次的交易都会赚取最多的利润。做生意没有绝对的获利，有的只是交易双方各取所需。我们应该学会通过交易创造价值，而不是只注重价格。并不是最低的价格就是最好的选择，最低的价格也不等于最高的价值。谈判过程中，我们一定要让对方知道，他能从交换中得到什么宝贵的价值，这样，才能出现共赢同乐的局面。

小生意看态势，中生意看形势，大生意做趋势

在商界，一个成功的商人应该对商业发展的趋势有准确的把握，并善于借势、造势，在别人还未发现机遇前快速开发，赚得巨利。今天的商场竞争十分激烈，很多情况下都是风云突变的，因此，管理者要善于抢占先机，用灵活机变的策略对变化做出迅速反应，从而在激烈的商海竞争中脱颖而出。

"小霸王"学习机就是一个审时度势、善于变通的典型案例：1989年，段永平接任广州中山市日华电子厂，就即"小霸王"的前身。那时候，游戏市场上的竞争十分激烈，很多生产大型游戏的厂家都陷入了一个恶性循环的怪圈，日华电子厂也在日趋激烈的竞争中逐步萎靡下来。段永平接手后，看准小型游戏机的发展前景，迅速将企业从生产大型游戏机的市场定位，转向生产家用电视游戏机的定位上来，并创出了一个响当当的品牌——"小霸王"。此外，他还别具匠心地使用"有声商标"，使"小霸王其乐无穷"的独特声音从此回荡在消费者耳畔。

段永平的这一举措彻底改变了日华电子厂穷困潦倒的现状，从此，日华电子厂起死回生了。然而，1993年段永平的"小霸王游戏机"又一次面临着严峻的挑战，很多家长开始反映孩子因为经常沉溺于玩游戏而荒废学业，学习成绩下降……"人无远虑，必有近忧"这一市场反馈给段永平敲响了警钟，他决定再次进行改革。

1993年初，段永平从全国各地招聘来了数百名电子机械、计算机专业的人才，并迅速成立了产品研发部，开始了加班加点研制新产品的征程。1993年5月，第一台小霸王电脑学习机宣布问世，这标志着"小霸王"迎来了一个崭新的里程。新开发的"小霸王学习机"拥有键盘打字、打字游戏、音乐欣赏、中英文编辑等学习功能，不仅解除了家长的后顾之忧，还在全国掀起了一股学习的浪潮。有人说，做生意最聪明的手段就是在市场中顺势而为，抢占先机。小霸王就是在市场竞争中挖到了先机，所以走上了一条快速发展的道路。

伴随着网络技术的发展，腾讯QQ快速成为中国人必备的通信工具之一。事实上，QQ的兴起不仅是因为其提供了物美价廉的服务，而且是因为它就发生在风起云涌的科技时代。如今，很多人已经习惯说："别CALL我，Q我。"时尚青年男女背着企鹅背包、穿着QQ服装、床头摆着QQ相框、床上摆着QQ靠枕……他们甚至形成了所谓的"QQ族"。网民更将QQ视为一种新的沟通方式，在网络的虚拟世界里，

他们通过QQ尽情展示着才情、智慧和幽默，QQ寄托着网民太多的情感和希望。这类现象的兴起，都离不开网络科技的发展，正如"QQ之父"马化腾所说："我的成功，离不开20世纪90年代兴起的网络科技革命。做生意，不把握大势很难成功。"

1998年，毕业于深圳大学的马化腾在深圳创办腾讯公司。10年之后，腾讯公司从最初的即时通信工具QQ发展成了集在线游戏、新闻门户、在线商务以及QQ即时通信工具为一体的网络平台。

2007年7月13日，QQ同时在线用户数突破3000万，相当于澳大利亚总人口的1.4倍。这是中国即时通信市场发展的新的里程碑，标志着中国网民由此开始进入"沟通新时代"。上一个重要的里程碑出现在2001年2月，当时OICQ（QQ的前身）同时在线人数突破100万，成为当时国内即时通信工具超越国外竞争对手的标志性事件，QQ也从此踏上了腾飞之路。

今天，全世界的人越来越多地从互联网上获取新闻资讯，同时也更加乐意通过在线聊天的方式与亲友、同事和事业伙伴进行沟通。QQ已经成为中国人仅次于电话和手机的第三大沟通工具。而在使用频率上，QQ甚至超越电话和手机。这表明，以QQ为代表的在线即时通信平台，已经深刻改变了中国人的生活与沟通方式，中国人已经进入一个多向度沟通的"新时代"。

2008年初，腾讯公布了关于QQ用户数字的最新资料，同时在线人数已突破4000万。截至2008年3月31日，腾讯即时通信工具QQ的注册账户数已经超过7.834亿，活跃账户数超过3.179亿，QQ游戏的同时在线人数达到400万，腾讯网已经成为中国浏览量第一的综合门户网站，电子商务平台拍拍网也成为中国第二大的电子商务交易平台。

在很多传统行业看来，腾讯短时间内创造的奇迹和财富，是它们可望而不可即的。这不仅离不开腾讯在技术方面的积极研发，也得益于科学技术的发展，和人们对于即时通信工具的需求。

思想格局的大小决定成就的高低

如果把人生比作一盘棋，那么人生的结局就由这盘棋的格局决定。相同的将士象，相同的车马炮，结局却因为下棋者的布局各异而大不相同。要想赢得人生这盘棋局，就应当站在统筹全局的高度，有先予后取的度量，有运筹帷幄之中而决胜千

第二十二章
站起来走出去，用全球化思维做事

里之外的方略与气势。

不要盲目地羡慕别人的好运与成就，大千世界，芸芸众生，不同的人有着不同的命运。能够左右命运的因素很多，而一个人的格局是其中最为重要的因素之一。人生需要格局，拥有怎样的格局，就会拥有怎样的命运。很多大人物之所以能成功，是因为他们从自己还是小人物的时候就开始构筑人生的大格局。所谓大格局，就是拥有开放的心胸，可以容纳博大的理想，可以设立长远的目标，以发展的、战略的、全局的眼光看待问题。对一个人来说，格局有多大，人生就有多大。那些想成大业的人需要高瞻远瞩的视野和不计小嫌的胸怀，需要"活到老、学到老"的人生大格局。

古今中外，大凡成就伟业者，无一不是一开始就从大处着眼，从内心出发，一步步构筑他们辉煌的人生大厦的。霍英东先生就是其中一位。香港著名爱国实业家、杰出的社会活动家、全国政协原副主席……这是笼罩在霍英东先生头上的耀眼光环，透过这些光环，我们能清晰地看到一个有着人生大格局、生命大境界的大写的"人"字。

霍英东幼年时家境贫寒，7岁前"他连鞋子都没穿过"。他的第一份工作是在渡轮上当加煤工……贫寒成了霍英东人生起步的第一课。后来，他靠着母亲的一点儿积蓄开了一家杂货店。朝鲜战争爆发后，他看准时机经营航运业，在商界崭露头角。1954年，他创办了立信建筑置业公司，靠"先出售后建筑"的竞争要诀，成为国际知名的香港房地产业巨头、亿万富翁。他的经营领域从百货店到建筑、航运、房地产、旅馆、酒楼、石油。

霍英东叱咤商界半个世纪，他懂得如何经商，但更懂得做人，"做人，关键是问心无愧，要有本心，不要做伤天害理的事……"成为巨富后，霍英东从未忘记回报社会，"……今天虽然事业薄有所成，也懂得财富是来自社会，也应该回报于社会"。他在内地投资、慷慨捐赠，却自谦为"一滴水"："我的捐款，就好比大海里的一滴水，作用是很小的，说不上是贡献，这只是我的一份心意！"只有拥有人生大格局的人，才能拥有这样博大的"一份心意"。

君子坦荡荡。霍英东上街从不带保镖，他就像韩愈所说的"仰不愧天，俯不愧人，内不愧心"。他的内心，就是这般潇洒、坦荡、伟岸、超然。霍英东在晚年有一句话给人印象特别深刻："我敢说，我从来没有负过任何人！"这句话，他不假思索地脱口而出，"一副满不在乎、轻描淡写的神情，既不带半点自傲与自负，也不显得那么气壮如牛"。是的，霍英东"从来没有负过任何人"，这是拥有人生大格局、生命大境界的人方能洒脱说出来的。

在中国，从不缺少成功的企业家，也不缺少有钱的富豪，但像霍英东这样赢得公众广泛的爱戴与尊敬的大格局者却是少之又少。只有拥有心灵、精神大格局的人，才是大企业家、大社会活动家、大实践家，才是具有宽阔胸怀和博大人格的大写的人；只有这样的人，才有深刻的人生使命感、崇高的社会责任感，才有人格大魅力，才有人间大眼界，才能屹立在历史的正前方，赢得世人的敬仰。

格局有多大，人生的天空就有多精彩。每一个想成功的人，都要拥有一个大格局，都要懂得掌控大局。

要想赢得人生这盘棋局，就应当站在统筹全局的高度，有先予后取的度量，有运筹帷幄之中而决胜千里之外的方略与气势。棋局决定着棋势的走向，我们掌握了大格局，也就掌控了大局势。通过规划人生的格局，对各种资源进行合理分配，才可能更容易获得人生的成功，理想和现实才会靠得更近。人生每一阶段的格局，就如人生中的每一个台阶，只有一步一步地认真走好，才能够到达人生之塔的顶端。

人应该为自己寻求一种更为开阔、更为大气的人生格局。扩大自己内心的格局，去构思更大、更美的蓝图，我们将会发现，在自己胸中，竟有如此浩瀚无垠的空间，竟可容下宇宙间永恒无尽的智慧。

只有淡季思想，没有淡季生意

在粤商眼里，做生意的最高境界就是"人无我有"。一位粤商说："如果别人认为我得到叫作'成功'的东西，那就是我走了人家不敢走的路，尤其是走人家所走的相反的路而得来的。"可见，优秀的商人要迎合市场，更要学会创造市场，要敢为人之所不为，在司空见惯中寻找商机。

很多学者研究粤商时都表示其"敢为天下先"，敢做他人所不敢和不愿做的事情。粤商善于吸收外来新兴产品，他们甚至不惜通过游走四方、远渡重洋，以不断倒卖的手段赚差价，积累财富。如果用两个字来形容大部分过去粤商积累财富的过程，那就是"折腾"。

人有一种共性，越是待在安逸的地方就越会变得畏首畏尾；越是身处未知世界，就越有开拓的勇气。而广东人数千年来北面环山，南面环海，前后无路的他们对山外、海外世界的求知欲自然超越了中国其他地区的传统商人。不过，由于人类运用水的能力要远比运用山的能力强，所以虽然大海难测，但是海水成了粤商们北上、南下最佳的运输工具，特别是有利于他们下南洋，到东南亚等地发展。

第二十二章
站起来走出去，用全球化思维做事

根据史载，早在唐代就有广东人出海做生意，到了近代，广东商人行遍天下，遍布世界各地。许多粤人都选择到南洋谋生，他们在南洋各地经营小本生意，积累了不少财富，然后搞起大宗买卖。例如泰国盘古银行的创办人陈弼臣、卜蜂集团的谢易初、新加坡华昌集团的创办人彭云鹏、华联银行的主席连瀛洲、印度尼西亚金融银行主席饶耀武，他们都是富甲一方的华人巨商。还有到香港发迹的李嘉诚、霍英东、李兆基等。这些人无一不是广东人，在各地无不是举足轻重、呼风唤雨的人物。

粤商能"折腾"不仅表现在四处走动，还在于他们非常懂得"善变"，即把劣势变成优势，逆势而上。商场上，变则通，不变则亡。

广东顺德县裕华电风扇厂素有"顺德一把扇"的美称。它曾生产的换万宝牌家用换气扇，二十几年不坏，一直为消费者心目中质量最好的一个电风扇生产厂家。多年以来，裕华的经营方式也颇受人推崇。

其实，很久以前，裕华仅仅是生产酱油和豆腐的食品小厂。当风扇市场在中国火起来的时候，裕华立刻顺应时代潮流，改变生产经营策略，进入风扇市场，且以专门生产小型台扇闻名业界，销售状况始终保持良好状态。

随着风扇市场的饱和且趋向大型化，一些人认为小型电风扇再没有市场了。但是裕华经过市场调查之后，非但不认为市场缩小，反而认为自己的市场扩大了。因为随着生活水平和居住环境的提高，一户人家虽然住在同一屋檐下，却不是以往挤在窄小地方过日子，所以，原来"一户一扇"的局面正在向"一人一扇"发展。对于消费者来说，小型电风扇刚好符合这个消费特点。

抓住了这个特点，裕华迎风而上，依然保持经济型小电风扇的风格，它们不断提高产品的质量和性能，以充分满足消费者需要。不久，日本在香港推出了一款"鸿运扇"，既符合审美，体形也不大，市场反应极好。裕华立刻对"鸿运扇"进行拆解，了解制造技术后，便从香港定制全套工模，引进新型注塑机，制造了性能比日本"鸿运扇"还好的裕华"鸿运扇"，即国内第一台 D1250 无级调速座钟式"鸿运扇"。这款风扇风力自然柔和，节约能源，款式美观，安全性能好，立刻受到了消费者的欢迎，迅速占领了市场。

像裕华这类的广东民营公司有许多，而民营商人们的营销策略也基本走裕华这一路线。他们会时刻根据市场的需求状况来改变自己的经营方式，有节有制，见好就收；如果有更先进的产品出现，他们会立刻改进自己的生产方式，使产品增强市场竞争力；一旦有新市场，而旧市场没有留恋价值时，商人们会立刻改变风向标，投入其他产品的生产。总之有钱就赚，从不墨守成规。

好的赚钱机会是不会等人的，在别人看来千万不能做的创意，或许恰恰就是好的创意。商业无定式，正是由于粤商善于从日常生活中寻找商机，创造市场，所以他们能做到生意兴隆，财源滚滚。

投资有道，轻松开启财富之门

一个关注财富的人，与财富的差距就会逐渐变小。所以我们应该关注的是前方那个可以让我们变得富有的世界，而不是身后那个充满贫穷和压抑的世界。我们要坚定地相信，我们的生活会越来越富有，而不是越来越贫穷。忽略现实世界中的贫穷，将意念集中于创造财富，这就是富有的人坚持的致富定律。

当然，关注财富还要学会创造财富，找到致富之道，我们就能轻松开启财富之门。在资源整合中，我们不但要懂得赚钱，还要懂得投资理财，越早开始投资，便越能早达到创富目标，从而使自己与家人越早享受到创富的成果。而且越早开始投资，由于利滚利，所以需要投入的金额就越少，赚钱也就越轻松愉快。

投资不是简单的机械运动，因为投资者是会思考的人。每个人都有自己独特的个性，因此，根本不存在一套统一的投资法则，最重要的是结合自身优点进行投资。

股票的流动性很好，基本上可以随时兑现。从收益性来说，股票的收益率较高。但股票市场风云变幻，起伏不定，风险也很大，可以采取长期投资的策略，少量购买，即使套牢，也不会损失太大。

投保未出险情时如同储蓄，出了险情则受益匪浅。虽说保险好处多，但现在它仍不能完全与银行储蓄相比。储蓄可以随时支取，保险则是在保值、增值的同时，在发生意外事故后才能获得赔偿。保险不能不投，但也不能投得过量。

投资理财不仅仅是资金、产品的较量，更是生意人勇气的较量。只有想不到，绝对没有做不到。为了获得更多的钱财，我们要有胆识，要敢于去想，还要有果断的性格，面对选择作出自己的判断。优柔寡断，只会让人止步不前，只有敢为天下先的人，才有获得更多资金的机会。

"从众效应"往往会使投资人做出违反其本来意愿的决定。如果不能理智地对待从众心理，则往往会使投资失败，利益受到损失。有些投资人本来可以通过继续持股而获取利润，但由于受到市场气氛的影响，他们最终错失良机。有些投资人虽然明知股价已经被投机者炒到了不合理的高度，但由于从众效应的作用，仍跟着人家买进，以致最后被套牢。

不要过分贪婪，贪婪会使人失去理性判断的能力。不顾投资市场的具体环境，而勉强入市是不明智的。虽然资金不入市就不可能赚钱，但贪心容易使人对投资市场的风险失去警惕。一些投资者认为风险越高，回报就越高，因此对一些高风险的投资并不在意。其实绝对高收益和绝对低风险是不现实也不可行的，一个理智的投资者绝不会追求绝对的高收益，他们之所以时常获益是因为能够克制自己的贪心，为自己留有余地，在时机最成熟的时候才出手。

并不是每个人都具备投资的条件，投资要从自身条件出发。

1. 先审查家庭和个人的经济预算。投资者应有充分的银行存款，这些存款足以维持一年半载的生活以及临时急用。

2. 不应在负债的情况下投资。

3. 在投资前应有适当的保险。

4. 投资应从小额开始，循序渐进。

对于投资者来说，债务会让一个人陷入难堪的境地，因为债主每天都在逼债，这样会使负债人耗尽精神，使其原先的宏伟志向消失殆尽。更严重的是，欠债还让负债人丧失了人品，将其对人生的希望全都毫不留情地毁灭掉。

年轻人喜欢借钱是因为他们根本不知道借钱的背后隐藏着怎样的危机，他们不知道万一自己还不了债会遭遇怎样的后果。假如年轻人尝过某些苦难，比如为了躲债而东躲西藏，为了还债而干出不法的事情，抑或是满嘴谎言等，那么他们就会重新思量自己的人生。正如纽维尔西里斯博士所说："你应该根据自己赚来的钱的多少去支配自己的开销，因为只有这样，你才能够放心地生活，你的名誉才不会受损。"

有一个人，他每月的工资并不少，有几千美元，可是这几千美元中的一半都不是他的，因为他要还债。这还要追溯到他年轻的时候，一次不经仔细思量的投资让他败了身家，欠了巨额的债。假如那个时候他宣布破产，那么他也许不会到现在还受着债务的牵连。可是他的责任和良心不允许他那样做，于是，他就用接下来的人生偿还欠下的债务。如今，这个人已经年近五十岁了，上有老下有小，他希望自己的家人能够生活得幸福，更希望自己的孩子能够受到良好的教育，可是他却没有经济能力做到这些。

假如不想成为伸手向别人借钱的人，我们就要在平时养成良好的习惯，克勤克俭，不要浪费一分一毫的钱财。富兰克林曾告诫过年轻人，要他们凭着自己的能力花钱，"你赚了多少钱就花多少，而不应该肆意挥霍"。

无论手头如何紧缺，我们都尽量不要让别人的账本上有我们的名字。不过借钱时也有其他情况。有时候即便我们对未来充满信心，也难免会在奋斗的途中遇到各种各样的苦难。在陷入经济紧缺的境地时，无论之前对借钱这件事有多么痛恨，为了保住事业，我们都不得不开口向人借钱。当然，这个时候借钱无可厚非，不过一定要好借好还。

选择领先，而不只是跟随

很多人都知道，中国的许多产品都以物美价廉闻名于国际，中国已经成为世界上最重要的产品供应国，尤其在小商品生产发达的江浙一带。中国正日益成为世界的"制造中心"，越来越多的跨国巨头开始在中国本土实施就地采购，"中国制造"正在迅速全球化。

不过，如何才能让产品远销海外或被外商看中，一直是困扰国内很多中小企业的难题。一方面是信息的不对称，另一方面则是因为企业规模的限制。与大企业相比较，中小企业不太会花费十几万元甚至几十万元的开销来引起外商的注意。

然而，阿里巴巴创始人马云改变了这种状况，他将中国的中小企业带到了世界的舞台。阿里巴巴的中国供应商服务主要是面对出口型的企业，它依托网上贸易社区，向国际上通过电子商务进行采购的客商推荐中国的出口供应商，从而帮助出口供应商获得国际订单。其服务包括提供独立的中国供应商账号和密码，建立英文网址，让全球220个国家逾680万专业买家在线浏览企业信息。

其实，早在2000年前后，中国互联网用户的主体上网行为只是收发邮件、浏览新闻、搜索信息，这是一个被称为初识网络的"网民"时期；2002年后，短信、即时通信、交友、游戏成为上网者的最爱，形成一个个不同的社区，这是一个上网者开心、网络服务商赚钱的"网友"时期。这两个时期，上网者基本上充当的是网上消费者的角色。这一阶段互联网企业赢利的主要来源是短信和网络广告，网络还是一个被动的商业工具。

1999年，马云创立了企业对企业的网上贸易平台，为所有有志于从事网络贸易和网络创业的人们开创了一片新天地。从此，一个互联网的新赢利模式正在被深入挖掘，并取得了非常大的成功。

阿里巴巴刚建立不久，就有一位青岛商人需要在青岛本地购买设备，苦于没有信息来源，不得已之下才找到阿里巴巴。青岛商人并没费多大力气，只是在阿里巴巴网站上发了一条求购信息，便很快解决了问题。还有一家东北企业利用网络，每年从网上搜集义乌、温州企业的最新产品图样，接着从当地购回样品照着生产，然后再到阿里巴巴上发布信息寻找买家。一年下来，他们90%的买家都来自阿里巴巴网站！

一传十，十传百，阿里巴巴网站在商业圈中声名鹊起。马云在看到国内"大好形势"的同时，也意识到阿里巴巴仍面临着一个巨大的战略选择——国内电子商务尚不成熟，只有利用发达国家已深入人心的电子商务观念，为外贸服务，才能真正获得丰厚的利润。于是，他在阿里巴巴上开设了一个专区——中国供应商，把中国大量的中小型出口加工企业的供货信息，以会员形式免费向全球发布。

从2000年底，阿里巴巴的会员就以每日增长一两千的速度发展，每天可收到3500条商品供求信息，700余种商品信息按类别和国别分类。一个想买1000个羽毛球拍的美国人可以在阿里巴巴上找到十几家中国供应商，了解他们不同的价格和合同条款；位于中国西藏和非洲加纳的用户，可以在阿里巴巴网站上走到一起，成交一笔只有在互联网时代才可想象的生意……到2001年12月底，阿里巴巴"中国供应商"会员迅速达到100万人，成为全球第一个达到此数目的B2B网站，并在当月实现赢利。

马云正是通过对中国中小企业发展状况的研究，了解中国广大消费者的根本需求，从而准确地预测到中国未来的发展趋势，避开为大企业服务的激烈竞争，建立了只为中小企业服务的商务平台，开拓个人用户的交易业务。如今，B2B模式正在改变全球几千万商人的生意方式，从而改变全球几十亿人的生活。

"市场是创造出来的"，与其盲目跟风，赚点小钱，不如在经济发展的大潮中创造属于自己的浪潮，占据有利的位置，成为业内的"巨无霸"。

资源整合
借力共赢